U0131764

中国高等学校信息管理与信息系统专业规划教材

Access数据库应用技术
（第2版）

崔洪芳 主编

包琼 李凌春 邱月 邹琼 陈婕 副主编

清华大学出版社

北京

内 容 简 介

Access 关系型数据库管理系统是 Microsoft 公司的 Office 办公自动化软件的一个组成部分,是最受人们欢迎的数据库管理软件之一。

本书以 Access 2007 为基础,系统地介绍了数据库的基本概念、Access 2007 的主要功能和使用方法、数据库和表的基本操作、数据查询、窗体设计、报表制作、数据访问页、宏的创建和使用、模块和 VBA 编程等。本书通过一些实例分析,深入浅出地向读者全面介绍了 Access 2007 的使用方法。本书根据全国计算机等级考试计算机二级考试 Access 考试大纲的要求编写,内容由浅入深、通俗易懂、图文并茂、实用性强。本书还配有辅助教材《Access 数据库应用技术实验指导(第 2 版)》一书。

本书可作为高等院校相关专业的教学用书,也可作为计算机等级考试培训教材。

图书在版编目(CIP)数据

Access 数据库应用技术/崔洪芳主编.--2 版.--北京:清华大学出版社,2013
中国高等学校信息管理与信息系统专业规划教材
ISBN 978-7-302-31662-6

Ⅰ.①A… Ⅱ.①崔… Ⅲ.①关系数据库系统-教材 Ⅳ.①TP311.138

中国版本图书馆 CIP 数据核字(2013)第 042708 号

责任编辑:魏江江　王冰飞
封面设计:常雪影
责任校对:时翠兰
责任印制:何　芊

出版发行:清华大学出版社
　　网　　　址:http://www.tup.com.cn,http://www.wqbook.com
　　地　　　址:北京清华大学学研大厦 A 座　　　邮　　编:100084
　　社 总 机:010-62770175　　　　　　　　　　邮　　购:010-62786544
　　投稿与读者服务:010-62776969,c-service@tup.tsinghua.edu.cn
　　质 量 反 馈:010-62772015,zhiliang@tup.tsinghua.edu.cn
　　课 件 下 载:http://www.tup.com.cn,010-62795954
印 装 者:北京鑫海金澳胶印有限公司
经　　销:全国新华书店
开　　本:185mm×260mm　　印　张:20.25　　字　数:490 千字
版　　次:2010 年 9 月第 1 版　2013 年 8 月第 2 版　印　次:2013 年 8 月第 1 次印刷
印　　数:1～4000
定　　价:34.00 元

产品编号:049508-01

前言

  Access 2007 关系型数据库管理系统是 Microsoft 公司的 Office 2007 办公自动化软件的一个组成部分,是基于 Windows 平台的关系数据库管理系统。它界面友好、操作简单、功能全面、使用方便,不仅具有众多数据库管理软件所具有的功能,而且进一步增强了网络功能,用户可以通过 Internet 共享 Access 数据库中的数据。Access 自发布以来,已逐渐成为桌面数据库领域的佼佼者,深受广大用户的欢迎。

  Access 2007 的最大特点是其易用性,用户可以在很短的时间内掌握利用 Access 进行数据库开发的方法,并利用其向导方便、快捷、简单地设计出一个数据库系统。另外,利用导入、导出和链接数据的功能,可以方便地实现 Access 数据文件和 Word、Excel、文本文件及其他支持 OLE 的数据文件之间的相互转换,实现数据共享,从而大大提高工作效率。Access 还可以利用宏和 Visual Basic for Application(VBA)编写出具有强大功能的数据库应用程序,适合于一般用户特别是非计算机专业人员进行数据库管理。

  本书以 Access 2007 关系数据库管理系统为基础,由浅入深、循序渐进地详细讲解了 Access 2007 数据库管理系统的各项功能和操作的基本应用。本书根据全国计算机等级考试计算机二级考试 Access 考试大纲的要求编写,内容由浅入深、通俗易懂、图文并茂、实用性强。本书还配有辅助教材《Access 数据库应用技术实验指导(第 2 版)》一书。

  全书共 9 章,第 1 章介绍数据库基础理论方面的知识和 Access 数据库系统的特点;第 2 章介绍 Access 数据库的基本操作、数据表的创建、表的使用和操作,以及表间的关系和创建等;第 3 章介绍各种查询的创建以及查询的使用和操作等;第 4 章介绍窗体的组成、窗体的创建、窗体属性、窗体中控件的使用和属性,以及窗体的使用等;第 5 章介绍报表的组成、报表的创建、报表中常用控件的使用和属性,以及如何使用报表等;第 6 章介绍数据库的安全管理;第 7 章介绍宏的基本概念、宏的创建以及宏的运行等;第 8 章介绍模块的组成和创建,以及 VBA 语言的语法特点和 VBA 的数据库编程;第 9 章以一个小型图书管理系统为例介绍了开发设计数据库应用系统的一般流程。

  本书由崔洪芳提出框架,并统稿。第 1 章、第 2 章和第 3 章由崔洪芳编写,第 4 章和第 7 章由包琼编写,第 5 章由邹琼编写,第 6 章由陈婕编写,第 8 章由邱月编写,第 9 章由李凌春编写。

  由于编写时间仓促以及作者水平有限,书中疏漏之处在所难免,恳请同行及读者批评指正,在此表示衷心的感谢。

编 者

2013 年 3 月

目录

第1章 数据库基础

在当今信息社会中,信息资源的开发和利用水平已成为衡量一个国家综合国力的重要标志之一,为了有效地使用保存在计算机系统中的大量数据,必须采用一整套严密合理的数据处理方法。数据库技术是 20 世纪 60 年代中期兴起的一种数据管理技术,其应用范围已经由早期的科学计算渗透到办公自动化系统、管理信息系统、专家系统、情报检索、过程控制和计算机辅助设计等领域。数据库是信息系统的基础,数据库技术所研究的问题就是如何科学地组织和存储数据,以及如何高效地获取和处理数据。

本章介绍数据库管理系统、数据库系统、数据模型、关系数据库及其基本运算等知识。

1.1 数据库基本概念

1.1.1 数据与信息

数据(Data)是指存储在某种媒体上能够识别的物理符号。数据的概念包括两个方面:其一是描述事物特征的数据内容;其二是存储在某种媒体上的数据形式。数据有一定的结构,有型与值之分,如整型、实型、字符型等。而数据的值给出了符合定型的值,如整型值24。数据形式可以是多种多样的,可以是数字,如学生成绩;可以是文字,如姓名;也可以是特定的一串符号;还可以是图形、图像、动画、影像、声音等多媒体数据。

信息(Information)是客观事物属性的反映,它所反映的是关于某一客观系统中某一事物的某一方面属性或某一时刻的表现形式。信息是经过加工后的数据,它对接受者的决策或行为有现实或潜在的价值。

数据与信息既有区别,又有联系。信息是有用的数据,是数据的内涵;数据是信息的表现形式,是信息的载体。信息是通过数据符号来传播的,而数据若不具有知识性和有用性,则不能称为信息。

数据处理也称为信息处理,是指将数据转换成信息的过程。它包括对数据的收集、存储、分类、计算、加工、检索和传输等一系列活动。数据处理的基本目的是从大量的、杂乱无章的、难以理解的数据中整理出对人们有价值、有意义的数据(即信息),作为决策的依据。

1.1.2 计算机数据管理技术的发展

计算机数据管理技术的发展经过了 3 个阶段。

1. 人工管理阶段

20 世纪 50 年代中期以前,计算机主要应用于科学计算,因为数据量较少,一般不需要长期保存数据。在硬件方面,没有磁盘等直接存取的外存储器,在软件方面,没有对数据进行管理的系统软件,因此,只能在裸机上进行数据操作,由程序员进行人工数据的管理。应用程序中既要设计算法,又要考虑数据的逻辑结构、物理结构以及输入/输出方法等问题。程序与数据是一个整体,一个程序中的数据无法被其他程序使用,因此程序与程序之间存在着大量的重复数据。另外,数据存储结构一旦有所改变,必须修改相应程序,数据的独立性差;各程序之间的数据不能相互传递,缺少共享性,应用程序的设计与维护负担繁重。

2. 文件系统阶段

20世纪50年代后期至60年代后期,计算机开始大量用于数据管理。在硬件方面,出现了直接存取的大容量外存储器,如磁盘、磁鼓等,这为计算机系统管理数据提供了物质基础。在软件方面,出现了操作系统,其中包含文件系统,这为数据管理提供了技术支持。

文件系统提供了在外存储器上长期保存数据并对数据进行存取的手段。文件的逻辑结构与存储结构有一定的区别,即程序与数据有一定的独立性。数据的存储结构变化,不一定会影响程序,因此程序员可集中精力进行算法设计,并大大减少了维护程序的工作量。

文件系统使计算机在数据管理方面有了长足的进步。时至今日,文件系统仍是一般高级语言普遍采用的数据管理方式。但当数据量增加、使用数据的用户越来越多时,文件系统进行数据处理出现了下列问题:

(1) 数据的冗余度大。

(2) 数据的独立性差。

(3) 用户缺乏对数据的统一控制管理。

3. 数据库系统阶段

20世纪60年代后期,计算机在管理中的应用规模更加庞大、数据量急剧增加、数据共享性更强、硬件价格下降、软件价格上升、编制和维护软件所需的成本相对增加,其中维护成本更高,这些成为数据管理在文件系统的基础上发展为数据库系统的原动力。

数据库技术始于20世纪60年代,经历了最初的基于文件的初级系统、20世纪60年代和70年代流行的层次系统和网状系统阶段,目前广泛使用的是关系型数据库系统。数据库应用也从简单的事务管理扩展到各个应用领域,如用于工程设计的工程数据库、用于因特网的Web数据库、用于决策支持的数据仓库技术、用于多媒体技术的多媒体数据库等,但应用最广泛的还是基于事务管理的各类信息系统领域。数据库的体系结构也从最初的集中式数据库变化为基于客户/服务器机制的分布式数据库。随着面向对象技术的发展,关系对象数据库系统正在逐步完善和投入使用。随着时代的进步和发展,数据库的应用领域会越来越广泛,数据库技术将成为所有信息技术和信息产业的基础。

1.1.3 数据库系统的概念与特点

1. 数据库

数据库(DataBase,DB)就是存放数据的“仓库”。数据库是在数据库管理系统的集中控制之下,按一定的组织方式存储起来的、相互关联的数据集合。在数据库中集中了一个部门或单位完整的数据资源,这些数据能够被多个用户同时共享,且具有冗余度小、独立性和安全性高等特点。例如一个学校可以将全部学生的情况存入数据库进行管理,图书馆可以将全部图书信息存入数据库进行管理。

数据库有以下几个特点：

（1）数据的共享性好。数据库中的数据能为多个用户服务，并可被各个应用程序共享。

（2）数据的独立性高。用户的应用程序与数据的逻辑组织和物理存储方式无关。

（3）数据的完整性好。数据库中的数据在操作和维护过程中可以保证正确无误。

（4）数据的冗余度小。数据库中数据的冗余度小，因此用户应尽可能避免数据的重复。

2. 数据库管理系统

数据库的建立、使用和维护，都是通过特定的数据库语言进行的。正如使用高级语言需要解释/编译程序的支持一样，使用数据库语言也需要一个特定的支持软件，这就是数据库管理系统（DataBase Management System，DBMS）。数据库管理系统是位于用户与操作系统之间的一种系统软件，它建立在操作系统的基础之上，负责数据库中的数据组织、数据操纵、数据维护、数据控制及保护和数据服务等，是数据库的核心。用户利用数据库管理系统提供的一整套命令，可以对数据进行各种操作，从而实现数据处理要求。

目前流行的 DBMS 为关系数据库系统，例如 Oracle、DB2、SQL Server、FoxPro 和 Access 等。

一般来说，数据库管理系统应该具有下列功能：

（1）数据定义功能。DBMS 提供数据定义语言（Data Definition Language，DDL），定义数据库结构，并保存在数据字典中。用户通过它可以方便地对数据库中的数据对象进行定义，如建立或删除数据库、基本表和视图等。

数据字典是一组表和视图结构。用户可以用 SQL 语句访问数据库中的数据字典。数据字典包括 5 个部分，即数据项、数据结构、数据流、数据存储、处理过程。

（2）数据操纵功能。DBMS 提供数据操纵语言（Data Manipulation Language，DML），实现对数据库数据的基本存取操作，包括检索、插入、修改和删除等，是数据库的主要应用。

（3）数据控制和管理功能。除 DDL 和 DML 两类语句外，DBMS 还具有必要的控制和管理功能，其中包括在多用户使用时对数据进行的"并发控制"；对用户权限实施监督的"安全性检查"，数据的备份、恢复和转储功能；对数据库运行情况的监控和报告等。通常，数据库系统的规模越大，控制和管理功能越强，所以，大型机 DBMS 的管理功能一般比 PC DBMS 的管理功能强。

（4）通信功能。在分布式环境下或网络数据库系统中，DBMS 为不同数据库之间提供通信的功能。

3. 数据库系统

数据库系统（DataBase System，DBS）是指在计算机系统中引入了数据库后的系统。其一般由以下几个部分组成：

（1）计算机硬件系统。数据库系统对硬件资源提出了较高的要求，这些要求主要包括有足够大的内存来存放操作系统、DBMS 的核心模块、数据缓冲区和应用程序；有足够大的直接存取设备存放数据（如磁盘）；有足够的其他存储设备来进行数据备份；有较高的数据传输能力，以提高数据传输率。

（2）计算机软件系统。计算机软件系统包括操作系统、数据库管理系统、与数据库接口的高级语言及其编译系统和以 DBMS 为核心的应用开发工具。

（3）数据库应用系统。数据库应用系统是指系统开发人员使用计算机高级语言利用数据库系统资源开发出来的,对数据库中的数据进行处理和加工的软件,面向某一类实际应用的应用软件系统。数据库应用系统可分为两类:

① 管理信息系统。管理信息系统是面向机构内部业务和管理的数据库应用系统。例如,教学管理系统、学校图书馆管理系统等。

② 开放式信息服务系统。开放式信息服务系统是面向外部、提供动态信息查询功能,以满足不同信息需求的数据库应用系统。例如,证券公司提供的证券实时行情系统、商品交易信息系统、大型综合科技信息系统等。

(4) 数据库。

(5) 各类人员。数据库系统的有关人员主要有3类,即最终用户、数据库开发人员和数据库管理员。最终用户是指使用数据库应用系统的人员,他们一般对数据库知识了解不多。数据库开发人员包括系统分析员、系统设计员和程序员。系统分析员负责应用系统的分析,和用户、数据库管理员相配合,参与系统分析;系统设计员负责系统设计和数据库设计;程序员根据设计要求进行编程。数据库管理员(Database Administrator,DBA)是数据管理机构的一组人员,是负责对数据库进行规划、设计、维护、监视等的专业管理人员。

在数据库系统中,各层次之间的相互关系如图 1.1 所示。

图 1.1　数据库系统层次示意图

4. 数据库系统的特点

数据库系统的主要特点如下:

(1) 数据结构化。数据库系统实现整体数据的结构化,是数据库的主要特征之一,也是数据库系统与文件系统的本质区别。

(2) 数据共享。在数据库系统中,所有的程序都存取同一份数据库。一个库中的数据不仅可被同一企业或机构之内的各个部门所共享,还可被不同单位、地域甚至不同国家的用户所共享。

(3) 数据独立性。用户的应用程序与存储在磁盘上的数据库中的数据是相互独立的。用户不需要了解数据实际的存取方式,只通过数据库系统的存取命令就可得到需要的数据。

(4) 可控冗余度。数据冗余度是指在数据库中数据的重复程度。实现共享后,不必要的重复将全部消除,这样可以节省存储空间、减少存取时间、避免数据之间的不相容性和不一致性。但为了提高查询效率,有时也保留少量的重复数据,其冗余度可由设计人员控制。

(5) 安全性保护。数据安全性是指保护数据,以防止不合法使用所造成的数据破坏和泄密,例如设置访问权限、对数据加密等。

(6) 数据完整性控制。数据完整性是指数据的正确性、有效性和相容性。数据库系统提供了必要的功能,保证了数据在输入、修改过程中始终符合原来的数据定义和规定。

(7) 并发控制。并发操作是指多个用户进程在同一时刻期望存取同一数据时发生的事件。为了避免并发进程之间相互干扰进而导致结果错误或破坏数据完整性,必须对多用户的并发操作加以控制和协调。

(8) 故障发现和恢复控制。在数据库系统运行中,由于用户操作失误和硬件及软件的故障,可能会使数据库遭到局部性或全局性损坏,但系统能进行应急性处理,把数据库恢复到正确状态。

1.1.4 数据库系统的体系结构

1. 数据库内部体系结构

数据库内部体系结构是数据库系统的一个总的框架。为了有效地组织、管理数据,提高数据库的逻辑独立性和物理独立性,设计人员为数据库设计了一个严谨的体系结构,数据库领域公认的标准结构是三级模式结构,它包括外模式、模式和内模式,如图 1.2 所示。

图 1.2 数据库系统的三级模式结构

美国国家标准协会(American National Standards Institute,ANSI)的数据库管理系统研究小组于 1978 年提出了标准化的建议,将数据库结构分为 3 级,即面向用户或应用程序员的用户级、面向建立和维护数据库人员的概念级、面向系统程序员的物理级。用户级对应外模式,概念级对应模式,物理级对应内模式,使不同级别的用户对数据库形成不同的视图。

所谓视图,就是观察、认识和理解数据的范围、角度和方法,是数据库在用户"眼中"的反映,很显然,不同级别用户所"看到"的数据库是不同的。

(1)模式。模式(Schema)又称概念模式或逻辑模式,对应于概念级。它是数据库中全体数据的逻辑结构和特征的描述,是所有用户的公共数据视图。模式是数据库系统模式结构的中间层,它是由数据库系统提供的数据模式描述语言 DDL 来描述、定义的,体现、反映了数据库系统的整体观。一个数据库只有一个概念模式。

(2)外模式。外模式(External Schema)又称子模式,对应于用户级。它是数据库用户(包括应用程序员和最终用户)能够看见和使用的局部数据的逻辑结构和特征的描述,是数据库用户的数据视图,是与某一应用有关的数据的逻辑表示。外模式是从模式导出的一个子集,包含模式中允许特定用户使用的那部分数据。用户可以通过外模式描述语言(外模式DLL)来描述、定义对应于用户的数据记录(外模式),也可以利用数据操纵语言 DML 对这些数据记录进行操作。外模式反映了数据库的用户观。不同的用户对同一个数据库可以得到不同的外模式。

(3)内模式。内模式(Internal Schema)又称存储模式(Access Schema),对应于物理级。它是数据库中全体数据的内部表示或底层描述,是数据库最低一级的逻辑描述,它描述了数据在存储介质上的存储方式和物理结构,对应着实际存储在外存储介质上的数据库。

内模式由内模式描述语言(内模式 DLL)来描述、定义,它是数据库的存储观。

三级模式的关系:模式是内模式的逻辑表示;内模式是模式的物理实现;外模式是模式的部分抽取。在一个数据库系统中,只有唯一的数据库,因而作为定义、描述数据库存储结构的内模式和定义、描述数据库逻辑结构的模式,也是唯一的,但建立在数据库系统之上的应用则是非常广泛、多样的,所以对应的外模式不是唯一的,也不可能唯一。

(4) 模式间的映射。三级模式之间的联系是通过二级映射来实现的。

① 外模式/模式映射。外模式/模式映射定义了外模式与模式之间的关系。由于应用程序是根据外模式进行设计的,只要外模式不变,应用程序就不需要修改,保证了数据的逻辑独立性。

② 模式/内模式映射。模式/内模式映射是唯一的,定义了数据全局逻辑结构与存储结构之间的对应关系。由于用户或用户程序是按数据的模式使用数据的,当数据库的存储结构改变时,只要模式保持不变,用户便可以按原来的方式使用数据,从而保证了数据的物理独立性。

2. 数据库外部体系结构

数据库外部体系结构分为集中式结构、文件服务器结构和客户/服务器结构。

(1) 集中式结构。集中式结构由主机和客户终端组成,数据库和应用程序存放在主机中,数据的处理和主要的运算操作也在主机上进行。它的主要特点是数据和应用集中,维护方便,安全性好,但对主机性能要求较高,价格昂贵。

(2) 文件服务器结构。在文件服务器结构中,数据库存放在文件服务器中,应用程序分散安排在各个客户工作站上。文件服务器只负责文件的集中管理,所有的应用处理安排在客户端完成。文件服务器结构的特点是费用低,配置灵活,但是缺乏足够的计算和处理能力,对客户端的计算机性能要求高。Access 和 FoxPro 支持文件服务器结构。

(3) 客户/服务器结构。在客户/服务器(Client/Server)结构中,数据库存放在服务器中,而应用程序可以根据需要安排在服务器或客户工作站上,实现了客户端程序和服务器端程序的协同工作。这种结构解决了集中式结构和文件服务器结构的费用和性能问题。SQL Server 和 Oracle 支持客户/服务器结构。

1.2 数据模型

1.2.1 数据模型的概念

模型(Model)是对现实世界特征的模拟和抽象。由于计算机不可能直接处理现实世界中的具体事物,人们必须把具体事物转换成计算机能够处理的数据。在数据库中用数据模型(Data Model)这个工具来抽象、表示和处理现实世界中的数据和信息。

1. 实体

从数据处理的角度看,现实世界中的客观事物称为实体。实体可以指人,如一个教师、一个学生等;也可以指物,如一本书、一张桌子等。实体不仅可以指实际的物体,还可以指抽象的事件,如一次借书、一次奖励等。另外,实体还可以指事物与事物之间的联系,如学生选课、客户订货等。

一个实体可以有不同的属性,属性描述了实体某一方面的特征。例如,学生实体用学号、姓名、性别、出生日期、专业等若干个属性来描述;图书实体用编号、分类号、书名、作者、单价、出版社等多个属性来描述。

每个属性可以取不同的值,属性值的变化范围称为属性值的域。属性是一个变量,属性值是变量所取的值,而域是变量的变化范围。属性值所组成的集合表征一个实体,相应的这些属性的集合表征了一种实体的类型,称为实体型。同类型实体的集合称为实体集。例如,在学生实体集中,(2006111001,白雪,女,02/25/88,物理学)表征学生名册中的一个具体人;在图书实体集中,(3593,TP593,大学计算机基础,崔洪芳,23.00,华中科技大学出版社)则具体代表一本书。

在 Access 中,用"表"来表示同一类实体,即实体集,用"记录"来表示一个具体的实体,用"字段"来表示实体的属性。显然,字段的集合组成一个记录,记录的集合组成一个表。属性的集合相应于实体型,则代表了表的结构。

2. 实体间的联系

实体之间的对应关系称为联系,它反映了现实世界中事物之间的相互关联。实体之间联系的种类是指一个实体集中可能出现的每一个实体与另一个实体集中多少个具体实体存在联系。两个实体间的联系可以归纳为 3 种类型,如图 1.3 所示。

(1) 一对一联系(1∶1)。如果对于实体集 A 中的每一个实体,实体集 B 中有且只有一个实体与之联系,反之亦然,则称实体集 A 与实体集 B 之间有一对一联系。如果一个班只能有一个班长,一个班长不能同时在其他班再担任班长,在这种情况下班级和班长两个实体之间存在一对一联系。

图 1.3　实体间的联系

(2) 一对多联系(1∶n)。如果对于实体集 A 中的每一个实体,实体集 B 中有多个实体与之联系,反之,对于实体集 B 中的每一个实体,实体集 A 中最多只有一个实体与之联系,则称实体集 A 与实体集 B 有一对多联系。对于学生和学校两个实体集,一个学生只能在一个学校注册,而一个学校有很多个学生,学校与学生之间存在一对多联系。一对多联系是最普遍的联系,用户也可以把一对一联系看作一对多联系的一个特殊情况。

(3) 多对多联系(m∶n)。如果对于实体集 A 中的每一个实体,实体集 B 中有多个实体与之联系,而对于实体集 B 中的每一个实体,实体集 A 中也有多个实体与之联系,则称实体集 A 与实体集 B 之间有多对多联系。对于学生和课程两个实体集,一个学生可以选修多门课程,一门课程由多个学生选修,因此,学生和课程之间存在多对多联系。

3. 数据模型应满足的要求

数据模型是对客观事物及其联系的数据描述,反映实体内部和实体之间的联系。数据模型应满足 3 方面的要求:一是能比较真实地模拟现实世界;二是容易被人理解;三是便于在计算机上实现。由于用户采用的数据模型不同,相应的,数据库管理系统也就完全不同。

1.2.2　4 种数据模型

目前,数据库领域最常用的数据模型有层次模型(Hierarchical Model)、网状模型

(Network Model)、关系模型(Relational Model)和面向对象模型(Object Oriented Model)4 种。

1. 层次模型

层次模型(Hierarchical Model)用树形结构来表示实体及其之间的联系。若用图来表示,层次模型是一棵倒立的树,具有父子关系,示例如图 1.4 所示。根据树形结构的特点,建立数据的层次模型需要满足以下两个条件:

(1) 有一个结点没有父结点,这个结点即根结点。

(2) 其他结点有且仅有一个父结点。

图 1.4　层次模型示意图

采用层次模型设计的数据库称为层次数据库。其典型代表是 IBM 公司的 IMS (Information Management System)系统,它是世界上最早出现的大型数据库系统。

层次模型具有层次清晰、构造简单、易于实现等优点。层次模型易于操作,可利用树状数据结构来完成。其每一个结点都有具体的功能,如果需要寻找较远的结点,则必须先往上通过很多父结点,然后再往下寻找另一个结点。采用层次模型可以比较方便地表示出一对一和一对多联系,但不能直接表示出多对多联系,对于多对多联系,必须先将其分解为几个一对多联系才能表示出来。因而,对于复杂的数据关系,采用层次模型实现起来较为麻烦。

2. 网状模型

网状模型(Network Model)以实体型为结点的有向图来表示各实体及其之间的联系。其特点如下:

(1) 可以有一个以上的结点无父结点。

(2) 至少有一个结点有多于一个的父结点。

网状模型的结构示例如图 1.5 所示。网络模型比层次模型复杂,可以用来表示实体之间的多对多联系。以学生选课为例,看一看网状模型如何来组织数据。一个学生可以选修若干门课程,某一课程可以被多个学生选修,因此学生与课程之间是多对多联系。

网状模型比层次模型更具有灵活性,更适于管理数据之间具有复杂联系的数据库。其明显的缺点是路径太多,当加入或删除数据时,涉及的相关数据太多,不易维护与重建。

网状模型的表达能力强,能反映实体间的多对多联系,但网状模型在概念上、结构上和使用上比较复杂,而且对计算机的硬件环境要求较高。

网状模型和层次模型都是用指针来实现两个实体之间的联系的,它们都建立在图论的基础上,通常被称为格式化数据模型。

3. 关系模型

关系模型(Relational Model)是目前数据库管理系统使用最多的一种数据组织形式,是

图 1.5 网状模型示意图

最重要的一种数据模型。

早期的数据库系统都采用格式化数据模型。1970 年,美国的 E. F. Cood 提出了关系模型的概念,首次运用数学方法来研究数据库的结构和数据操作,将数据库的设计从以经验为主提高到以理论为指导。在关系模型中,把实体集看成一个二维表,每一个二维表称为一个关系。每个关系均有一个名称,称为关系名。一个关系对应一张表,表中的一列表示实体的一项属性,称为一个字段;表中的一行包含了一个实体的全部属性值,称为一个记录,示例如表 1.1 所示。

基于关系模型的数据库管理系统因其严格的数学理论、使用简单灵活、数据独立性强等特点,被公认为最有前途的一种数据库管理系统。它的发展十分迅速,目前已占据数据库管理系统的主导地位。自 20 世纪 80 年代以来,作为商品推出的数据库管理系统几乎都是关系型的,例 Oracle、Sybase、Informix、FoxPro、Access 等。

表 1.1 "学生"表

学号	姓名	性别	出 生 日 期	政 治 面 貌	专业
08030005	王志峰	男	1990-9-10	群众	会计
08040002	陈宏时	男	1990-7-26	团员	工商
09010001	周丽丽	女	1991-5-20	团员	经济
09010002	张云飞	男	1991-8-12	团员	经济
09010003	陈志明	男	1992-6-5	团员	经济
09010004	李晓红	女	1992-11-15	党员	经济
09020001	张 斌	男	1992-4-18	团员	金融
09020002	王小杰	男	1991-10-2	团员	金融
09030003	杨 雪	女	1991-6-24	党员	会计
09030004	李 倩	女	1991-1-18	团员	会计

4. 面向对象模型

面向对象模型(Object Oriented Model)是近几年来发展起来的一种新兴的数据模型。该模型是在吸收了以前的各种数据模型优点的基础上,借鉴了面向对象的程序设计方法而建立的。一个面向对象模型是用面向对象观点来描述现实世界实体(对象)的逻辑组织、对象间限制、联系等的模型。这种模型具有更强的表示现实世界的能力,是数据模型发展的一个重要方向。目前,对于面向对象模型还缺少统一的规范说明,尚且没有一个统一的严格的定义,但数据库在面向对象模型中,面向对象的核心概念构成了面向对象数据模型的基础,这一点已取得了高度的共识。

对象(Object)是面向对象模型的基本元素,可以是一件事、一个实体、一个窗口。对象是类的实例化。

类(Class)是对某类对象的定义,表示对现实生活中一类具有共同特征的事物的抽象,它是面向对象编程的基础。例如,学生是一个类,周玲、王超、陈云等是学生类中的对象。类包含有关对象动作方式的信息,包括它的名称、方法、属性和事件。类可以派生出多个子类,子类又可以派生出子类。类的特性主要指类的继承性、封装性和多态性等。

用户可以把类看作"理论上"的对象,从类创建的所有对象都具有相同的成员,包括属性、方法和事件。但是,每个对象又像一个独立的实体一样动作。

事件(Event)是可以被控件识别的操作。用鼠标单击命令按钮是事件,按某个键是事件,移动鼠标也是事件。每一种控件有自己可以识别的事件,如窗体的加载、单击、双击等事件,编辑框(文本框)的文本改变,等等。

1.2.3 概念模型与 E-R 图

数据模型是数据库系统的核心和基础。概念模型也称信息模型,按用户的观点对数据和信息建模,它不依赖于具体的数据库管理系统,主要用于数据库设计。

实体间的一对一、一对多和多对多三类基本联系是概念模型的基础。概念模型最常用的表示方法是 1976 年由 P. P. S. Che 提出的实体—联系方法(Entity-Relationship Approach, E-R 方法)。

E-R 方法用 E-R 图来表示概念模型(E-R 模型)。

E-R 图的基本图素如下:

(1) 实体。实体用矩形表示,在矩形框内写出实体名。

(2) 联系。联系用菱形表示,在菱形框内标出联系名,并用无向边分别与有关实体型连接起来,同时在无向边旁标上联系的类型($1:1$、$1:n$ 或 $m:n$)。

(3) 属性。属性用椭圆形框表示,并用无向边将其与相应的实体连接起来。

绘制 E-R 图的步骤如下:

(1) 确定实体。

(2) 确定各实体的属性。

(3) 确定实体间的联系。

(4) 确定各联系的属性。

例 1.1 用 E-R 图表示学生实体及属性,如图 1.6 所示。

图 1.6 学生实体及属性

例 1.2 用 E-R 图表示课程实体、学生实体、参考书实体、书库实体之间的联系,如图 1.7 所示。

图 1.7 实体之间的联系

1.3 关系模型

1.3.1 关系模型中的术语

1. 关系

一个关系(Relation)就是一张二维表。通常将一个没有重复行、重复列的二维表看成一个关系,每个关系都有一个关系名。在 Access 中,一个关系对应于一个数据库文件的表,并有一个表名,如"学生"表、"成绩"表。

2. 元组

二维表的每一行在关系中称为元组(Tuple)。在 Access 中,一个元组对应表中的一个记录。

3. 属性

二维表的每一列在关系中称为属性(Attribute),每个属性都有一个属性名,属性值则是各个元组属性的取值。在 Access 中,一个属性对应于表中的一个字段,属性名对应字段名,属性值对应各个记录的字段值。例如,"学生"表中的"学号"、"姓名"、"性别"等字段名及其相应的数据类型组成表的结构。

4. 域

属性的取值范围称为域(Domain)。域作为属性值的集合,其类型与范围具体由属性的性质及其所表示的意义确定。同一属性只能在相同域中取值。例如,性别的域只能是"男"或"女",数学考试成绩的取值范围是 0~100。

5. 关键字

二维表中的一个属性或几个属性的组合,其值能够唯一地标识一个元组,这种属性或其组合称为关键字,也称主键(或主关键字),例如学生表的学号。单个属性组成的关键字称为单关键字,多个属性组合的关键字称为组合关键字。关键字的属性值不能取"空值"。在 Access 中可以定义"自动编号主键"、"单字段主键"和"多字段主键"3 种主键。

在关系数据库中,表与表之间的联系是通过公共属性实现的,如"学生"表和"成绩"表中都含有学号属性。尽管两张表的数据分别存储在不同的表中,但是通过它们之间的公共属性(学号)就可以建立两个表之间的关联。

6. 候选关键字

关系中能够成为关键字的属性或属性组合可能不是唯一的,凡在关系中能够唯一区分、确定不同元组的属性或属性组合,称为候选关键字。

7. 主关键字

在候选关键字中选定一个作为关键字,称为该关系的主关键字。关系中的主关键字是唯一的。

8. 外部关键字

关系中的某个属性或属性组合并非关键字,但却是另一个关系的主关键字,称此属性或属性组合为本关系的外部关键字。关系之间的联系是通过外部关键字实现的。

如果表中的一个属性不是本表的主关键字,而是另外一个表的主关键字,这个属性就称为外部关键字(也称外键)。

例如,"成绩"表中的课程号就是外部关键字,它是用于实现与课程表之间联系的外键。"成绩"表中的学号也是外部关键字,它是用于实现与学生表之间联系的外键。由此可见,尽管关系数据库中的表是孤立存储的,但是表与表之间可通过外键相互联系,从而构成一个整体的逻辑结构。

9. 关系模式

对关系的描述称为关系模式,其格式如下:

关系名(属性名 1,属性名 2,…,属性名 n)

关系既可以用二维表格描述,也可以用数学形式的关系模式来描述。一个关系模式对应一个关系的结构。

如学生关系对应的关系模式可以表示为:

学生(学号,姓名,性别,出生日期,政治面貌,专业)

10. 关系数据库

采用关系模型的数据库称为关系数据库(Relational DataBase,RDB)。关系数据库由一个或多个数据表组成,各数据表之间可建立相互关系。如"学生成绩管理"数据库,此库由3个数据表组成,各个表之间通过公共属性联系起来,表间关系如图 1.8 所示。其中,"学生"表与"成绩"表通过"学号"建立一对多联系,"课程"表与"成绩"表通过"课程编号"建立一对多联系。

图 1.8 表间关系

1.3.2 关系数据库中表的特点

关系数据库中表的特点如下:

(1) 表中不允许有重复的字段名。

(2) 表中每一字段的数据类型必须相同。

(3) 表中记录的次序及字段的次序可任意排列。

(4) 表中的字段不应相互关联,如有"出生日期"字段,就不应有"年龄"字段。

（5）主关键字应是唯一的。

1.4　关系代数

1.4.1　传统的集合运算

1. 并

两个具有相同结构的关系 R 和 S 的并是由属于这两个关系的元组组成的集合,表示为 $R \cup S$。

例如,有两个结构相同的学生关系 R_1、R_2,分别存放两个班的学生,把第二个班的学生记录追加到第一个班的学生记录后面,就是这两个班的并集。

2. 差

设有两个相同结构的关系 R 和 S,从 R 中去掉 S 的结果是由属于 R 但不属于 S 的元组组成的集合,即差运算的结果是从 R 中去掉 S 中也有的元组,表示为 $R-S$。

3. 交

两个具有相同结构的关系 R 和 S,它们的交是由既属于 R 又属于 S 的元组组成的集合。交运算的结果是 R 和 S 的共同元组,表示为 $R \cap S$。

例如,有选修计算机网络的学生关系 R,选修多媒体技术的学生关系 S,求既选修计算机网络又选修多媒体技术的学生,应当进行交运算。

4. 笛卡儿积

笛卡儿积是集合论中很重要的概念,已知一组集合 D_1、D_2、$\cdots$、D_n,它们的笛卡儿积 D 定义为 $D=\{(x_1,x_2,\cdots,x_n) \mid x_i \in D_i, i=1,2,\cdots,n\}$。

其中,x_i 定义笛卡儿积 D 的一个子集。

设关系 R 有 m 个元组,S 有 n 个元组,则 $R \times S$ 有 $m \times n$ 个元组。

注意:R 和 S 的结构不必相同。

1.4.2　专门的关系运算

1. 选择

选择(Select)运算是指从指定的关系中选择某些满足条件的元组构成一个新的关系。也就是说,选择运算是在二维表中选择满足指定条件的行,它是一种水平方向上的选择。例如,从成绩表中找出所有成绩在 80 分以上的记录,就是通过选运算来完成的。

2. 投影

投影(Project)运算是指从指定的关系中选择某些属性的所有值组成的新关系,它是一种垂直方向上的选择。例如,在"学生"表中,若要显示所有学生的学号、姓名、性别、专业,那么可以使用投影运算来实现。

3. 连接

连接(Join)运算是将两个关系连接在一起,形成一个新的关系。每一个连接操作都包括一个连接条件和一个连接类型。连接条件决定了两个关系中哪些元组相互匹配,以及连接结果中有哪些属性出现。连接类型有内连接、自然连接、左连接、右连接、全连接等,连接类型将决定如何处理与连接条件不匹配的元组。

（1）内连接（Inner Join）。内连接是按照公共属性值相等的条件连接，并且不消除重复属性。

（2）自然连接（Natural Join）。自然连接是在内连接的基础上，消除重复的属性（属于投影操作）。自然连接是连接的一个特例，是最常用的连接运算，在关系运算中起着重要作用。

（3）左连接（Left Join）。左连接是在内连接的基础上，保留左关系中不能匹配条件的元组，并将右关系的属性值填空值 Null。

（4）右连接（Right Join）。右连接类似左连接，它在内连接的基础上，保留右关系中不能匹配条件的元组，并将左关系的属性值填空值 Null。

（5）全连接（Full Join）。全连接是左连接和右连接的组合。

综上所述，选择运算和投影运算的操作对象只是一个表，相当于对一个二维表的数据进行横向或纵向的提取；而连接运算是对两个或两个以上的表进行的操作。如果需要连接两个以上的表，应当进行两两关系连接。

总之，在对关系数据库的操作中，利用关系的选择、投影和连接运算，可以方便地在一个或多个关系中提取所需的各种数据，建立或重组新的关系。对关系数据库的实际操作，往往是以上几种操作的综合应用。

1.5 关系的规范化

1.5.1 数据依赖

数据依赖是通过一个关系中属性间值的相等与否体现出来的数据间的相互关系，是现实世界属性间相互联系的抽象，是数据内在的性质，是语义的体现。数据依赖中最重要的是函数依赖和多值依赖。

函数依赖普遍地存在于现实生活中。例如，描述一个学生的关系，可以有学号、姓名、性别、专业等多个属性。由于一个学号只对应一个学生，一个学生只有一个专业，因而当"学号"值确定之后，姓名、性别及其专业的值也就被唯一地确定了。

只依赖函数依赖的关系模式可能存在以下 4 个问题：

（1）数据冗余太大。

（2）更新异常。由于数据冗余，当更新数据库中的数据时，系统要付出很大的代价来维护数据库的完整性，否则会面临数据不一致的危险。

（3）插入异常。

（4）删除异常。

一个关系模式之所以会产生上述问题，是由存在于模式中的某些数据依赖引起的。规范化理论正是用来改造关系模式，通过分解关系模式来消除其中不合适的数据依赖，以解决插入异常、删除异常、更新异常和数据冗余问题。

1.5.2 关系的规范化方法

关系的规范化是指在关系模型中，关系必须满足给定条件，最基本的要求是关系中的每一个属性都是不可再分的。关系的规范化是降低或消除数据库中冗余数据的过程，尽管在大多数的情况下冗余数据不能被完全清除,但冗余数据降得越低,就越容易维护数据的完整性,并且可以避免非规范化的数据库中的数据更新异常。

范式表示的是关系模式的规范化程度。通常只使用前3种范式。

1. 第一范式

如果一个关系 R 的每一分量都是不可分的数据项,则称 R 是第一范式的,即 $R \in 1NF$。第一范式要求删除表中的所有重复组,一个重复组是一个记录中的一组属性。1NF 就是要删除重复组。

如教师编号、姓名、电话组成一个关系,但电话可能有办公电话、家庭电话、手机等,由于电话可再分,不符合第一范式,应进一步细分为教师编号、姓名、办公电话、家庭电话、手机组成一个关系。

2. 第二范式

若 $R \in 1NF$,且它的每一个非主属性完全依赖于主键,则 $R \in 2NF$。第二范式指其中包含有组合主键,所有的非关键字字段必须完全依赖于整个主关键字。2NF 就是要删除部分依赖。

如学号、课程号、成绩、学分组成一个关系,学号、课程号构成组合关键字,学分完全依赖课程号,不完全依赖组合关键字。解决方法是将原有关系变为两个关系模型,分别是 R 关系(学号、课程号、成绩)和 S 关系(课程号、课程名、学分)。

3. 第三范式

若 $R \in 2NF$,且每一个非主属性不传递依赖于 R 的候选键,则 $R \in 3NF$。第三范式指非主关键字属性之间不允许相互依赖。3NF 就是要删除非关键字依赖。

如学号、姓名、性别、专业、院系组成一个关系,学号是主关键字,没有部分依赖问题。但专业与院系相关,存在大量的冗余数据。

解决方法是将原有关系变为两个关系模型,分别是 R 关系(学号、姓名、性别、院系号)和 S 关系(院系号、院系名、专业)。

4. 第四范式

第四范式又称为 Boyce-Codd 范式(鲍依斯—柯德范式,BCNF)。当实体已经是第三范式时,并且任何属性所依赖的都是某个候选关键字,则此实体就属于 BCNF。

规范化的基本思想是逐步消除数据依赖关系中不合适的部分,使依赖于同一个数据模型的数据达到有效的分离。

1.5.3 关系的完整性

关系的完整性,即关系中的数据及具有关联关系的数据间必须遵循的制约和依存关系,关系的完整性用于保证数据的正确性、有效性和相容性。

关系的完整性主要包括实体完整性、域完整性和参照完整性3种,它们分别在记录级、字段级和数据表级提供对数据正确性的验证规则。

1. 实体完整性

实体完整性(Entity Integrity)保证表中记录的唯一性,即在表中不允许出现重复记录。在 Access 中,利用主键或候选键来保证记录的唯一性。由于主键的一个重要作用就是标识每条记录,所以关系的实体完整性要求关系(表)中的记录在组成的主键上不允许出现两条记录的主键值相同,也就是说,既不能取空值 Null,也不能有重复值。

例如,在学生表中,"学号"字段作为主键,其值不能为空值 Null,也不能有两条记录的学号相同。

2. 域完整性

域完整性是针对某一具体字段的数据设置的约束条件,Access 也提供了定义和检验域完整性的方法。

例如,可以将"性别"字段定义为分别取两个值"男"或"女",将"成绩"字段值定义为 0~100。

3. 参照完整性

参照完整性(Referential Integrity,RI)是相关联的两个表之间的约束,用于在输入、删除或更新表中的记录时,保证各相关表之间数据的完整性。

例如,如果在学生表和成绩表之间用学号建立关联,学生表是主表,成绩表是从表,那么,在向成绩表中输入一条新记录时,系统要检查新记录的学号是否在学生表中已经存在。如果存在,则允许执行输入操作;否则拒绝输入,以保证输入记录的合法性。

参照完整性还体现在对主表中的记录进行删除和修改操作时对从表的影响。如果删除主表中的一条记录,则从表中凡是外键的值与主表的主键值相同的记录也会被同时删除,这就是级联删除;如果修改主表中的主关键字的值,则从表中相应记录的外键值也随之被修改,这就是级联更新。

1.6 数据库设计基础

数据库设计是指对于一个给定的应用环境,构造优化的数据库逻辑模式和物理结构,并据此建立数据库及其应用系统,使之能够有效地存储和管理数据,满足各种用户的应用需求,包括信息管理要求和数据操作要求。

1. 数据库设计原则

为了合理地组织数据,设计数据库应遵从以下基本设计原则:

(1) 关系数据库的设计应遵从概念单一化"一事一地"的原则。

(2) 避免在表之间出现重复字段。

(3) 表中的字段必须是原始数据和基本数据元素。

(4) 用外部关键字保证有关联的表之间的联系。

2. 数据库设计步骤

(1) 需求分析阶段。需求分析阶段由需求信息的收集、分析整理、评审 3 个步骤构成,最后写出一份既切合实际又具有预见的需求说明书,并且附上一整套详尽的数据流图和数据字典。数据流图(Data Flow Diagram,DFD)是业务流程及业务中数据联系的形式描述。数据字典(Data Dictionary,DD)用来详细描述系统中的所有数据。

(2) 概念结构设计阶段。概念结构设计阶段在需求分析结果的基础上,画出局部和全局的 E-R 图,并附上相应的说明文件。

(3) 逻辑结构设计阶段。逻辑结构设计阶段将概念模型转换为具体计算机上 DBMS 所支持的结构数据模型。

(4) 物理结构设计阶段。物理结构设计阶段对给定的逻辑数据模型配置一个最适合应用环境的物理结构,设计存储记录结构、存储空间分配、访问方法,并进行性能评价。设计、评价、修改过程可能要反复多次,最后得到较为完善的物理数据库结构说明书。

(5) 数据库实施阶段。数据库实施阶段编写程序,并在模拟的环境下通过初步调试,然后进行联合调试。

(6) 数据库运行的维护阶段。数据库正式投入运行后,维护数据库的安全性与完整性,监控系统的性能,并根据用户合理的意见扩充系统的功能。

3. 数据库设计过程

(1) 需求分析。根据实际情况,分析数据需求与处理需求,确定数据库的设计目的,确定数据库中需要存储的信息和对象。

(2) 确定数据库中需要的表。如学生成绩管理数据库中有学生表、成绩表、课程表。

(3) 确定数据表所需字段。建立数据表的结构,如学生表以学号为主关键字,有学号、姓名、性别、出生日期等字段。

(4) 确定表间联系。如学生表与成绩表通过"学号"建立一对多联系,课程表与成绩表通过"课程号"建立一对多联系。

(5) 设计求精。设计求精指对设计进行优化设计,重新检查,找出不足,并及时进行修改。

1.7　数据库技术的发展

数据库技术的发展先后经历了层次数据库、网状数据库和关系数据库。层次数据库和网状数据库可以看作是第一代数据库系统,关系数据库可以看作是第二代数据库系统。自20世纪70年代提出关系数据模型和关系数据库后,数据库技术得到了蓬勃发展,应用也越来越广泛。但随着应用的不断深入,占主导地位的关系数据库系统已不能满足新的应用领域的需求。正是实际中涌现出的许多问题,促使数据库技术不断向前发展,涌现出许多不同类型的新型数据库系统。

1. 分布式数据库系统

分布式数据库系统(Distributed DataBase System,DDBS)是一个在物理上分布于计算机网络的不同地点、而逻辑上又属于同一系统的数据集合。它是数据库技术与计算机网络技术、分布处理技术相结合的产物。

中国铁路客票发售和预订系统是一个典型的分布式数据库应用系统,由一个全路中心数据库和23个地区数据库组成。

2. 面向对象数据库系统

面向对象数据库系统(Object-Oriented DataBase System,OODBS)是将面向对象的模型、方法和机制与先进的数据库技术有机地结合而形成的新型数据库系统。面向对象数据库系统一方面是一个数据库系统,具备数据库系统的基本功能,同时是一个面向对象的系统,针对面向对象的程序设计语言的永久性对象的存储管理而设计,充分支持完整的面向对象概念和机制。

3. 并行数据库系统

并行数据库系统(Parallel DataBase System,PDB)是在并行计算机上具有并行处理能力的数据库系统,是数据库技术与计算机并行处理技术相结合的产物。

4. 多媒体数据库系统

多媒体数据库系统(Multimedia DataBase System,MDBS)是数据库技术与多媒体技术相结合的产物。在许多数据库应用领域中,都涉及大量的多媒体数据,它们与传统的数字、字符等格式化数据有很大的不同,都是一些结构复杂的对象。多媒体数据库是可以存放和处理多种媒体信息的数据库。

5. 模糊数据库系统

模糊数据库系统(Fuzzy DataBase System,FDBS)是存储、管理和操作模糊数据的数据库系统。一般的数据库系统都是以二值逻辑和精确的数据工具为基础的,不能表示许多模糊不清的事情。随着模糊数学理论体系的建立,可以用数量来描述模糊事件并能进行模糊运算。这样就可以把不完全性、不确定性、模糊性引入数据库系统中,从而形成模糊数据库。模糊数据库是人工智能和专家系统的一个很重要的研究领域。

6. 数据仓库

随着信息技术的高速发展,数据库应用的规模、范围和深度不断扩大,一般的事务处理已不能满足应用的需要,企业界需要在大量信息数据基础上的决策支持,数据仓库(Data Warehouse,DW)技术的兴起满足了这一需求。数据仓库作为决策支持系统的有效解决方案,涉及 3 个方面的技术内容,即数据仓库技术、联机分析处理技术(On-Line Analysis Processing,OLAP)和数据挖掘技术(Data Mining,DM)。

7. 工程数据库

工程数据库(Engineering DataBase)是一种能存储和管理各种工程图形,并能为工程设计和制造提供各种数据服务的数据库。工程数据库适用于计算机辅助设计和计算机辅助制造等通常称为 CAX 的工程应用领域。

8. 空间数据库

空间数据是用于表示空间物体的位置、形状、大小和分布特征等方面信息的数据。空间数据库(Spatial DataBase)是存储空间物体信息的数据库,能够对空间数据进行高效的查询和处理。空间数据库是地理信息系统的基础和核心。

1.8 Access 2007 简介

Access 2007 中文版是 Microsoft 公司的 Office 2007 办公套装软件的组件之一。从 1992 年的 Access 1.0 版本开始,Access 历经多次升级改版,逐步升级至 Access 2007,并不断有功能更强的新版本出现。Access 是目前最为流行的小型数据库管理系统,其界面友好、操作简单、功能全面、使用方便。通过使用 Access 2007,用户可以轻松地使数据库应用程序和报告适应不断变化的业务需求。Access 2007 中增强的 Microsoft Windows SharePoint Services 3.0 支持可帮助用户共享、管理、审核和备份数据。

本节介绍 Access 2007 的特点、工作环境、启动与退出等。

1.8.1 Access 2007 的特点

(1) Access 与 Office 中的其他软件在窗口界面上相类似,随着 Office 软件的升级而升级。

(2) 一个 Access 2007 数据库文件中包含了 6 种数据库对象,分别是表、查询、窗体、报表、宏和模块,而这些数据库对象都存储在一个以. accdb 为扩展名的数据库文件中。在任何时候,Access 只需打开一个数据库文件,便可以对各种数据库对象进行操作。

(3) Access 兼容多种数据格式,能直接导入使用 Office 中的其他软件制作的文件,如 Excel、Word 等的数据文件,而且其自身的数据库内容可以方便地在这些软件中使用。此外,Access 提供了与其他数据库管理系统的良好接口,能够识别 FoxPro 等格式的数据。

(4) Access 可以在可视化界面 VBE 中用 VBA 编写数据库应用程序,使用户能够方便地开发各种面向对象的应用程序。Access 支持结构化查询语言 SQL 的设计。

(5) Access 有许多方便、快捷的工具和向导,如表达式生成器、表向导、查询向导、窗体向导、报表向导等,用户利用这些向导,可以轻松地创建自己的数据库系统。

(6) Access 增强了安全性,通过 Access 自身的安全性和 Microsoft Windows SharePoint Services 的集成,可帮助用户更有效地共享和管理数据、备份数据,审核修订历史记录、恢复被删除的信息以及设置数据访问权限。

(7) Access 有强大的帮助功能,用户可根据需要随时浏览帮助信息,从中获得帮助。

(8) Access 各个版本之间具有兼容性。在 Access 2007 中可以查看用 Access 2000、Access 2002、Access 2003、Access 2007 编写的数据库,使不同版本的用户间可以共享数据库且更加方便。

1.8.2 Access 2007 的启动和退出

1. Access 2007 的启动

启动 Access 2007 一般使用以下几种方法:

(1) 单击"开始"按钮,选择"程序"→Microsoft Office→Microsoft Office Access 2007 命令启动 Access 2007。

(2) 如果在桌面上有 Microsoft Access 2007 的快捷方式,用户可以直接双击该图标,或者右击,在弹出的快捷菜单中选择"打开"命令,启动 Access 2007。

(3) 双击扩展名为. mdb 或. accdb 的数据库文件,或在扩展名为. mdb 或. accdb 的数据库文件上右击,在弹出的快捷菜单中选择"打开"命令,也可以启动 Access 2007。此方法同时打开所选的数据库文件。

注意:. accdb 为 Access 2007 文件的默认扩展名,. mdb 为其他低版本 Access 文件的扩展名。

2. Access 2007 的退出

退出 Access 系统通常可以采用以下方法:

(1) 单击窗口右上角的"关闭"按钮 ✕ 。

(2) 单击窗口左上角的 Office 按钮 ,然后单击下拉菜单中的"退出 Access"按钮,或按 X 键。

(3) 使用 Alt+F4 组合键。

注意:在退出系统时,如果没有对文件进行保存,会弹出对话框提示用户是否对已编辑或修改的文件进行保存。

1.8.3 Access 2007 的工作环境

Access 2007 将工作环境分为 Access 初始界面和操作界面两个部分。用户在启动 Access 后就打开了 Access 初始界面,但是用户在操作中要面对的窗口是操作界面。

1. Access 2007 的初始界面

启动 Access 2007 后,初始界面如图 1.9 所示。

图 1.9 Access 2007 的初始界面

Access 2007 的初始界面主要提供创建、打开数据库以及获得帮助的多种途径。

(1) 初始界面由 3 个部分组成,左侧是"模板类别"区域,其中列举了各种常用的模板类别,用户可以根据需要选择不同的模板类型;中间是"开始使用 Microsoft Office Access"区域,用户可以选择创建空白数据库或者使用不同模板来创建数据库;右侧是"打开最近的数据库"区域,其中列出了最近打开的数据库,方便用户快速打开。

(2) Office 按钮。Office 按钮位于窗口的左上角,它取代了 Office 以往版本的"文件"菜单。单击该按钮可以打开下拉菜单,如图 1.10 所示。在该菜单中,用户可以对数据库进行新建、打开、保存、打印、管理及发布等操作。其右边是最近使用的文档,方便用户快速打开所选的数据库文件。

单击下拉菜单右下角的"Access 选项"按钮,弹出"Access 选项"对话框,如图 1.11 所示,在其中可以对 Access 2007 的一些常用选项进行设置。

(3) 快速访问工具栏。快速访问工具栏中包含了最常用的快捷按钮,单击可以执行相应的功能。

图 1.10 Office 按钮的下拉菜单

图 1.11 "Access 选项"对话框

单击快速访问工具栏最右边的下三角形按钮,在弹出的下拉菜单中可自定义快速访问工具栏,如图1.12所示。

图1.12　自定义快速访问工具栏

2. Access 2007 的操作界面

Access 2007 的操作界面是帮助用户方便、快捷地对数据库进行各种操作的主要窗口,如图1.13所示。

图1.13　Access 2007 的操作界面

(1) 标题栏。标题栏位于窗口的最上方,它包含 Office 按钮、快速访问工具栏、当前运行的文件名,以及最小化、最大化/还原、关闭按钮。

（2）功能区。功能区以选项卡的形式列出常用的操作命令。默认情况下，功能区中有以下 4 种选项卡。

①"开始"选项卡。在该选项卡中，用户可以设置视图、剪贴板、字体，格式化文本，对数据进行排序、筛选和查找，转换简繁体等，如图 1.14 所示。

图 1.14 "开始"选项卡

②"创建"选项卡。在该选项卡中，用户可以创建表、查询、窗体、报表、宏等，如图 1.15 所示。

图 1.15 "创建"选项卡

③"外部数据"选项卡。在该选项卡中，用户可以完成导入、导出外部相关数据文件的操作，如图 1.16 所示。

图 1.16 "外部数据"选项卡

④"数据库工具"选项卡。在该选项卡中，用户可以完成编写宏、显示和隐藏相关对象、分析数据、移动数据等操作，如图 1.17 所示。

图 1.17 "数据库工具"选项卡

除了上述 4 种选项卡外,Access 2007 还有一些隐藏的选项卡没有显示,它们只有在进行特定的操作时才会显示出来。例如,在执行创建表操作的时候,将会打开"数据表"选项卡,方便用户对数据表进行管理,如图 1.18 所示。

图 1.18 "数据表"选项卡

(3) 导航窗格。导航窗格位于窗口的左侧,列出了 Access 数据库中的所有对象,与早期版本的"数据库窗口"类似。单击"百叶窗开/关"按钮 « 或 » 可隐藏或显示导航窗格,单击 ⌄ 可展开相关对象,单击 ⌃ 可收缩相关对象。

(4) 工作区。工作区是操作界面中最大的区域,用来显示数据库中的各种对象,是进行数据库操作的主要工作区域。

(5) 状态栏。状态栏位于屏幕的最底部,用于显示系统正在进行的操作信息,可以帮助用户了解所进行操作的状态。

3. Access 的基本对象

(1) 表(Table)。表是数据库的核心与基础,是 Access 数据库的基本对象,其他的数据库对象都是以表为基础来创建的。一个数据库中可包含多个表,表中的信息分行、列存储。表中的每一列代表某种特定的数据类型,称为"字段";表中的每一行由各个特定的字段组成,称为"记录"。

(2) 查询(Query)。查询是数据库的核心操作。用户通过查询可以在表中搜索符合指定条件的数据,并可以对目标记录进行修改、插入和更新等编辑操作。Access 2007 中的查询包括选择查询、计算查询、参数查询、交叉表查询、操作查询和 SQL 查询。

(3) 窗体(Form)。窗体是数据信息的主要表现形式。用户可以通过创建窗体逐条显示记录,以便于详细的查看和编辑,还可以对窗体进行编程。

(4) 报表(Report)。报表是以打印的形式表现用户数据,生成报表的目的是进行计算、打印、分组和汇总数据。

(5) 宏(Macro)。宏是一个或多个操作的集合,也可以是若干个宏的集合所组成的宏组。宏可以将数据中的不同对象联在一起,从而形成一个数据管理系统。

(6) 模块(Module)。模块可以保存 VBA(Visual Basic Applications)应用程序的声明和过程。模块的主要作用是建立复杂的 VBA 程序,以完成宏不能完成的任务。

在 Access 数据库中包含多个表,每个表可以分别表示和存储不同类型的信息。通过建立各个表之间的关联,从而将存储在不同表中的相关数据有机地结合起来。用户可以通过创建查询在一个表或多个数据表中检索、更新和删除记录,并且可以对数据库中的数据进行各种计算。通过创建联机窗体,用户可以直接对数据库中的记录执行查看和编辑操作。通过创建报表,用户可以将数据以特定的方式加以组织,并将数据按指定的样式进行打印。

思考题

1. 什么是数据库、数据库管理系统和数据库系统？它们之间存在什么样的关系？
2. 数据库系统由哪几部分组成？各有何特点？
3. 计算机数据管理技术的发展经过了几个发展阶段？
4. 什么是数据库系统的三级模式结构？
5. 在数据库系统中，常用的数据模型有哪几种？
6. 什么是关系的规范化？
7. 什么是关系的完整性？关系的完整性是如何分类的？
8. Access 有哪些主要特点？
9. Access 的基本对象有哪些？
10. 简述数据库技术的发展趋势。
11. 简述数据库设计的步骤。

第2章 数据库和表的基本操作

Access 2007 数据库是所有相关对象的集合,包括表、查询、窗体、报表、宏、模块。每一个对象都是数据库的一个组成部分,表是数据库的基础,其他对象是 Access 提供的工具。本章介绍 Access 2007 数据库的设计步骤,建立数据库的各种方法,以及打开与关闭数据库、维护数据库窗口和数据库的压缩与修复等基本操作。

2.1 创建数据库

在创建 Access 数据库之前,应根据用户需求对数据库应用系统进行分析和研究,然后按照一定的原则设计数据库中的具体内容。一个好的设计将有助于数据库分析和处理数据。

数据库的设计一般要经过需求分析、确定数据库中的表、确定表中的字段、确定主关键字以及确定表间的关系等过程。

Access 提供了两种创建数据库的方法,一种是使用向导创建数据库;另一种是先建立一个空数据库,然后向数据库中添加表、查询、窗体、报表等对象。用户不论使用哪一种方法创建数据库,都可以在以后的任何时候对其进行修改或扩充。

Access 2007 数据库是以扩展名为 .accdb 的磁盘文件形式存在的。现在,Office 多种版本并存,为了方便用户的数据能够共享,用户可将数据库文件设置为低版本的 .mdb 格式的磁盘文件。

2.1.1 使用向导创建数据库

在 Access 2007 中提供了多种数据库模板,用于帮助用户快速创建符合实际需要的数据库。模板包括本地模板和联机模板,这些模板事先预置了符合模板主题的字段,用户只需要稍加修改或直接输入数据即可。

使用数据库向导创建数据库是利用 Access 提供的数据库模板,在向导的帮助下,一步一步地按照向导的提示,进行一些简单的操作,创建一个新的数据库。这种方法很简单,并具有一定的灵活性,适合初学者使用。

为了便于以后管理和使用数据库,用户在创建数据库之前,可以先在 D 盘建立用于保存该数据库的文件夹"user"。

例 2.1 使用数据库向导创建"联系人"数据库。

操作步骤如下:

（1）启动 Access，进入系统初始界面。

（2）在"模板类别"列表中选择"本地模板"选项，打开"本地模板"列表。

（3）选择"联系人"模板，初始界面右侧会显示创建的数据库名和保存路径，如图 2.1 所示。

图 2.1　"本地模板"列表

（4）在右侧的"文件名"文本框中输入创建的数据库文件名，这里输入"联系人"，其默认扩展名为 .accdb，默认保存位置是"D：\My Documents"，单击"浏览"按钮　，选择文件的保存位置为"D：\user"，如图 2.2 所示。

（5）单击"创建"按钮，完成数据库的创建。此时，选择的模板将会应用到数据库中，如图 2.3 所示。

完成上述操作后，"联系人"数据库的结构框架就建立起来了，但数据库中所包含的表以及每个表中所包含的字段不一定完全符合要求。因此，在使用向导创建数据库后，还要对其进行修改，使其最终满足需要，修改方法将在后面的章节中介绍。

图 2.2　设置文件名和路径

2.1.2　建立一个空数据库

一个数据库系统的建立，可以从创建空数据库入手，然后逐步添加所需要的表、查询、窗体、报表等对象，再根据实际需要逐步进行功能的完善。

图 2.3 "联系人"数据库

例 2.2 创建一个空的"教学管理系统"数据库。

操作步骤如下：

(1) 启动 Access，进入系统初始界面。

(2) 单击"新建空白数据库"区域中的"空白数据库"按钮。

(3) 在右侧的"文件名"文本框中输入新建数据库的名称，这里输入"教学管理系统"，其默认扩展名为.accdb，选择文件的保存位置为"D:\user"，如图 2.4 所示。

图 2.4 创建空数据库

(4) 单击"创建"按钮，Access 将创建空的"教学管理系统"数据库，如图 2.5 所示。

新建的空数据库中没有任何表和其他对象，用户可在以后逐步添加。

2.1.3 打开和关闭数据库

1. 打开数据库

打开数据库文件的常用方法有以下两种：

(1) 在"资源管理器"或"我的电脑"窗口中，通过双击.mdb 或.accdb 文件，打开数据库文件。

(2) 启动 Access 后，单击 Office 按钮，在弹出的菜单中选择"打开"命令，弹出"打开"对话框，如图 2.6 所示。然后在"查找范围"下拉列表框中找到保存要查找的数据库文件的文件夹，选定所需要的数据库文件，单击"打开"按钮，打开相应的数据库文件。

图 2.5　空数据库窗口

图 2.6　"打开"对话框

以上是在单用户环境下打开数据库的方法,若在多用户环境下(即多个用户,通过网络共同操作一个数据库文件),用户则应根据使用方法的不同,选择相应的打开方式。

在"打开"对话框中,"打开"按钮的右侧有一个下拉按钮,单击该按钮会弹出一个下拉菜单,其中有4个命令。

(1) 打开。使用该命令打开的数据库文件可被其他用户共享,这是默认的打开方式。

(2) 以只读方式打开。选择该命令,用户只能使用和浏览被打开的数据库文件,不能对其进行修改。

(3) 以独占方式打开。选择该命令,其他用户不能使用被打开的数据库文件。

(4) 以独占只读方式打开。选择该命令,用户只能使用和浏览被打开的数据库文件,不能对其进行修改,其他用户不能使用该数据库文件。

2. 关闭数据库

在完成数据库操作后,需要将它关闭。在 Access 中,关闭了数据库窗口,也就关闭了相应的数据库文件,用户可以使用下面的方法之一关闭数据库:

(1) 单击窗口右上角的"关闭"按钮。

(2) 双击窗口左上角的 Office 按钮。

(3) 单击窗口左上角的 Office 按钮,在弹出的菜单中选择"关闭数据库"命令或按 C 键。

2.1.4 维护数据库

使用或维护数据库,都需要先打开数据库,然后根据个人的使用习惯设置数据库窗口的外观。

1. 改变新建立数据库的默认文件格式

用户创建的数据库在 Access 2007 中的默认格式为 Access 2007 的文件格式,扩展名为.accdb。如果要改变新建立数据库的文件格式,可以单击 Office 按钮,然后单击下拉菜单右下角的"Access 选项"按钮,弹出"Access 选项"对话框,对其中的创建数据库选项进行设置,如图 2.7 所示。

图 2.7 设置创建数据库选项

常用选项中的"默认文件格式"为 Access 2007,由于现在 Office 多种版本并存,为了方便用户的数据能够共享,用户可将"默认文件格式"设置为 Access 2002-2003,改变后的数据库文件格式必须在创建新的数据库时才会生效。

2. 设置默认文件夹

Access 系统打开或保存数据库文件的默认文件夹是 My Documents,但为了方便管理和操作数据库文件,用户可把数据库文件放在一个专用的文件夹中。

例 2.3 设置 Access 数据库的默认文件夹为 D:\user。

操作步骤如下：

（1）在 Access 窗口中单击 Office 按钮，然后单击下拉菜单右下角的"Access 选项"按钮，弹出"Access 选项"对话框。

（2）在"创建数据库"区域的"默认数据库文件夹"文本框中输入 D:\user。

（3）单击"确定"按钮，完成设置。

3. 转换数据库版本

各种版本的 Access 数据库之间可以互相转换。其方法如下：

（1）打开要转换的数据库文件，单击 Office 按钮，选择"另存为"命令，打开如图 2.8 所示的转换格式选项。

（2）选择要转换的 Access 版本，实现转换。

图 2.8　选择"另存为"命令

4. 压缩和修复数据库

用户在对数据库进行操作时，因为需要经常对数据库中的对象进行维护，数据库文件中可能包含相应的"碎片"，通过压缩和修复数据库可以整理、安排数据库对磁盘空间的占有，可以恢复因操作失误或意外情况丢失的数据信息，从而提高数据库的使用效率，保障数据库的安全性。其方法如下：

打开要压缩和修复的数据库文件，单击 Office 按钮，选择下拉菜单中的"管理"→"压缩和修复数据库"命令，如图 2.9 所示。

5. 备份数据库

用户对于数据库文件应该经常进行定期备份，以防止发生各种意外时，可以使用备份数据库进行还原。其方法如下：

打开要备份的数据库文件，单击 Office 按钮，选择下拉菜单中的"管理"→"备份数据库"命令。

图2.9　选择"压缩和修复数据库"命令

6. 设置数据库属性

数据库的标题、作者、单位等属性,可以通过数据库属性对话框进行定义或查看。其方法如下:

(1) 打开要设置的数据库文件,单击 Office 按钮,选择下拉菜单中的"管理"→"数据库属性"命令,弹出数据库属性对话框。

(2) 在"摘要"选项卡的相关文本框中输入相应的值,单击"确定"按钮,完成设置。

2.1.5　复制数据库对象

1. 复制 Access 文件内的数据库对象

例 2.4　复制"联系人"数据库中的"联系人电话列表"窗体。

操作步骤如下:

(1) 在 Access 的数据库窗口的"联系人"导航列表中,单击要复制的数据库对象"联系人电话列表"窗体。

(2) 单击功能区上的"复制"按钮,如果要将对象复制到当前数据库,则单击功能区上的"粘贴"按钮。

(3) 在弹出的"粘贴为"对话框中为该对象输入唯一的名称,如"联系人电话列表副本",然后单击"确定"按钮。

2. 复制表结构或将数据追加到已有的表中

(1) 在 Access 的工作窗口的导航列表中,单击要复制结构或数据的表,然后单击功能区上的"复制"按钮和"粘贴"按钮。

(2) 在弹出的如图 2.10 所示的"粘贴表方式"对话框中执行下列操作之一:

图2.10　"粘贴表方式"对话框

① 若要粘贴表的结构,选中"粘贴选项"下的"只粘贴结构"单选按钮。

② 若要追加数据,在"表名称"文本框中输入要为其追加数据的表名称,然后选中"将数据追加到已有的表"单选按钮。

3. 将对象复制到其他 Microsoft 应用程序中

用户可以将表、查询或报表复制到本机上运行的另一个 Microsoft 应用程序中。其方法如下:

(1)将另一个 Microsoft 应用程序最小化。

(2)右击 Microsoft Windows 任务栏,然后选择"纵向平铺窗口"命令。

(3)将对象从数据库窗口拖到其他应用程序中。

2.1.6 删除数据库对象

如果用户要删除数据库对象,要先关闭要删除的对象,在多用户环境下要确保所有用户都已关闭了该数据库对象。

删除数据库对象的方法如下:

(1)关闭要删除的对象。

(2)在 Access 工作窗口的导航列表中的"对象"栏中,单击要删除的数据库对象的类型类。

(3)选中"对象"列表中的对象,按 Delete 键或单击"删除"按钮。

2.2 创建表

表是数据库中用来存储数据的对象,是整个数据库的基础,Access 中的各种数据对象都是建立在表的基础之上的。表的基本操作是 Access 最基本的内容。

2.2.1 数据表的结构

在 Access 中,以二维表形式来定义表的数据结构。Access 中的数据表是由表名、表中的字段和表的记录 3 个部分组成的。设计数据表结构就是定义数据表文件名,确定数据表包括哪些字段,以及各字段的字段名、字段类型和宽度,并将这些信息输入到计算机中。

在关系数据库中,一个关系就是一张二维表,如表 2.1 所示的"学生"表。

表 2.1 "学生"表

学号	姓名	性别	出生日期	政治面貌	专业	四级通过	简 历	照片
08030005	王志峰	男	1990-9-10	群众	会计	否	主持过演讲比赛	略
08040002	陈宏时	男	1990-7-26	团员	工商	是	擅长英语口语	略
09010001	周丽丽	女	1991-5-20	团员	经济	是	喜欢唱歌、绘画	略
09010002	张云飞	男	1991-8-12	团员	经济	否	喜欢篮球	略
09010003	陈志明	男	1992-6-5	团员	经济	是	演讲比赛获三等奖	略
09010004	李晓红	女	1992-11-15	党员	经济	否	喜欢唱歌	略
09020001	张 斌	男	1992-4-18	团员	金融	否	擅长绘画	略
09020002	王小杰	男	1991-10-2	团员	金融	是	喜欢踢足球	略
09030003	杨 雪	女	1991-6-24	党员	会计	否	喜欢唱歌、跳舞	略
09030004	李 倩	女	1991-1-18	团员	会计	是	担任学生会干事	略

在表 2.1 中,每一行由若干个数据项组成,称为记录;每一列是一个数据项,称为字段;栏目标题(表头)称为这个字段的字段名。因此,字段的个数和每个字段的名称、类型、宽度决定了这个二维表的结构。

1. 设计表结构要考虑的问题

(1) 确定表名。表名要确保唯一性,表的名称要与用途相符,并且简略、直观、见名知义。

(2) 确定字段名称。

① 字段名长度少于 64 个字符。

② 字段名可以包括字母、汉字、数字、空格和其他字符。

③ 字段名不可以包括句号(.)、感叹号(!)、方括号([])和重音符号(`)。

④ 字段名不可以以先导空格开头。

(3) 确定字段类型。Access 提供了 10 种数据类型,满足字段的不同需要。

(4) 确定字段属性。如字段大小、格式、默认值、必填字段、有效性规则、有效性文本、索引等。

(5) 确定表中能够唯一标识记录的主关键字段,即主键。

2. Access 的数据类型

Access 2007 数据库中常用的数据类型有以下 11 种:

(1) 文本型(Text)。文本型是默认的数据类型,最多 255 个字符。用户通过设置"字段大小"属性,可以设置"文本"字段中允许输入的最大字符数。当文本中包含汉字时,一个汉字只占一个字符,如果输入的数据长度不超过定义的字段长度,则系统只保存输入到字段中的字符,该字段中未使用的位置上的内容不被保存。

文本型通常用于表示文字或不需要计算的数字,如姓名、地址、学号、邮编等。

(2) 备注型(Memo)。备注型允许存储的内容可以长达 65 535 个字符,与文本型数据本质上是相同的,适合存放对事物进行详细描述的信息,如个人简历、备注、摘要等。

(3) 数字型(Number)。由数字 0~9、小数点和正/负号构成,用于进行算术运算。数字型字段又分为整型、长整型、字节型、单精度型、双单精度型等类型,其长度由系统分别设置为 2、4、1、4、8 个字节。

系统默认数字型字段长度为长整型。另外,单精度型小数位数精确到 7 位,双精度型小数位数精确到 15 位,字节型只能保存 0~255 的整数。

(4) 日期/时间型(Date/Time)。该类型用于表示从 100 年到 9999 年的任意日期和时间的组合。日期/时间型数据的存储和显示格式完全取决于用户定义格式。根据存储和显示格式的不同,日期/时间型数据又分为常规日期、长日期、中日期、短日期、长时间、中时间、短时间等类型,系统默认其长度为 8 个字节。

(5) 货币型(Currency)。该类型用于存储货币值。在向该字段输入数据时,系统会自动添加货币符号和千位分隔符,货币型数据的存储和显示格式完全取决于用户定义格式。根据存储和显示格式的不同,货币型数据又分为常规数据、货币、欧元、固定、标准等类型。

货币型数据整数部分的最大长度为 15 位,小数部分的长度不能超过 4 位。

(6) 自动编号型(Auto Number)。该类型用于存储递增数据和随机数据。在向表中添加记录时,由系统为该字段指定唯一的顺序号,顺序号的确定有两种方法,分别是递增和随机。

递增方法是默认设置,每增加一条记录,该字段的值自动增1。

在使用随机方法时,每增加一条记录,该字段的数据被指定为一个随机的长整型数据。

该字段的值一旦由系统指定,用户就不能再对其进行删除和修改。因此,对于含有该类型字段的表,用户在操作时应注意以下问题:

① 如果删除一个记录,其他记录中该字段的值不会进行调整。

② 如果向表中添加一条新的记录,该字段不会使用被删除记录中已经使用过的值。

③ 用户不能对该字段的值进行指定或修改。

每一个数据表中只允许有一个自动编号型字段,其长度由系统设置为4个字节,如顺序号、商品编号、编码等。

(7) 是/否型(Yes/No)。该类型用于判断逻辑值为真或假,表示为 Yes/No、True/False 或 On/Off。其字段长度由系统设置为一个字节,如是否通过、婚否等。

(8) OLE 对象型(OLE Object)。OLE 是 Object Linking and Embedding(对象链接与嵌入)的缩写,用于链接或嵌入由其他应用程序所创建的对象。例如,在数据库中嵌入声音、图片等,它的大小可以达到 1GB。

对于链接和嵌入的方式,用户在输入数据时可以进行选择。链接对象是将表示文件内容的图片插入到文档中,数据库中只保存该图片与源文件的链接,这样对源文件所做的任何更改都能在文档中反映出来;而嵌入对象是将文件的内容作为对象插入到文档中,该对象也保存在数据库中,这样插入的对象就与源文件无关了。

(9) 超链接型(Hyperlink)。该类型用于存储超链接地址,链接到 Internet、局域网或本地计算机上,其大小不超过 2048 个字节。

(10) 查阅向导型(Lookup Wizard)。该类型用于创建查阅向导字段,用户可使用列表框或组合框的形式查阅其他表或本表中其他字段的值,一般为4个字节。

(11) 附件型。Access 2007 新增的字段类型,使用附件可以将多个文件存储在单个字段中,甚至还可以将多种类型的文件存储在单个字段中。附件最多可以附加 2GB 的数据,单个文件的大小不得超过 256MB,其文件名(包括扩展名)不得超过 255 个字符。

3. 表的视图方式

表有两种视图方式,一种是设计视图;另一种是数据表视图。这两种视图方式对操作表十分重要,在设计视图状态下,可编辑数据表的结构;在数据表视图状态下,可编辑数据表的记录内容。

4. 设计表结构

在建立表之前必须先设计它的结构,表结构描述了一个表的框架。设计表结构实际上就是定义组成一个表的字段个数,以及每个字段的名称、数据类型、长度等信息。

例 2.5 定义"教学管理系统"数据库中的"学生"表的结构如表 2.2 所示。

用户在完成表结构的设计后,就可以进行创建表的操作了。在 Access 系统中,创建一个新表的方法有5种,即使用表设计器创建表、使用模板创建表、通过输入数据创建表、通过导入和链接外部数据创建表、利用生成表查询创建表。

本章介绍前4种方法,对于利用生成表查询创建表的方法将在第3章介绍。

表 2.2 "学生"表的结构

字段名称	字段类型	字段长度	字段名称	字段类型	字段长度
学号	文本	8	专业	文本	20
姓名	文本	10	四级通过	是/否	—
性别	文本	1	简历	备注	—
出生日期	日期/时间	短日期	照片	OLE 对象	—
政治面貌	查阅向导	2			

2.2.2 使用表设计器创建表

表设计器是在 Access 中设计表的主要工具,利用表设计器不仅可以创建表,还可以修改表结构。使用设计器创建表,就是在表设计器窗口中定义表的结构,即详细说明表中每个字段的名称、类型及具体属性。在表结构定义并保存后,再切换到"数据表视图"窗口中,输入每一条记录。

下面以一个具体的实例介绍表设计器的使用方法。

例 2.6 使用表设计器创建"教学管理系统"数据库中的"学生"表,其结构如表 2.2 所示。操作步骤如下:

1. 进入表的设计视图

(1)启动 Access,打开"教学管理系统"数据库。

(2)在"创建"选项卡的"表"组中单击"表设计"按钮,打开"表设计视图"窗口,如图 2.11 所示。

图 2.11 "表设计视图"窗口

(3) 输入表的字段名称、数据类型等内容。

表设计器由上、下两部分组成,其中,上半部分用来输入表的字段名称、数据类型和说明,由4列组成。

① 字段选定区。其位于左边第一列,用来选定一个或多个字段,当选定一个字段时单击即可,若选定连续的多个字段可用 Shift 键配合,若选定不连续的多个字段可用 Ctrl 键配合。

② 字段名称。其用来输入字段的名称。

③ 数据类型。单击该列右侧的向下箭头,从打开的列表框中可以为字段选定数据类型。

④ 说明。该列为字段说明性信息。

设计视图窗口的下半部分为字段属性区,用于设置所选字段的属性。

单击"字段名称"列的第一行,将光标放在该字段中,向此文本框中输入"学号",然后单击该行的数据类型,在弹出的下拉列表框中选择"文本"型,并在"常规"选项卡中设置"字段大小"为8。

用同样的方法依次输入各字段的名称,并在"数据类型"列表框中选择所需的数据类型及相应的属性值,建立"学生"表结构。

2. 使用"查阅向导"定义"政治面貌"字段

(1) 选定"政治面貌"字段,在"数据类型"列表框中单击"查阅向导",弹出"查阅向导"对话框之一,如图 2.12 所示。

图 2.12　"查阅向导"对话框之一

(2) 选中"自行键入所需的值"单选按钮,单击"下一步"按钮,进入"查阅向导"对话框之二,如图 2.13 所示。

(3) 输入党员、团员、群众,输入完成后单击"下一步"按钮,进入"查阅向导"对话框之三,如图 2.14 所示。

(4) 定义查阅列标签名为"政治面貌",单击"完成"按钮结束操作。此时,用户在"政治面貌"的"查阅"选项卡中可以看到"行来源"的值已被设置为"党员";"团员";"群众",如图 2.15 所示。

图2.13 "查阅向导"对话框之二

图2.14 "查阅向导"对话框之三

图2.15 "政治面貌"的"查阅"选项卡

图 2.16 修改表结构快捷菜单

3. 设置主键

定义完所有字段后,单击"学号"字段行的字段选定区,然后单击"设计"选项卡中的"主键"按钮 ,或右击字段选定区,在弹出的如图 2.16 所示的快捷菜单中选择"主键"命令,定义"学号"字段为主关键字,如图 2.17 所示。

4. 保存文件

单击 Office 按钮,选择"保存"命令,或单击 Access 左上角的快速访问工具栏中的"保存"按钮 ,在弹出的"另存

图 2.17 设置主键

为"对话框中输入表名"学生",如图 2.18 所示,然后单击"确定"按钮完成操作。此时,在表对象下产生了一个名为"学生"的新表。

2.2.3 向表中输入数据

在建立了表结构之后,用户就可以向表中输入数据了,向表中输入数据的基本方法是通过数据表视图输入。

打开数据库,在导航窗格"表"对象下右击要输入数据的表名,在弹出的快捷菜单中选择"打开"命令,或者双击要输入数据的表名,进入数据表视图,如图 2.19 所示。

图 2.18 "另存为"对话框

数据表视图最左侧的行选定器有两种不同的符号,其含义如下:

(1) 星号 ＊ 。该符号表示表的末端,可在该行输入新记录。

(2) 铅笔 。该符号表示该行正在输入或修改数据。

数据表视图最下方为记录定位器,单击记录定位器中的不同按钮,能够改变当前行的位置或添加新的记录。

例 2.7 利用数据表视图给"学生"表输入数据。

操作步骤如下:

图 2.19　数据表视图

(1) 在数据库窗口中的"表"对象下,双击"学生"表,进入数据表视图。

(2) 输入每条记录的字段值。

(3) 在输入日期/时间型字段的数据时,单击右侧的 ▦ 按钮,可显示系统的日期,单击 ◀ 或 ▶ 按钮可改变日期,如图 2.20 所示。

图 2.20　调整日期

用户也可以直接输入日期,例如 1991 年 1 月 18 日,可输入 "91-1-18"。

(4) 在输入"政治面貌"字段值时,单击右侧的 ✓ 按钮,会将政治面貌所包含的内容全部列出,从中选择即可,如图 2.19 所示。

在输入过程中,用户只能输入对字段类型有效的值。若输入了无效数据,系统会弹出一个信息框显示出错信息,在更正错误之前,无法将光标移动到其他字段上。记录输入完毕后,关闭当前窗口,保存添加的记录到表中。若用户要放弃对当前记录的编辑,可按 Esc 键。

(5) 输入"照片"字段值。

① 右击相应记录的"照片"字段数据区,弹出快捷菜单。

② 选择快捷菜单中的"插入对象"命令,弹出插入对象的对话框,如图 2.21 所示。

图 2.21　插入对象的对话框 1

③ 选中"新建"单选按钮,将"对象类型"设置为"位图图像",然后单击"确定"按钮,系统将弹出一个空白的图片编辑框。

④ 选择"编辑"→"粘贴来源"命令,在弹出的"粘贴来源"对话框中选定所需图片文件的位置和名称,单击"打开"按钮,相应的图片将被粘贴到图片编辑框中。此时,用户可对图片进行裁剪,或者缩放调整图片大小,使其符合设计要求。

⑤ 编辑完成后,选择"文件"→"更新学生:表"命令,完成对数据源的更新,然后关闭该编辑框,返回学生数据表视图。

如果在图 2.21 所示的对话框中选中"由文件创建"单选按钮,则对话框会变成如图 2.22 所示。输入相应的对象文件位置和名称,或者单击"浏览"按钮,选定所需文件的位置和名称,单击"确定"按钮,文件内容即被保存到"照片"字段中。

图 2.22　插入对象的对话框 2

(6) 输入数据后,保存文件。

2.2.4　使用模板创建表

使用模板创建表是一种快速创建表的方式,Access 系统在模板中内置了一些常见的示例表,这些表中包含了足够多的字段名,用户可根据需要在数据表中添加和删除字段。

例 2.8　使用表模板创建"教师"表。"教师"表的结构如表 2.3 所示。

表 2.3　"教师"表的结构

字 段 名 称	字 段 类 型	字 段 长 度	是否主键
教师编号	文本	5	是
姓名	文本	10	
性别	文本	1	
出生日期	日期/时间	短日期	
职称	文本	10	

操作步骤如下:

(1) 在"教学管理系统"数据库中单击"创建"选项卡,然后单击"表"组中的"表模板"按钮,在弹出的菜单中选择"联系人"命令,如图 2.23 所示。

(2) 此时,基于"联系人"表模板创建的表就被插入到当前数据库中,如图 2.24 所示。

(3) 双击 ID 字段名,将其改为"教师编号",然后采用相同的方法修改其他字段。

(4) 右击在数据表中需要删除的列,在弹出的如图 2.25 所示的快捷菜单中选择"删除列"命令,删除多余的列。修改后的表如图 2.26 所示。

图 2.23　表模板菜单

图 2.24　基于"联系人"表模板创建的表

图 2.25　右键快捷菜单

图 2.26　修改后的表

（5）单击"视图"按钮,选择"设计视图"命令,切换到表设计视图,按照表2.3对"教师"表的结构进行修改。

（6）修改完毕后单击"保存"按钮,保存"教师"表结构的修改结果。

（7）单击"视图"按钮,选择"数据表视图"命令,切换到数据表视图中,然后输入数据,完成"教师"表数据的输入,如图2.27所示。

教师编号	姓名	性别	出生日期	职称
01001	赵伟华	男	1963-8-12	副教授
01002	田梅	女	1980-10-23	讲师
01003	李建国	男	1950-2-9	教授
01004	杜森	男	1978-3-15	讲师
01005	刘娜	女	1970-12-5	副教授
01006	王军	男	1983-8-13	助教
01007	张艺	女	1978-12-5	讲师
01008	蒋芳菲	女	1985-7-19	助教

图2.27 "教师"表

2.2.5 通过输入数据创建表

在Access中,用户可以通过直接在"数据表视图"窗口中输入数据来直观、方便地创建一个新表。在"数据表视图"窗口中,第一行显示的是字段名,除了第一行外,其余各行显示具体的数据,即记录。在该视图中,用户可以完成对字段的插入、删除和更名,还可以完成对记录的添加、删除和修改等操作。

例2.9 通过输入数据创建"教学管理系统"数据库中的"课程"表,表结构如表2.4所示。该表中包含的字段分别是课程号、课程名称、课程分类、学分。

表2.4 "课程"表的结构

字 段 名 称	字 段 类 型	字 段 长 度
课程号	文本	3
课程名称	文本	20
课程分类	文本	10
学分	数字	字节

操作步骤如下:

（1）在"教学管理系统"数据库的"创建"选项卡中,单击"表"组中的"表"按钮,打开如图2.28所示的空白数据表。

图2.28 空白数据表

（2）双击"添加新字段"单元格，输入"课程号"，然后按 Enter 键，光标出现在"课程号"右侧的单元格中。

（3）用同样的方法依次输入其余字段的名称，建立表结构。

（4）在记录区中逐行输入"课程"表中的各条记录，如图 2.29 所示。

图 2.29 "课程"表

（5）数据输入完毕后，单击快速访问工具栏上的"保存"按钮，弹出"另存为"对话框，如图 2.30 所示。

（6）在"表名称"文本框中输入表名"课程"，然后单击"确定"按钮。

图 2.30 "另存为"对话框

（7）单击"视图"按钮，切换到表设计视图，然后删除 ID 列，按照表 2.4 对"课程"表的结构进行修改，并设置"课程号"为主键。

（8）修改完毕后单击"保存"按钮，保存"课程"表结构的修改结果。

注意：用这种方法创建的表，在建立表结构时，仅输入了字段的名称，并没有对字段的类型和属性进行设置，因此，用户需要使用表设计器对表的结构进行修改。

2.2.6 通过导入和链接外部数据创建表

在 Access 中可以使用外部数据源的数据创建表。

（1）导入表。导入表的目的是利用其他应用程序建立的表来创建新的表。导入的数据可以是 Access 数据库中的表、Excel 的电子表格，或 FoxPro 等数据库管理系统创建的表。

（2）链接表。链接表指将创建的表和来自其他应用程序的数据建立链接，这样在建立数据源的原始应用程序中和 Access 数据库中都可以查看、添加、删除或编辑这些数据。

例 2.10 使用导入表的方法建立"教学管理系统"数据库中的"成绩"表，表结构如表 2.5 所示。其数据来源是 Excel 表。

表 2.5 "成绩"表的结构

字 段 名 称	字 段 类 型	字 段 长 度	小　　数
学号	文本	8	
课程号	文本	3	
成绩	数字	单精度	1
教师编号	文本	5	

操作步骤如下：

（1）在 Access 中打开"教学管理系统"数据库。

（2）在"外部数据"选项卡的"导入"组中单击 Excel 按钮，弹出"获取外部数据—Excel 电子表格"对话框，如图 2.31 所示。然后单击"浏览"按钮，确定导入文件所在的文件夹为 D 盘下的 user，并在文件列表框中选定 cj.xls。

图 2.31 "获取外部数据—Excel 电子表格"对话框

（3）选中"将源数据导入当前数据库的新表中"单选按钮，单击"确定"按钮，弹出"导入数据表向导"对话框之一，如图 2.32 所示。

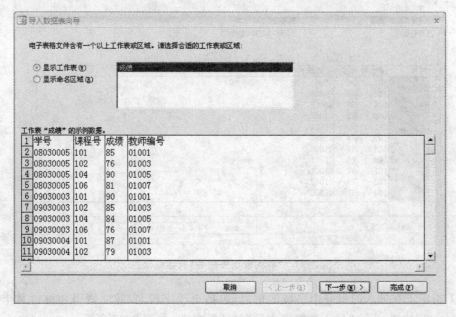

图 2.32 "导入数据表向导"对话框之一

（4）选定"成绩"表，单击"下一步"按钮，进入"导入数据表向导"对话框之二，如图 2.33 所示。

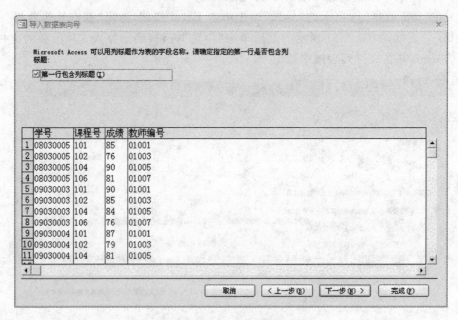

图 2.33 "导入数据表向导"对话框之二

（5）由于要将电子表格的列标题作为表的字段名称，因此选中"第一行包含列标题"复选框，单击"下一步"按钮，进入"导入数据表向导"对话框之三，如图 2.34 所示。

图 2.34 "导入数据表向导"对话框之三

（6）指定正在导入的每一个字段的信息，包括更改字段名、建立索引和跳过某个字段，单击"下一步"按钮，进入"导入数据表向导"对话框之四，如图 2.35 所示。

图 2.35 "导入数据表向导"对话框之四

(7) 确定新表的主键。选中"不要主键"单选按钮,单击"下一步"按钮,进入"导入数据表向导"对话框之五,这也是最后一个向导对话框,如图 2.36 所示。

图 2.36 "导入数据表向导"对话框之五

(8) 为新建的表命名。在"导入到表"文本框中输入"成绩",然后单击"完成"按钮,系统弹出提示完成数据导入的对话框,如图 2.37 所示,单击"关闭"按钮,结束导入过程。

(9) 保存导入步骤。对于经常进行相同导入操作的用户,可以把导入步骤保存下来,这样下一次可以快速完成同样的导入。

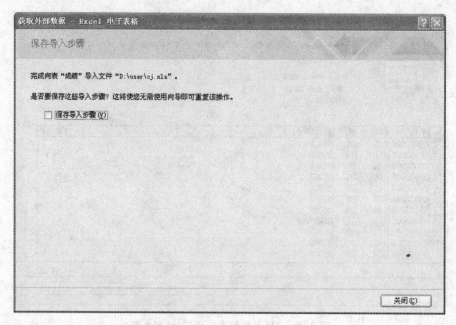

图 2.37 结束导入过程

　　(10)打开导入完成的"成绩"表,单击"视图"按钮,切换到表设计视图,按照表 2.5 对 "成绩"表的结构进行修改,最后保存修改结果。

　　本例中是以 Excel 电子表格作为导入表的,如果要导入的是其他应用程序的数据源,则 向导的具体过程会有一些不同,这时,用户只要按对话框中的提示进行操作即可。

　　如果要采用链接的方法使用外部数据,用户可以在图 2.31 中选中"通过创建链接表来 链接到数据源"单选按钮。链接和导入的具体操作过程非常相似,用户可以参照上例的操作 步骤进行。

2.2.7　打开与关闭表

　　在一个数据表创建后,用户可以向表中添加记录,也可以对建立好的表进行编辑,如修 改字段的名称、属性,修改表中记录的值,浏览表中的记录等。在进行这些操作之前,用户都 要打开相应的表,完成操作后,还要将表关闭。

1. 打开表

　　一个表可以在数据表视图下打开,也可以在设计视图下打开,不同视图下完成的操作不 同,用户还可以在这两种视图之间进行切换。

　　(1)在数据表视图下打开表。

　　方法一:在导航窗格中直接双击要打开的表。

　　方法二:在导航窗格中右击要打开的表名,然后在弹出的快捷菜单中选择"打开"命令。

　　在数据表视图下,以二维表形式显示表的内容,其中,第一行显示表中的字段名,下面每 行是表中的每一条记录,如图 2.19 所示。在数据表视图下,用户主要进行记录的输入、修 改、删除等操作。

（2）在设计视图下打开表。在导航窗格中右击要打开的表名，然后在弹出的快捷菜单中选择"设计视图"命令，即可在"设计视图"窗口中打开表，如图2.11所示。

在"设计视图"窗口中显示的是表中各字段的基本信息，例如名称、类型、大小等属性，用户可以对表结构进行修改。

（3）在两个视图之间进行切换。

方法一：单击功能区中的"设计视图"按钮 或"数据表视图"按钮 可以在这两个视图之间进行切换。

方法二：在"设计视图"窗口中右击窗口标题栏，在弹出的快捷菜单中选择"数据表视图"命令，切换到"数据表视图"窗口；在"数据表视图"窗口中右击窗口标题栏，在弹出的快捷菜单中选择"设计视图"命令，切换到"设计视图"窗口。

2. 关闭表

用户在对表的操作完成后，要将该表关闭。

方法一：单击视图窗口右上角的"关闭"按钮。

方法二：右击窗口标题栏，在弹出的快捷菜单中选择"关闭"命令。

在关闭表时，如果对表的结构进行了修改并且没有保存，Access会弹出一个消息框，提示用户是否保存所做的修改，单击"是"按钮可保存所做的修改；单击"否"按钮可放弃所做的修改；单击"取消"按钮可取消关闭操作。

2.3 设置字段的属性和修改表结构

表的创建过程实际上是定义字段的过程，用户除了要定义表中每个字段的基本属性（如字段名、字段类型、字段大小）以外，还要对字段的显示格式、输入掩码、标题、默认值、有效规则及有效文本等属性加以定义。

字段属性可分为常规属性和查阅属性两类。字段类型不同，显示的字段属性也不同。

在表结构创建完成后，用户可以根据需要在设计视图中修改字段的属性。

2.3.1 设置字段的属性

1. 字段大小

字段大小即字段的长度，用来设置文本型字段的长度和数字型字段的取值范围。

文本型是默认的数据类型，最多255个字符。用户通过设置"字段大小"属性，可以设置"文本"字段中允许输入的最大字符数。

数字型字段默认的类型是长整型，在实际使用时，用户应根据数字型字段表示的实际含义确定合适的类型。数字型字段的长度可以在"字段大小"下拉列表框中进行选择。常用数字型数据类型所表示的数据范围、小数位数及所占的空间如表2.6所示。

在表的设计视图中打开，可以对表的字段大小进行设置。用户在减小字段的大小时要小心，如果在修改之前字段中已经有了数据，在减小长度时可能会丢失数据，对于文本型字段，将截去超出的部分；对于数字型字段，如果原来是单精度或双精度数据，在改为整数时，会自动将小数取整。

表 2.6　数字型字段的相关数据

类　　型	数 据 范 围	小数位数	字节
字节型	$0\sim255$	无	1
小数	$-10^{38}-1\sim10^{38}-1$	28	12
整型	$-32\,768\sim32\,767$ 即 $-2^{15}\sim2^{15}-1$	无	2
长整型	$-2\,147\,483\,648\sim-2\,147\,483\,647$,即 $-2^{31}\sim2^{31}-1$	无	4
单精度型	$-3.4\times10^{38}\sim3.4\times10^{38}$	7	4
双精度型	$-1.797\times10^{308}\sim1.797\times10^{308}$	15	8
同步复制 ID	全球唯一标识符(GUID)	N/A	16

2. 字段的格式

字段的格式用来确定数据在屏幕上的显示方式以及打印方式,从而使表中数据的输出有一定的规范,浏览、使用起来更为方便。Access 系统提供了一些字段的常用格式供用户选择。

格式设置对输入数据本身没有影响,只是改变数据输出的样式。若用户要让数据按输入时的格式显示,则不要设置"格式"属性。

预定义格式可用于设置自动编号、数字、货币、日期/时间和是/否等字段,对于文本、备注、超链接等字段没有预定义格式,用户可以自定义它们的格式。日期/时间预定义格式的类型和说明如表 2.7 所示。

表 2.7　日期/时间预定义格式

类　　型	说　　明
常规日期	它(默认值)可以仅显示日期或时间,也可显示日期及时间,例如 9/15/99、05:34:00 PM、9/15/99 05:34:00 PM
长日期	它与 Windows 区域设置中的"长日期"设置相同,例如 1999 年 9 月 15 日
中日期	例如 99-09-15
短日期	它与 Windows 区域设置中的"短日期"设置相同,例如 99-9-15 **注意**："短日期"设置假设 00-1-1 和 29-12-31 之间的日期是 21 世纪的日期(即假定年从 2000 年到 2029 年),而 30-1-1 到 99-12-31 之间的日期假定为 20 世纪的日期(即假定年从 1930 年到 1999 年)
长时间	它与 Windows 区域设置中的"时间"选项卡上的设置相同,例如 17:34:23
中时间	例如 17:34:00
短时间	例如 17:34

用户也可以按照 Windows 区域设置中所指定的设置进行日期格式的定义,如表 2.8～表 2.10 所示,与 Windows 区域设置中所指定的设置不一致的自定义格式将被忽略。如果用户要将逗号或其他分隔符添加到自定义格式中,需要将分隔符用双引号括起,例如设置 ddd","mmm d","yyyy,显示结果为 Mon,Jun 2,1997。

表 2.8 日期自定义格式

符 号	说 明
:（冒号）	时间分隔符,分隔符是在 Windows 区域设置中设置的
/	日期分隔符
c	它与"常规日期"的预定义格式相同
d	一个月中的日期,根据需要以一位或两位数显示(1 到 31)
dd	一个月中的日期,用两位数字显示(01 到 31)
ddd	星期名称的前 3 个字母(Sun 到 Sat)
dddd	星期名称的全称(Sunday 到 Saturday)
ddddd	它与"短日期"的预定义格式相同
dddddd	它与"长日期"的预定义格式相同
w	一周中的日期(1 到 7)
ww	一年中的周(1 到 53)
m	一年中的月份,根据需要以一位或两位数显示(1 到 12)
mm	一年中的月份,以两位数显示(01 到 12)
mmm	月份名称的前 3 个字母(Jan 到 Dec)
mmmm	月份的全称(January 到 December)
q	以一年中的季度来显示日期(1 到 4)
y	一年中的日期数(1 到 366)
yy	年的最后两个数字(01 到 99)
yyyy	完整的年(0100 到 9999)
h	小时,根据需要以一位或两位数显示(0 到 23)
hh	小时,以两位数显示(00 到 23)
n	分钟,根据需要以一位或两位数显示(0 到 59)
nn	分钟,以两位数显示(00 到 59)
s	秒,根据需要以一位或两位数显示(0 到 59)
ss	秒,以两位数显示(00 到 59)
ttttt	它与"长时间"的预定义格式相同
AM/PM	以大写字母 AM 或 PM 相应显示的 12 小时时钟
am/pm	以小写字母 am 或 pm 相应显示的 12 小时时钟
A/P	以大写字母 A 或 P 相应显示的 12 小时时钟
a/p	以小写字母 a 或 p 相应显示的 12 小时时钟
AMPM	以适当的上午/下午指示器显示 24 小时时钟,如 Windows 区域设置中所定义

表 2.9 数字/货币预定义格式

类 型	说 明	显 示
常规数字	它(默认值)以输入的方式显示数字	3456.789、−3456.789
货币	使用千位分隔符	￥3,456.79
固定	至少显示一位数字	3456.79、−3456.79、3.57
标准	使用千位分隔符	3,456.78
百分比	先乘以 100 再加上百分号（%）	345%
科学记数	使用标准的科学记数法	3.45E＋03

表 2.10　文本/备注常用格式

符　号	说　　明	符　号	说　　明
@	要求文本字符(字符或空格)	<	强制所有字符为小写
&	不要求文本字符	>	强制所有字符为大写

"是/否"型提供了 Yes/No、True/False 以及 On/Off 预定义格式。Yes、True 以及 On 是等效的,No、False 以及 Off 也是等效的。如果用户指定了某个预定义的格式并输入了一个等效值,则将显示等效值的预定义格式。例如,如果在一个是/否属性被设置为 Yes/No 的文本框控件中输入了 True 或 On,数值将自动转换为 Yes。

例 2.11　将"学生"表中的"出生日期"字段的显示形式设置为"××月××日××××"。操作步骤如下:

(1) 在"设计视图"窗口中打开"学生"表,选择"出生日期"字段。

(2) 在"常规"选项卡的"格式"下拉列表框中输入"mm 月 dd 日 yyyy 年"。

(3) 保存修改,此时,在数据表视图下可以看到"出生日期"字段的显示如图 2.38 所示。

图 2.38　日期格式字段的设置效果

3. 输入法模式

输入法模式用来设置系统是否自动打开输入法,常用的模式有 3 种,即"随意"、"输入法开启"和"输入法关闭"。其中,"随意"为保持原来的输入状态。

4. 输入掩码

输入掩码用来设置字段中的数据输入格式,并限制不符合规格的文字或符号的输入。输入掩码主要用于文本型和时间/日期型字段,也可用于数字型和货币型字段。

在同时使用"格式"和"输入掩码"属性时,用户要注意它们的结果不能相互冲突。

(1) 人工设置输入掩码。在"设计视图"窗口的字段属性区的"输入掩码"文本框中可以直接输入掩码,用户可以使用的输入掩码字符如表 2.11 所示。

表 2.11　输入掩码字符表

字　　符	说　　明
0	数字 0~9,必选项,不允许使用加号[+]和减号[−]
9	数字或空格(非必选项,不允许使用加号和减号)
#	数字或空格(非必选项,空白将转换为空格,允许使用加号和减号)
L	字母(A~Z,必选项)
?	字母(A~Z,可选项)
A	字母或数字(必选项)
a	字母或数字(可选项)
&	任一字符或空格(必选项)

续表

字　　符	说　　明
C	任一字符或空格(可选项)
. , : ; - /	十进制占位符,以及千位、日期和时间分隔符(实际使用的字符取决于 Windows"控制面板"的区域设置中指定的区域设置)
<	使其后所有的字符转换为小写
>	使其后所有的字符转换为大写
!	输入掩码从右到左显示,可以在输入掩码的任意位置包含叹号
\	使其后的字符显示为原义字符(例如,\A 显示为 A)
密码	将"输入掩码"属性设置为"密码",可以创建密码输入文本框,在文本框中输入的任何字符都按原字符存储,但显示为星号(*)

例 2.11 输入掩码设置示例。

输入掩码定义	输入允许值举例
0000 - 00000000	0412 - 81232000
999 - 99999	234 - 54816、34 - 25816
#9999	- 4000、62300
>L??L?00L0	APPLE01F8
0000/99/99	2009/03/24
L000	W345

(2) 输入掩码向导。首先选择需要设置的字段类型,然后在"常规"选项卡中单击"输入掩码"文本框右侧的 ⋯ 按钮,即启动输入掩码向导。

例 2.12　设置"学生"表中的"出生日期"字段的输入掩码为短日期型。

操作步骤如下:

(1) 在"设计视图"窗口中打开"学生"表,选择"出生日期"字段。

(2) 在"常规"选项卡中单击"输入掩码"文本框右侧的 ⋯ 按钮,启动输入掩码向导,如图 2.39 所示。

(3) 单击"下一步"按钮,在弹出的如图 2.40 所示的对话框中将占位符设置为"-"。输入掩码设置后,在添加数据时,"出生时间"字段将被设置为"＿＿＿＿-＿＿-＿＿"的格式。

图 2.39　"输入掩码向导"对话框之一

图 2.40　"输入掩码向导"对话框之二

(4) 单击"下一步"按钮,进入如图 2.41 所示的对话框,单击"完成"按钮。

例 2.13 "学生"表中"学号"和"出生日期"字段的输入掩码设置示例。

操作步骤如下:

(1) 设置"学生"表的"学号"字段长度为 8。由于每位上只能是 0～9 的数字,因此,其输入掩码的格式串应写成 00000000。

在"学生"表的"数据表视图"下,单击最后一行(表示添加一条记录),"学号"字段的编辑栏中将出现 8 个字符位置的下划线,且输入时只有输完 8 个数字才能离开此字段的编辑栏,这就是输入掩码的设置结果。

图 2.41 "输入掩码向导"对话框之三

(2) 设置"学生"表的"出生日期"字段的输入形式如 yyyy/mm/dd,即年份为 4 位,月份和日期均为两位,年、月、日之间用"/"分隔,如果年份必须输入,月份和日期可以空缺,则该字段输入掩码的形式为 0000/99/99。

5. 标题

在"常规"选项卡的"标题"文本框中输入名称,可以指定在表、查询或报表等对象中字段名的显示名称,它将取代原来的字段名称在表中显示。在实际应用中,通常使用英文或汉语拼音作为字段名称,而设置标题实现在显示窗口中用汉字显示名称。标题可以是字母、数字、空格和符号的任意组合,最大长度为 2048 个字符。

6. 默认值

当表中有多条记录的某个字段值相同时,可以将相同的值设置为该字段的默认值,这样每产生一条新记录,这个默认值就会自动加到该字段中。用户可以直接使用这个默认值,也可以输入新的值取代这个默认值。默认值可以是常量、函数或表达式,类型为自动编号和 OLE 对象的字段不能设置默认值。

例 2.14 设置"学生"表中"性别"字段的输入默认值为"男"。

操作步骤如下:

(1) 在"设计视图"窗口中打开"学生"表,并选定"性别"字段。

(2) 在"默认值"文本框中输入"男"(注意,引号为英文标点符号)。

(3) 单击快速访问工具栏上的"保存"按钮,完成属性的设置。

切换到"数据表视图",在"学生"表的最后一行,用户可以看到"性别"字段出现了默认值"男"。

7. 有效性规则与有效性文本

有效性规则是一个与字段或记录相关的逻辑表达式,通过对用户输入的值加以限制,提供数据的有效性检查。常用的有效性规则是字段级有效性规则,该规则是对一个字段的约束。它将所输入的值与所定义的规则表达式进行比较,若输入的值不满足规则要求,则拒绝该值。

有效性文本是当用户违反有效性规则时所显示的提示信息,这个提示信息可以是系统自动加上的,也可以由用户通过设置有效性文本来确定。

例 2.15 给"学生"表中的"性别"字段设置有效性规则和有效性文本。

操作步骤如下：

(1) 在"设计视图"窗口中打开"学生"表,并选定"性别"字段。

(2) 在"有效性规则"文本框中输入[性别]="男"OR [性别]="女"或男 OR 女。

(3) 在"有效性文本"文本框中输入"性别只能是男或女"。

(4) 单击快速访问工具栏上的"保存"按钮,完成属性的设置。

注意：在输入表达式时,引用字段名称要用"["和"]"括起来。

例 2.16 给"成绩"表中的"成绩"字段设置有效性规则和有效性文本。

操作步骤如下：

(1) 在"设计视图"窗口中打开"成绩"表,并选定"成绩"字段。

(2) 在"有效性规则"文本框中输入[成绩]>=0 AND [成绩]<=100 或 >=0 AND <=100。

(3) 在"有效性文本"文本框中输入"考试成绩在 0—100 之间"。

(4) 单击快速访问工具栏上的"保存"按钮,完成属性的设置。

有效性规则设置后,在输入记录时,系统会对新输入的字段值进行检查,如果输入的数据不在有效性范围内,就会出现提示信息,表示输入记录的操作不能进行。

8. 必填字段

该属性中只有"是"和"否"两个选项,当设置为"是"时,表示此字段值必须输入。

9. 允许空字符串

该属性仅用来设置文本字段,属性值也为"是"或"否",当设置为"是"时,表示该字段可以填写任何信息。

10. 索引

设置索引有利于对字段进行查询、分组和排序,此属性用于设置单一字段索引。索引属性有以下 3 个选项可以选择：

(1) 无。该选项表示无索引。

(2) 有(重复)。该选项表示字段有索引,输入数据可以重复。

(3) 有(无重复)。该选项表示字段有索引,输入数据不可以重复。

11. Unicode 压缩

在 Unicode 中每个字符占两个字节,因此,它最多支持 65 536 个字符。若将字段的"Unicode 压缩"属性设置为"是",表示该字段中的数据可以存储和显示多种语言的文本。

2.3.2 修改表结构

在数据表的设计中,用户经常需要修改表的结构,对表结构的修改就是对字段进行添加、修改、移动和删除、字段重命名等操作。对表结构的修改通常是在表设计视图中进行的。

在表设计视图中会显示"设计"选项卡,如图 2.42 所示。

1. 添加字段

方法一：在"表设计视图"窗口中添加字段。

(1) 在"表设计视图"窗口中打开要修改的

图 2.42 "设计"选项卡

表,将光标指向要插入新字段的行。

(2) 右击,在弹出的快捷菜单中选择"插入行"命令,也可以直接单击功能区上的"插入行"按钮。

(3) 在新插入行中输入新字段的名称和数据类型,并对相关属性进行设置。

(4) 单击快速访问工具栏上的"保存"按钮,保存所做的修改。

方法二:在"数据表视图"窗口中添加字段。

(1) 在"数据表视图"窗口中打开要修改的表,将光标指向要插入新字段的位置。

(2) 右击,在弹出的快捷菜单中选择"插入列"命令。

(3) 此时,系统在当前列之前插入一个新列,并将字段名命名为"字段1",用户可以双击新字段名,然后输入新的名称。

2. 删除字段

在删除一个字段时,该字段及其所有的数据也会被同时删除。

在"数据表视图"窗口中删除字段时,右击要删除字段的名称,在弹出的快捷菜单中选择"删除列"命令,在弹出的确认对话框中单击"是"按钮即可。

在"表设计视图"窗口中删除字段时,右击要删除字段的名称,在弹出的快捷菜单中选择"删除行"命令,也可以直接单击功能区上的"插入行"按钮,然后在弹出的确认对话框中单击"是"按钮。

注意:对主键的删除应该非常谨慎,否则将破坏整个表结构。如果删除数据中的主键字段,系统将显示警告信息。

3. 重命名字段

重命名字段主要指更改字段的名称。字段名称的修改不会影响数据,字段的属性也不会发生变化。

在"数据表视图"窗口中重命名字段时,右击要重命名字段的名称,在弹出的快捷菜中选择"重命名列"命令,光标将在字段名处闪动,直接输入新的名称即可。

在"表设计视图"窗口中重命名字段时,将光标定位在要重命名字段的名称处,直接删除原来的名称后输入新的名称即可。

4. 移动字段

在表设计视图中把光标指向要移动字段左侧的标识块上单击,然后拖动到要移动的位置上放开,字段就被移动到新的位置上了。

在数据表视图中选择要移动的字段,然后移动光标到要移动的位置上放开,也可实现移动操作。

5. 修改字段的属性

修改字段的属性只能在"表设计视图"窗口中进行,其修改方法和设置方法完全一样,这里不再重复。

2.4 表中数据的输入与编辑

当数据库的表结构创建好以后,用户就可以向表中添加数据了,一个表有了数据才是一个完整的表。本节介绍对数据的基本操作,包括添加数据、修改数据、删除数据和计算数据等操作。

2.4.1 输入记录

1. 直接输入数据

从键盘输入记录在表的"数据表视图"窗口中进行,在输入记录的同时,用户也可以修改记录。在"数据表视图"窗口中,有的记录前面有"∥"或"＊"标记。其中,"∥"标记表示该记录的数据可以修改;"＊"标记表示可在该行输入新的数据。

记录输入完毕后,关闭当前窗口,保存添加的记录到表中。如果用户要放弃对当前记录的编辑,可按 Esc 键。

2. 导入外部数据

导入数据是把数据从另一个应用程序或数据库中加入到 Access 表中,或将同一数据库中其他表的数据复制到本表中。在 Access 中,导入的数据可以是文本、Excel 表、FoxPro 等数据库应用程序表、HTML 文档等。

导入 Excel 电子表格的数据是所有数据导入操作中使用频率最高的操作,用户可以利用 Excel 编辑数据的强大功能,完成数据表记录的输入。

由于导入表的类型不同,操作步骤也会有所不同,用户可按照向导的提示来完成导入表的操作。

导入数据的方法与在 2.2.6 中介绍的使用导入方式创建 Access 新表的方法类似,这里不再重复。

3. 链入数据

链入数据是在数据库中形成一个链接表对象,其操作与上述的导入数据操作非常相似,用户只要在级联菜单中选择"链接表"命令即可,其同样是在向导的引导下完成。

链入数据表对象与导入形成的数据表对象是完全不同的。导入形成的数据表对象,是一个与外部数据源没有任何联系的 Access 表对象。链入表只是在 Access 数据库内创建一个数据表链接对象,从而允许在打开链接时从数据源获取数据,即数据本身并不在 Access 数据库内,而是保存在外部数据源处。因而,在 Access 数据库内通过链接对象对数据所做的任何修改,实质上都是在修改外部数据源中的数据。同样,在外部数据源中对数据所做的任何改动也会通过该链接对象直接反映到 Access 数据库中。

4. 导出数据

Access 数据库中的数据不仅可以供数据库系统本身使用,还允许其他的应用项目共享。通过导出数据的方式,可以实现不同程序之间数据的共享。

例 2.17 将"学生"表导出为 Excel 电子表格"学生.xls"。

操作步骤如下:

(1)在"教学管理系统"中选定"学生"表。

(2)在"外部数据"选项卡的"导出"组中单击 Excel 按钮,弹出导出对话框;或者右击"学生"表,在弹出的如图 2.43 所示的快捷菜单中选择"导出"→Excel 命令,弹出导出对话框。

(3)设置保存文件夹为 D 盘下的 user、保存格式为 Excel 97-2003、文件名为"学生.xls"。

(4)单击"确定"按钮,系统则将 Access 数据表导出为 Excel 文件。

图2.43 导出快捷菜单

2.4.2 编辑记录

编辑记录的操作在"数据表视图"窗口中进行,包括添加记录、删除记录、修改数据、复制数据、查找和替换数据等操作。在 Access 中,数据的显示与存储是同步的,即无须保存,数据库中的数据可以立即改变。

1. 当前记录

通常,在一个数据表中会有很多条记录,但在对当前表中的记录进行编辑时,在某一时刻只能有一条记录正在被编辑,此记录称为"当前记录"。

2. 定位记录

在"数据表视图"窗口中打开一个表后,窗口下方会显示一个记录定位器,该定位器由若干个按钮组成,如图 2.44 所示。

定位记录的方法如下:

(1) 使用定位器中的第一条、上一条、下一条和最后一条按钮定位记录。

图2.44 记录定位器

(2) 在记录编号框中直接输入记录号,然后按 Enter 键。

(3) 直接将光标定位在指定的记录上。

3. 选定数据

在数据表视图中,选定记录包括以下几种操作:

(1) 选中一行记录。单击记录选定器(记录左侧的按钮)。

(2) 选中一列。单击字段名。

(3) 选中多行。选中首行,按住 Shift 键,再选中末行,则可以选中相邻的多行记录。

(4) 选中多列字段。选中首字段,按住 Shift 键,再选中末列字段,则可以选中相邻的多列字段。

(5) 选中所有记录。单击工作表中第一个字段名左边的全选按钮,或者选择"编辑"→"选择所有记录"命令,可以选中所有记录。

4．添加记录

在 Access 中，只能在表的末尾添加记录，若用户需要向表中追加新记录，单击记录定位器上的 ▶※ 按钮即可。

5．删除记录

打开数据表视图，把光标指向要删除的记录并右击，在弹出的快捷菜单中选择"删除行"命令，系统会弹出一个消息框，让用户确认是否删除选定的记录。

6．复制记录

打开数据表视图，把光标指向要复制的记录并右击，在弹出的快捷菜单中选择"复制"命令，然后选择要复制的行并右击，在弹出的快捷菜单中选择"粘贴"命令。

7．修改数据

修改数据是指修改某条记录的某个字段的值。首先将光标定位到要修改的记录上，然后定位到要修改的字段，直接进行修改。

8．查找和替换

查找数据是指在表中查找某个特定的值，替换是指将查找到的某个值用另一个值来替换。在 Access 中，单击"开始"选项卡的"查找"组中的"查找"或"替换"按钮可以完成查找或替换功能，查找的范围可以指定在一个字段内或整个数据表中。

操作步骤如下：

（1）在"窗体视图"或"数据表视图"中选择要搜索的字段。

（2）单击"开始"选项卡中的"查找"按钮，弹出如图 2.45 所示的"查找和替换"对话框。

图 2.45 "查找和替换"对话框

（3）在"查找内容"下拉列表框中输入要查找的内容。如果用户不完全知道要查找的内容，可以在"查找内容"下拉列表框中使用通配符来指定要查找的内容。常用的通配符如表 2.12 所示。

表 2.12 查找时常用的通配符

通配符	说 明	示 例
*	匹配任意数目的字符	wh＊ 可找到"what"、"white"和"why"
?	匹配任意单个字母字符	b？ll 可找到"ball"、"bell"
[ ]	匹配方括号内的任意单个字符	b[ae]ll 可找到"ball"和"bell"
!	匹配不包含在方括号内的任何字符	b[！ae]ll 可找到"bill"和"bull"
-	匹配某一字符范围内的任意一个字符	b[a-c]d 可找到"bad"、"bbd"和"bcd"
♯	匹配任意单个数字字符	1♯3 可找到"103"、"113"和"123"

如果要搜索的是字符"＊"、"?"、"#"、"-"本身,则必须将这些符号放在方括号中,如[＊]、[?]、[#]等。

(4) 如果满足条件的记录有多条,单击"查找下一个"按钮。

(5) 若想修改查找到的内容,可以切换到"替换"选项卡中完成。切换到"替换"选项卡,在"替换为"下拉列表框中输入替换为的内容。

(6) 如果要一次替换出现的所有指定内容,单击"全部替换"按钮。如果要一次替换一个,单击"查找下一个"按钮,然后单击"替换"按钮;如果要跳过下一个并继续查找出现的内容,则单击"查找下一个"按钮。

(7) 单击"取消"按钮可以结束查找过程。

2.5 操作数据表

2.5.1 显示表中的数据

在数据表视图中可以方便地显示表中的数据,并且用户可以调整表的外观,包括调整字段的显示宽度和高度、设置数据的字体、调整表中网络线的样式,以及改变背景颜色、冻结列等。

1. 调整表的行高

在"数据表视图"窗口中,所有行的高度都是一样的,每一列的宽度可以不同。因此,改变了某一行的高度,也就是改变了表中所有行的高度。

调整字段显示高度有两种方式,即鼠标方式和菜单方式。

(1) 使用鼠标调整行高。将鼠标指针移动到任意两行的行选定器之间,当鼠标指针变成上下双向箭头时,拖动鼠标就可以改变"数据表视图"窗口中记录的行高。

图 2.46 通过菜单设置行高

(2) 使用菜单调整行高。单击"开始"选项卡的"记录"组中的"其他"按钮,在下拉菜单中选择"行高"命令,如图 2.46 所示。

用户也可以右击记录选定器(记录左侧的按钮),在弹出的快捷菜单中选择"行高"命令,然后在"行高"对话框的"行高"文本框中输入所需的值,如图 2.47 所示。单击"确定"按钮,则所有行的高度都发生了改变。

2. 调整表的列宽

(1) 使用鼠标调整列宽。将鼠标指针移动到要改变宽度的两列字段名之间,当鼠标指针变成左右双向箭头时,拖动鼠标左右移动改变字段的列宽。

(2) 使用菜单调整列宽。单击"开始"选项卡的"记录"组中的"其他"按钮,在下拉菜单中选择"列宽"命令。

用户也可以右击指定列字段名,在弹出的快捷菜单中选择"列宽"命令,然后在"列宽"对话框的"列宽"文本框内输入所需的值,如图 2.48 所示。

图 2.47　"行高"对话框

图 2.48　"列宽"对话框

重新设定列宽不会改变表中字段的"字段大小"属性所允许的字符数,而只是简单地改变字段列所包含数据的显示宽度。

注意：用鼠标进行列宽调整时,如果分隔线被拖动到超过下一个字段列的右边界,或者在"列宽"对话框中输入的值为 0,则隐藏该列。

3. 调整字段的显示次序

在"数据表视图"窗口中,数据表显示的字段次序与它们在表或查询中出现的次序相同。用户可以使用鼠标把某一列移动到新的位置,方法如下：

将鼠标移动到某个字段列的字段名上,当鼠标指针变成粗体的向下箭头时,单击选定该列,然后将列标头拖动到需要的位置后松开即可。

4. 隐藏列和显示列

在"数据表视图"窗口中,为了便于查看表中的主要数据,用户可以将某些字段列暂时隐藏起来,在需要时再将其显示出来。

(1) 隐藏列。单击"开始"选项卡的"记录"组中的"其他"按钮,在下拉菜单中选择"隐藏列"命令。

用户也可以右击要隐藏的某列,在弹出的快捷菜单中选择"隐藏列"命令,则选定的列就被隐藏起来。

(2) 显示被隐藏的列。单击"开始"选项卡的"记录"组中的"其他"按钮,在下拉菜单中选择"取消隐藏列"命令。

用户也可以右击任意列,在弹出的快捷菜单中选择"取消隐藏列"命令,此时会弹出"取消隐藏列"对话框,其中显示了表中的所有字段,每个字段左边都有一个复选框,未选定的表示已被隐藏的列,选定的表示目前没有被隐藏的列。然后选中要取消隐藏列的复选框,单击"关闭"按钮。凡是选中了复选框的列,在"数据表视图"下都可以显示,未选定的列被隐藏起来。

使用"取消隐藏列"对话框不仅可以重新显示某些列,还可以隐藏某些列。

5. 冻结列

如果数据表的字段较多,有些字段会因为水平滚动无法看到,影响了数据的查看,使用"冻结列"功能可以解决这个问题。在"数据表视图"中冻结某些字段列后,无论用户怎样水平滚动窗口,这些字段总是可见的,并且总是显示在窗口的最左边。

单击"开始"选项卡的"记录"组中的"其他"按钮,在下拉菜单中选择"冻结列"命令,或右击选定要冻结的字段,在弹出的快捷菜单中选择"冻结列"命令即可冻结列。

当不再需要冻结列时,右击选择弹出的快捷菜单中的"取消对所有列的冻结"命令。

6. 改变字体显示

为了使数据的显示美观清晰、醒目突出,用户可以单击"开始"选项卡的"字体"组中的相关按钮,改变数据表中数据的字体、字型、字号和背景,如图 2.49 所示。

图 2.49 改变数据表字体

7. 设置数据表格式

在"数据表视图"中可以对数据表格式进行设置。

例 2.18 对"学生"表进行格式设置。

操作步骤如下:

(1) 在"数据表视图"中打开"学生"表。

(2) 单击"开始"选项卡的"字体"组右下角的"设置数据表格式"按钮 ,弹出"设置数据表格式"对话框,如图 2.50 所示。

图 2.50 "设置数据表格式"对话框

(3) 在"设置数据表格式"对话框中,用户可以改变单元格的显示效果,也可以选择网格线的显示方式和颜色,以及表格的背景色等。

注意:在"单元格效果"选项组中如果选中"凸起"或"凹陷"单选按钮,则不能再对其他选项进行设置。

(4) 单击"确定"按钮,完成对数据表的格式设置。

2.5.2 记录的排序操作

在 Access 中,用户可以采用排序的方法重新组织数据表中记录的顺序。排序是按一个或多个字段值的升序或降序重新排列表中记录的顺序。排序的规则如下:

(1) 英文按字母顺序,不区分大小写。

(2) 汉字按拼音字母顺序。

（3）数字按大小顺序。

（4）日期和时间字段按先后顺序。

（5）如果某个字段的值为空值 Null，则按升序排序时，包含空值的记录排在最前面。

（6）备注型、超链接型和 OLE 对象不能进行排序。

1. 记录的简单排序

在数据表中选择要排序的字段，若要升序排序，单击"开始"选项卡的"排序和筛选"组中的"升序"按钮 ，若要降序排序，单击"降序"按钮 。

2. 使用命令排序

在数据表中选择要排序的字段，然后右击，在弹出的快捷菜单中选择"升序"命令，实现所选字段按升序排序；选择"降序"命令，实现所选字段按降序排序。

3. 取消对记录的排序

在数据表中选择字段，单击"开始"选项卡的"排序和筛选"组中的"清除所有排序"按钮 ，可清除排序，使记录恢复到排序前的顺序。

2.5.3 记录的筛选操作

在默认情况下，数据表中显示的是所有记录的全部内容，通过对表中记录的筛选可让用户自己定制要显示的记录，显示符合条件的数据。筛选后，用户还可以通过"切换筛选"命令恢复显示原来所有的记录。

Access 提供了多种筛选功能，包括基于选定内容筛选、内容排除筛选、按筛选目标筛选、按窗体筛选和高级筛选。

"开始"选项卡中的"排序和筛选"组如图 2.51 所示。

1. 基于选定内容筛选

例 2.19 显示"学生"表中女生的记录。

操作步骤如下：

（1）在"数据表视图"窗口中打开"学生"表。

（2）用鼠标指向"性别"字段值为"女"的记录。

（3）右击，在弹出的快捷菜单中选择"等于'女'"命令；或单击"开始"选项卡的"排序和筛选"组中的"选择"按钮 ，选择"等于'女'"命令，如图 2.52 所示。操作结果如图 2.53 所示。

图 2.51 "排序和筛选"组

图 2.52 基于选定内容筛选

（4）右击，在弹出的快捷菜单中选择"从'性别'清除筛选器"命令；或单击"排序和筛选"组中的"切换筛选"按钮 ，恢复显示原来所有的记录。

2. 内容排除筛选

例 2.20 显示"学生"表中不是"经济"专业的记录。

图 2.53　筛选性别为"女"的记录

操作步骤如下：

（1）在"数据表视图"窗口中打开"学生"表。

（2）用鼠标指向"专业"字段值为"经济"的记录。

（3）右击，在弹出的快捷菜单中选择"不等于'经济'"命令，查看筛选结果。

3. 按筛选目标筛选

按筛选目标筛选是指在筛选目标文本框中输入筛选条件，然后将满足指定条件的记录筛选出来。

例 2.21　显示"学生"表中"出生日期"在 1992 年之后的学生记录。

操作步骤如下：

（1）在"数据表视图"窗口中打开"学生"表，然后用鼠标指向"出生日期"字段。

（2）右击，在弹出的快捷菜单中选择"日期筛选器"→"之后"命令，然后在弹出的对话框中输入条件"1992-1-1"，如图 2.54 所示。

（3）单击"确定"按钮执行筛选，结果如图 2.55 所示。

图 2.54　设定筛选目标

图 2.55　筛选"出生日期"在 1992 年之后的学生

4. 按窗体筛选

在按窗体筛选记录时，Access 将数据表显示成记录的形式，并且每个字段都有下拉列表框，用户可以在列表框中选择一个值作为筛选的内容。

例 2.22　在"学生"表中筛选出"会计"专业的女生。

（1）在"数据表视图"窗口中打开"学生"表。

（2）单击"排序和筛选"组中的"高级筛选选项"按钮 ，在下拉菜单中选择"按窗体筛选"命令，打开"学生：按窗体筛选"窗口。

（3）选择"性别"字段，单击其右侧的下拉箭头，在下拉列表框中选择"女"；选择"专业"字段，单击其右侧的下拉箭头，在下拉列表框中选择"会计"，如图 2.56 所示。

图 2.56 在"学生：按窗体筛选"窗口中设置筛选条件

（4）单击"排序和筛选"组中的"应用筛选"按钮 ，共筛选出两条记录，结果如图 2.57 所示。

图 2.57 按窗体筛选的结果

5. 高级筛选

高级筛选是在筛选窗口中设置筛选条件进行筛选，用户可以设置复杂的筛选条件，对多个字段进行筛选或排序，并且可以进行参数筛选。

例 2.23 在"学生"表中筛选出四级通过的女生，并按"学号"升序排序。

（1）在"数据表视图"窗口中打开"学生"表。

（2）单击"排序和筛选"组中的"高级筛选选项"按钮 ，在下拉菜单中选择"高级筛选/排序"命令，打开如图 2.58 所示的窗口。

图 2.58 高级筛选窗口

（3）在"字段"栏中选择"学号"字段，在"排序"栏中选择排序方式为"升序"；然后选择"性别"字段，在"条件"栏内输入筛选条件"女"；再选择"四级通过"字段，在"条件"栏内输入筛选条件"Yes"。

如果两个字段是"或"的关系，那么其中一个条件要输入在"或"栏内。

（4）单击"排序和筛选"组中的"应用筛选"按钮 ，共筛选出两条记录，结果如图 2.59 所示。

图 2.59 高级筛选结果

6. 公用筛选器

Access 2007 中提供了公用筛选器,主要包括文本筛选器、数字筛选器和日期筛选器。

(1) 文本筛选器。文本筛选器可以为数据类型为"文本"的字段设定筛选条件。当选定某个文本字段的记录时,单击"筛选器"按钮,将会显示文本筛选器,如图 2.60 所示。在用户选择其中某个命令后,系统会弹出一个文本框让用户输入筛选条件,单击"确定"按钮完成筛选。

(2) 数字筛选器。数字筛选器可以为数据类型为"数字"的字段设定筛选条件,如图 2.61 所示。

(3) 日期筛选器。日期筛选器可以为数据类型为"日期"的字段设定筛选条件,如图 2.62 所示。

图 2.60 文本筛选器　　　图 2.61 数字筛选器　　　图 2.62 日期筛选器

由于这 3 种筛选器的操作方法类似,在此不再重复。

2.5.4 数据表的索引

索引是使表中的记录有序排列的另一种方法,创建索引,将有助于加快数据检索、显示、查询和打印的速度。

1. 索引的概念

索引是数据表的逻辑排序,它并不改变数据表中数据的物理顺序。建立索引的目的是加快查询数据的速度。

2. 索引的类型

在一个表中可以用单个字段创建一个索引,也可以用多个字段(字段组合)创建一个索引。使用多个字段索引进行排序时,一般按索引中的第一个字段进行排序,当第一个字段有重复值时,再按第二个字段进行排序,依此类推,在多字段索引中最多可以包含 10 个字段。在表中更改或添加记录时,索引会自动更新。

索引主要有以下几种类型:

（1）主索引。索引字段或索引表达式的值是唯一的、不能重复。在对已创建主索引的字段输入数据时，如果输入重复值，系统会提示操作错误。并且，同一个表中只能建立一个主索引。

（2）唯一索引。索引字段或索引表达式的值是唯一的、不能重复，但同一个表中可以建立多个唯一索引。

（3）普通索引。索引字段或索引表达式的值是可以重复的。如果表中多个记录的索引字段或索引表达式相同，可以重复存储，并用独立的指针指向各个记录。

注意：如果表的主键为单一字段，系统会自动为该字段创建索引，索引值为"有（无重复）"。不能对备注、超链接和 OLE 对象等数据类型的字段编制索引。

3. 创建单字段索引

例 2.24 在"学生"表中对"性别"字段创建普通索引。

操作步骤如下：

（1）在"设计视图"窗口中打开"学生"表。

（2）选定"性别"字段，然后单击"常规"选项卡中的"索引"右侧的下三角按钮，选择下拉菜单中的"有（有重复）"命令，操作结果如图 2.63 所示。

（3）保存表，结束索引的建立。

图 2.63 在设计视图中设置"性别"单字段索引

4. 创建多字段索引

例 2.25 对"学生"表按"性别"字段的升序和"出生日期"字段的降序创建多字段普通索引。

操作步骤如下：

（1）在"设计视图"窗口中打开"学生"表。

（2）单击"设计"选项卡中的"索引"按钮，弹出"索引：学生"对话框，如图 2.64 所示。

图 2.64 "索引：学生"对话框

(3) 在"索引名称"的空白行中输入"性别日期"，在"字段名称"下拉列表框中选定第一个字段"性别"，设置排序为升序；在"字段名称"列的下一行选择第二个字段"出生日期"（该行的索引名称为空），设置排序为降序。

(4) 保存表，结束多字段索引的建立。

注意：升序为按字段值由低到高排序，降序为按字段值由高到低排序。当一个表设置了多个索引时，打开数据表后将按主键的索引顺序排序记录。如果某个索引生效，主键的排序会改变。

在此对"索引属性"中的有关参数介绍如下：

(1) 主索引。若选择"是"，该字段被定义为主键，此时唯一索引将被自动设置为"是"；若选择"否"，该字段不是主键。

(2) 唯一索引。若选择"是"，该字段值是唯一的，建立的是唯一索引；若选择"否"，该字段是可以重复的，建立的是普通索引。

(3) 忽略空值。确定以该字段建立索引时，是否排除带有 Null 值的记录。

5. 维护索引

在表的"设计视图"窗口和"索引"对话框中，可以对表的索引进行修改或删除操作。

(1) 在表的"设计视图"窗口中维护索引。

在表的"设计视图"窗口中选定相应的字段后，在"常规"选项卡的"索引"下拉列表框中重新选择相应的索引类型或无（即删除索引）。

(2) 在"索引"对话框中维护索引。在打开相应表的"索引"对话框后，进行以下相应操作：

① 修改。单击要修改的索引，直接修改。

② 删除。右击要删除的索引列，在弹出的快捷菜单中选择"删除行"命令。

③ 插入。右击要插入的索引列，在弹出的快捷菜单中选择"插入行"命令，并输入或选择索引名称、字段名称和排序次序。

2.5.5 设置和更改主键

1. 主键的概念

主键也称主关键字，它是表中唯一能标识一条记录的字段或字段的组合。主键的作用如下：

（1）保证实体的完整性。

（2）加快对记录进行查询、检索的速度。

（3）在表之间建立关联关系。

指定了表的主键后，当用户输入新记录到表中时，系统将检查该字段是否有重复数据，如果有，则禁止把重复数据输入到表中。并且，系统不允许在主键字段中输入 Null 值。

2. 设置主键

一般在创建表的结构时，就需要定义主键，否则在保存操作时系统将询问是否创建主键。如果单击"是"按钮，系统将自动创建一个"自动编号（ID）"字段作为主键，在该字段中输入记录时会自动输入一个具有唯一顺序的数字。

注意：一个表只能定义一个主键，主键可由表中的一个字段或多个字段组成。

如果表中原来没有设置主键或设置的主键不合适，都可以重新定义，操作方法如下：

（1）在"设计视图"窗口中打开要设置主键的表。

（2）在"设计视图"窗口上半部分选定字段，如果要将某个字段设置为主键，则将光标移动到该字段所在行的任一列；如果要将多个字段设置为主键，即字段组合，可以在字段选定区中按住 Ctrl 键后，分别单击选定每个字段。

（3）单击"设计"选项卡中的"主键"按钮 🔑，所选字段即被设置为主键，此时在字段选定区会出现一个标记"🔑"，表示该字段被设为主键。

用户也可右击选定字段，在弹出的快捷菜单中选择"主键"命令。

（4）单击快速访问工具栏上的"保存"按钮，保存所做的修改。

如果原来已经设置过主键，则重新设置主键时，原有的主键会自动取消。因此，在重置主键时，不需要先取消原有的主键，直接设置即可。

例 2.26 将"学生"表中的"学号"字段设置为主键，将"课程"表中的"课程号"字段设置为主键。

（1）在"设计视图"窗口中打开"学生"表。

（2）右击"学号"字段，在弹出的快捷菜单中选择"主键"命令。

（3）单击快速访问工具栏上的"保存"按钮，保存所做的修改。

（4）同理设置"课程"表的"课程号"字段为主键。

主键实际上是一种特殊的索引，是表的主索引，系统默认的索引名称为 PrimaryKey。

3. 删除主键

在"设计视图"窗口中打开已定义主键的表，然后选择"编辑"→"主键"命令，或单击"设计"选项卡中的"主键"按钮可删除主键。

注意：此过程不会删除指定为主键的字段，它只是简单地从表中删除主键的特性。

练习：用前面介绍的方法建立"开课教师"表，其结构如表 2.13 所示。

表 2.13 "开课教师"表的结构

字 段 名 称	字 段 类 型	字 段 长 度
课程号	文本	3
教师编号	文本	5

2.6　建立与编辑表间关系

2.6.1　表间关系的概念

在 Access 中对表间关系的处理是通过两个表中的公共字段在两表之间建立关系。公共字段是数据类型、字段大小相同的同名字段,该字段在每个表中都要建立索引,以其中一个表(主表)的关联字段与另一个表(子表或相关表)的关联字段建立两个表之间的关系。

通过这种表之间的关联性,可以将数据库中的多个表连接成一个有机的整体,并可以保证表间数据在进行编辑时同步,以便快速地从不同表中提取相关的信息。

数据表之间的关系有以下 3 种:

(1) 一对一关系。一对一关系是指 A 表中的一条记录只能对应 B 表中的一条记录,并且 B 表中的一条记录只能对应 A 表中的一条记录。

(2) 一对多关系。一对多关系是指 A 表中的一条记录能对应 B 表中的多条记录,但是 B 表中的一条记录只能对应 A 表中的一条记录。

(3) 多对多关系。多对多关系是指 A 表中的一条记录能对应 B 表中的多条记录,且 B 表中的一条记录也可以对应 A 表中的多条记录。

建立表间关系的字段在主表中必须设置为主索引或唯一索引,如果这个字段在从表中是主索引或唯一索引,则 Access 会在两个表之间建立一对一关系,如果从表中无索引或者是普通索引,则在两个表之间建立一对多关系。

Access 数据库系统不直接支持多对多关系,因此,用户在处理多对多关系时需要将其转换为两个一对多关系,即创建一个连接表,将两个多对多表中的主关键字段添加到连接表中,这样两个多对多表与连接表之间均变成了一对多关系,间接地建立了多对多关系。

Access 中的关联可以建立在表和表之间,也可以建立在查询和查询之间,还可以建立在表和查询之间。

2.6.2　建立表间关系

数据库中的多个表之间如果要建立关系,必须先给各个表建立主键或索引,还要关闭所有的数据表,否则不能建立表间关系。只有建立了表间关系,用户才能设置参照完整性,设置在相关联的表中插入、删除和修改记录的规则。

例 2.27　在"教学管理系统"数据库中,在"学生"表和"成绩"表之间建立一对多关系;在"课程"表与"成绩"表之间建立一对多关系;在"教师"表与"开课教师"表之间建立一对多关系;在"教师"表与"成绩"表之间建立一对多关系;在"课程"表与"开课教师"表之间建立一对多关系。

操作步骤如下:

(1) 打开"教学管理系统"数据库。

(2) 定义"学生"表中的"学号"字段为主键;定义"课程"表中的"课程号"字段为主键;定义"教师"表中的"教师编号"字段为主键。

(3) 关闭所有的数据表。

(4) 单击"数据库工具"选项卡的"显示/隐藏"组中的"关系"按钮 ,弹出"显示表"对话框,如图 2.65 所示。

(5) 在"显示表"对话框中分别选定"学生"表、"成绩"表、"课程"表、"教师"表和"开课教师"表,通过单击"添加"按钮,将它们添加到"关系"窗口中,如图 2.66 所示。然后单击"关闭"按钮,关闭"显示表"对话框。

(6) 在"关系"窗口中拖动"学生"表的"学号"字段到"成绩"表的"学号"字段,释放鼠标后,即可弹出"编辑关系"对话框。

(7) 在"编辑关系"对话框中,用户可以根据需要选中"实施参照完整性"、"级联更新相关字段"和"级联删除相关记录"复选框,在此选中 3 个复选框,然后

图 2.65 "显示表"对话框

单击"创建"按钮,创建一对多关系,如图 2.67 所示。此时,"学生"表(父表)和"成绩"表(子表)按"学号"字段建立一对多关系,即"学生"表中的一条记录对应"成绩"表中的多条记录。

图 2.66 "关系"窗口

图 2.67 "编辑关系"对话框

(8) 同理,拖动"课程"表的"课程号"字段到"成绩"表的"课程号"字段上,在弹出的"编辑关系"对话框中进行相关设置,建立"课程"表与"成绩"表之间的一对多关系。

拖动"教师"表的"教师编号"字段到"成绩"表的"教师编号"字段上,在弹出的"编辑关系"对话框中进行相关设置,建立"教师"表与"成绩"表之间的一对多关系。

拖动"教师"表的"教师编号"字段到"开课教师"表的"教师编号"字段上,在弹出的"编辑关系"对话框中进行相关设置,建立"教师"表与"开课教师"表之间的一对多关系。

拖动"课程"表的"课程号"字段到"开课教师"表的"课程号"字段上,在弹出的"编辑关系"对话框中进行相关设置,建立"课程"表与"开课教师"表之间的一对多关系,如图 2.68 所示。

图2.68　建立表间关系

在图2.65中,关系通过一条连线来联系两个表,在选中"实施参照完整性"复选框后,连线两端分别有符号1和∞,说明和"1"相连的表的一条记录对应和"∞"相连的表的多条记录(一对多),并且不会意外地删除和修改相关的数据。

(9)单击"关闭"按钮,关闭"关系"窗口,保存此布局,将创建的关系保存在数据库中。

注意:无论是否保存此布局,所创建的关系都将保存在数据库中。

2.6.3　编辑和删除表间关系

表之间的关系创建后,在使用过程中,如果它不符合要求,例如需级联更新字段、级联删除记录,用户可重新编辑表间关系,也可以删除表间关系。

1. 编辑表间关系

例2.28 修改"课程"表和"成绩"表之间的关系。

操作步骤如下:

(1)打开"教学管理系统"数据库。

(2)单击"数据库工具"选项卡中的"关系"按钮 ,打开"关系"窗口。此时,功能区中会出现"设计"选项卡,关系工具如图2.69所示。

图2.69　关系工具

(3)双击"学生"表和"成绩"表之间的连线,将弹出"编辑关系"对话框。

用户也可以右击"学生"表和"成绩"表之间的连线使之变粗,在弹出的快捷菜单中选择"编辑关系"命令,如图2.70所示,弹出"编辑关系"对话框。

(4)进行相关设置,单击"确定"按钮完成操作。

2. 删除表间关系

如果用户要删除表间关系,可在"关系"窗口中右击两表之间的连线使之变粗,然后在弹出的快捷菜单中选择"删除"命令;也可单击两表之间的连线使之变粗,然后选择"编辑"→"删除"命令,删除表间关系。

图 2.70 选择"编辑关系"命令

2.6.4 实施参照完整性

在两个表之间建立关联后,用户不能随意地更改建立关联的字段,从而保证数据的完整性,这种完整性称为数据库的参照完整性。

1. 参照完整性

参照完整性是一个规则,用来确保有关系的表中的记录之间关系的完整有效性,并且不会随意地删除或更改相关数据。即不能在子表的外键字段中输入不存在于主表中的值,但可以在子表的外键字段中输入一个 Null 值来指定这些记录与主表之间并没有关系。如果在子表中存在着与主表匹配的记录,则不能从主表中删除这个记录,也不能更改主表的主键值。

如"学生"表和"成绩"表建立了一对多关系,并选中了"实施参照完整性"复选框,则在"成绩"表的"学号"字段中不能输入一个"学生"表中不存在的"学号"值。

2. 级联更新相关字段

设置级联更新相关字段可以使主键和关联表中的相关字段保持同步改变。当主表中更改主键值时,系统会自动更新从表中所有相关记录的外键值。

例如,"学生"表和"成绩"表之间按"学号"字段建立了关联,由于"学号"在"学生"表中是主键,而在"成绩"表中没有设置主键,因此,"学号"是"成绩"表的外键,在建立关联时,同时也设置了级联更新相关字段。当更改了"学生"表中的一个学生的"学号"时,"成绩"表中的相关"学号"都将被系统自动更改。

3. 级联删除相关记录

选中"级联删除相关记录"复选框,则在删除主表中的记录时,系统会自动删除从表中的所有相关记录。

例如,在删除了"学生"表中的某条记录后,"成绩"表中的"学号"相同的记录也会被同步删除。

4. 关系连接类型

在"编辑关系"对话框中单击"连接类型"按钮,弹出如图 2.71 所示的"连接属性"对话框,其中有3 个单选按钮,选择其中之一来定义表间关系的连接类型。

图 2.71 "连接属性"对话框

选项"1"(默认值)定义表间关系为内部连接,它只包括两个表的关联字段相等的记录。如"学生"表和"成绩"表通过"学号"定义为内部连接,则两个表中只有"学号"值相同的记录才会被显示。

选项"2"定义表间关系为左外部连接,它包括主表的所有记录和子表中与主表关联字段相等的记录。如"学生"表和"成绩"表通过"学号"定义为左外部连接,则"学生"表的所有记录以及"成绩"表中与"学生"表的"学号"字段值相同的记录才会被显示。

选项"3"定义表间关系为右外部连接,它包括子表的所有记录和主表中关联字段相等的记录。如"学生"表和"成绩"表通过"学号"定义为右外部连接,则"成绩"表的所有记录以及"学生"表中与"成绩"表的"学号"字段值相同的记录才会被显示。

2.6.5 建立子数据表

1. 子数据表的展开与折叠

在两个表之间建立关联后,如果在主表的数据表视图中能看到左边新增了带有"＋"的列,则说明该表与另外的表(子数据表)建立了关系。

单击"＋"按钮,用户可以看到子数据表中的关系记录。当"＋"符号变成"－"符号时,表示已经展开从表,如图 2.72 所示。

单击"－"按钮,可以隐藏子数据表中的关系记录。

图 2.72 与"成绩"表建立了关系的"学生"表

另外,用户还可以单击"开始"选项卡的"记录"组中的"其他"按钮,在下拉菜单中选择"子数据表"→"全部展开"或"全部折叠"命令来实现子数据表的展开与折叠。

2. 插入子数据表

如果两个表没有建立关系,子数据表将不会自动产生,此时可以通过人工方法来建立子数据表。

例 2.29 在"课程"表中插入"成绩"子数据表。

操作步骤如下:

(1) 打开"课程"表(主表)的数据表视图。

(2) 单击"开始"选项卡的"记录"组中的"其他"按钮,选择下拉菜单中的"子数据表"→"子数据表"命令,弹出如图 2.73 所示的"插入子数据表"对话框。

图 2.73　"插入子数据表"对话框

（3）选择"成绩"表作为子数据表，同时确定两个表的关联字段为"课程号"。

（4）单击"确定"按钮。

如果一个表和多个表建立了关系，单击"＋"按钮，也将打开如图 2.69 所示的"插入数据表"对话框，选择其中的一个数据表，作为需要使用的子数据表。

如果两个表原来没有建立关系，系统将会提示创建这两个表的关系。

3. 删除子数据表

单击"开始"选项卡的"记录"组中的"其他"按钮，在下拉菜单中选择"子数据表"→"删除"命令，可以删除子数据表。

思考题

1. 创建 Access 数据库有哪几种方法？

2. 如何实现各版本 Access 数据库之间的互相转换？

3. 在设计表的结构时要考虑哪几个方面的问题？

4. Access 的数据类型有哪几种？

5. 在表结构创建后，如何修改字段的属性？

6. 如何对表进行排序和索引操作？

7. 索引有几种类型？建立数据表索引的方法有几种？

8. 如何建立表间的关系？

9. 简述为两个表建立参照完整性的步骤。

第3章 查询的基本操作

数据查询是数据库管理系统的基本功能。在数据库操作中,很大一部分操作是对数据进行统计、计算与检索。查询是 Access 处理和分析数据的工具,它能够使用多种方法来查看、更改和分析数据,也可以将查询结果作为窗体和报表的数据源。本章将详细介绍查询的基本概念,以及各种查询的建立和使用方法。

3.1 查询的概述

查询(Query)是 Access 数据库中的一个重要对象,它与表、窗体、报表、宏和模块等对象存储在一个数据库文件中。查询就是按给定的要求(包括条件、范围、方式等)从指定的数据源中查找、检索出需要的数据形成一个新的数据集合。查询本身并不存储数据,它是一个对数据库的操作命令。每次运行查询时,Access 从查询源表的数据中创建一个新的记录集,使查询中的数据能够和源表中的数据保持同步。

查询的数据源可以是一个表,也可以是多个相关联的表,还可以是其他查询。查询结果称为结果集,是符合查询条件的记录集合。查询结果可以生成窗体、报表,还可以作为另一个查询的基础。在 Access 数据库中,查询是一种统计和分析数据的操作,是对数据库中的数据进行分类、筛选、添加、删除和修改。

3.1.1 查询的功能

Access 2007 的查询功能非常强大,提供的方式也非常灵活,用户可以使用多种方法来实现数据的查询要求。

1. 选择数据

查询可以从一个或多个表中选择部分或全部字段,也可以从一个或多个表中将符合某个指定条件的记录选取出来。在 Access 中,用来提供选择数据的表称为查询操作的数据源,作为查询数据源的对象也可以是已建立好的其他查询。

选择记录的条件称为查询准则,也就是查询表达式。查询结果是一种临时表,又称为动态的记录集,通常不被保存。也就是说,每次运行查询,系统都按事先定义的查询准则从数据源中提取数据,这样既可以节约存储空间,又可以保持查询结果与数据源中的数据同步。

2. 排序记录

使用查询可以按照某一特定的顺序查看动态集的信息。

3. 执行计算

使用查询可以进行一系列的计算,如统计不同专业学生的人数、计算每个学生的平均分等,还可以定义新的字段来保存计算结果。

4. 数据更新

使用查询可以对数据表中的记录进行更新,实现对数据表进行追加、更新、删除等操作。

5. 建立表

建立表指利用查询产生的结果形成一个新的数据表。

6. 作为其他对象的数据源

查询的运行结果可以作为窗体、报表和数据访问页的数据源,也可以作为其他查询的数据源。

3.1.2 查询的类型

按照查询结果是否对数据源产生影响以及查询准则设计方法的不同,可以将查询分为以下 5 种类型。

1. 选择查询

选择查询是最常用的一种查询类型,可以从一个或多个表中提取数据,还可以使用选择查询对记录进行分组,并且对记录做统计、计数、平均值以及其他类型的总和计算。

2. 参数查询

当用户需要的查询每次都要改变查询条件时,可以使用参数查询。参数查询是通过对话框提示用户输入查询条件,此时,系统会以该条件作为查询条件,将查询结果按指定的形式显示出来。

3. 交叉表查询

交叉表查询将来源于表或查询中的字段进行分组,一组作为行标题放在数据表的左侧,一组作为列标题放在数据表的顶端,在数据表行与列的交叉处显示表中某个字段的统计值。交叉表查询就是利用表中的行和列来统计数据。

4. 操作查询

操作查询是使用查询结果对数据表进行的编辑操作。操作查询分为以下 4 种类型。

(1)生成表查询。该类型用从一个或多个表中选择的数据建立一个新的表。

(2)删除查询。该类型从表中选择满足条件的记录,然后将这些记录从原来的表中删除。

(3)更新查询。该类型对一个或多个表中的一组记录进行更新。

(4)追加查询。追加查询是将一个查询的结果添加到其他表的尾部。

5. SQL 查询

SQL(Structured Query Language,结构化查询语言)查询是使用 SQL 语句来创建的一种查询。

在 Access 中,查询的实现可以通过两种方式进行,一种是在数据库中建立查询对象,另一种是在 VBA 程序代码中使用结构化查询语言 SQL。

3.2 使用查询向导创建查询

在 Access 中建立查询一般可以使用 3 种方法,分别是使用查询向导创建查询、使用设计视图创建查询和在 SQL 窗口中创建查询。

Access 提供了多种向导以方便创建查询,对于初学者来说,使用向导可以快捷地建立所需要的查询。用户常用的查询向导有简单查询向导、交叉表查询向导、查找重复项查询向导和查找不匹配项查询向导。

3.2.1 简单查询向导

利用简单查询向导创建的查询可以从数据源中指定若干个字段进行输出,但不能通过设置条件来限制检索的记录。

例 3.1 为"课程"表创建名为"课程基本情况"的查询,查询结果中包括"课程号"、"课程名称"和"学分"3 个字段。

操作步骤如下:

(1) 在 Access 中打开"教学管理系统"数据库。

(2) 选择"创建"选项卡中的"其他"组。

(3) 单击"查询向导"按钮,弹出"新建查询"对话框,如图 3.1 所示。

图 3.1 "新建查询"对话框

(4) 选择"简单查询向导"选项,单击"确定"按钮,弹出"简单查询向导"对话框之一,如图 3.2 所示。

(5) 单击"表/查询"下拉列表框右侧的箭头,选择"表:课程",这时"课程"表中的所有字段将显示在"可用字段"列表框中。

(6) 选择查询中要使用的字段。双击"课程号"字段,则该字段被添加到右侧的"选定字段"列表框中。在选择字段时,用户也可以先单击该字段,然后再单击">"按钮。

用同样的方法将"课程名称"和"学分"字段添加到"选定字段"列表框中,如图 3.3 所示。

如果要选择所有字段,可直接单击">>"按钮;如果要取消已选择的字段,可以利用"<"和"<<"按钮进行。

单击"下一步"按钮,进入"简单查询向导"对话框之二,如图 3.4 所示。

图3.2 "简单查询向导"对话框之一

图3.3 选择查询中要使用的字段

图3.4 "简单查询向导"对话框之二

(7) 选中"明细(显示每个记录的每个字段)"单选按钮,单击"下一步"按钮,进入"简单查询向导"对话框之三,如图3.5所示。

图 3.5 "简单查询向导"对话框之三

（8）输入查询标题"课程基本情况"，并选中"打开查询查看信息"单选按钮，然后单击"完成"按钮，系统将显示新建查询的结果，如图 3.6 所示。

3.2.2 查找重复项查询向导

利用查找重复项查询向导，可以确定表中是否有重复的记录，或记录在表中是否共享相同的值。

例 3.2 为"学生"表创建名为"男女学生人数"的查询。

操作步骤如下：

（1）选择"创建"选项卡中的"其他"组。

（2）单击"查询向导"按钮，弹出"新建查询"对话框，如图 3.1 所示。

图 3.6 利用简单查询向导查询的结果

（3）选择"查找重复项查询向导"选项，单击"确定"按钮，弹出"查找重复项查询向导"对话框之一，如图 3.7 所示。

图 3.7 "查找重复项查询向导"对话框之一

（4）选择用于搜寻重复字段值的表或查询，这里选择"表：学生"。

（5）单击"下一步"按钮，在弹出的"查找重复项查询向导"对话框之二中选择可能包含重复信息的字段，这里选择"性别"字段，如图 3.8 所示。

图 3.8 "查找重复项查询向导"对话框之二

（6）单击"下一步"按钮，在弹出的"查找重复项查询向导"对话框之三中确定查询是否显示带有重复值的字段之外的其他字段，这里不选择其他字段，如图 3.9 所示。

图 3.9 "查找重复项查询向导"对话框之三

（7）单击"下一步"按钮，弹出"查找重复项查询向导"对话框之四，如图 3.10 所示。在其中输入查询名称"男女学生人数"，选中"查看结果"单选按钮，然后单击"确定"按钮，结束查询的创建。

查询结果如图 3.11 所示，用户在其中可以看到男女学生人数的查询结果。

3.2.3 查找不匹配项查询向导

使用查找不匹配项查询向导可以在一个表中查找与另一个表没有相关记录的记录。

例 3.3 使用"教师"表和"开课教师"表创建"没有开设课程的教师"的查询。

操作步骤如下：

图 3.10 "查找重复项查询向导"对话框之四

（1）选择"创建"选项卡中的"其他"组。

（2）单击"查询向导"按钮，弹出"新建查询"对话框，如图 3.1 所示。

图 3.11 男女学生人数的查询结果

（3）选择"查找不匹配项查询向导"选项，然后单击"确定"按钮，弹出"查找不匹配项查询向导"对话框之一。

（4）选择用于搜寻不匹配项的表或查询，这里选择"表：教师"，如图 3.12 所示。

图 3.12 "查找不匹配项查询向导"对话框之一

（5）单击"下一步"按钮，弹出"查找不匹配项查询向导"对话框之二选择包含相关记录的表或查询，这里选择"表：开课教师"，如图 3.13 所示。

（6）单击"下一步"按钮，在弹出的"查找不匹配项查询向导"对话框之三中确定在两张表中都有的信息，这里选择"教师编号"字段，然后单击 <=> 按钮，如图 3.14 所示。

（7）单击"下一步"按钮，在弹出的"查找不匹配项查询向导"对话框之四中选择查询结果中所需的字段，这里选择"教师编号"、"姓名"、"性别"和"职称"字段，如图 3.15 所示。

图 3.13 "查找不匹配项查询向导"对话框之二

图 3.14 "查找不匹配项查询向导"对话框之三

图 3.15 "查找不匹配项查询向导"对话框之四

（8）单击"下一步"按钮，在弹出的"查找不匹配项查询向导"对话框之五中输入查询名称"没有开设课程的教师"，并选中"查看结果"单选按钮，如图 3.16 所示，然后单击"完成"按钮。

图 3.16 "查找不匹配项查询向导"对话框之五

查询结果如图 3.17 所示，用户在其中可以看到没有开设课程的教师的查询结果。

图 3.17 没有开设课程的教师的查询结果

3.3 查询准则

使用查询向导可以快速地创建一个查询，但实现的功能比较单一。在 Access 中，除了利用向导创建的查询之外，其他的查询都要指定一定的选择条件，即查询准则。查询准则是用运算符将常量、字段名（变量）、函数连接起来构成的表达式，即查询表达式。

使用查询准则可以使查询结果中仅包含满足相应限制条件的数据记录。

不论什么类型的查询，建立的过程基本上是一样的，一般经过以下几个阶段：

（1）选择数据源。

（2）指定查询类型。

（3）设置查询准则。

（4）为查询命名。在为查询命名时，查询的名称不能与已有的查询重名，也不能与已有的表重名。

3.3.1 运算符

在 Access 的查询表达式中，使用的运算符包括算术运算符、关系运算符、逻辑运算符和特殊运算符。表 3.1～表 3.3 分别给出了前 3 种类型的运算符的说明。

1. 算术运算符

表 3.1　算术运算符

运算符	含义	示例	运算符	含义	示例
+	加		－	减	
*	乘		/	除	3/2 值为 1.5
\	整除	3\2 值为 1	mod	求余数	7 mod 3 值为 1
^	乘方	3^2 值为 9			

2. 关系运算符

表 3.2　关系运算符

运算符	含义	运算符	含义	运算符	含义
>	大于	>=	大于等于	<>	不等于
<	小于	<=	小于等于	=	等于

3. 逻辑运算符

表 3.3　逻辑运算符

运算符	形　　式	说　　明
Not	Not ＜表达式＞	当 Not 连接的表达式为真时,整个表达式为假
And	＜表达式 1＞ And ＜表达式 2＞	当 And 连接的表达式都为真时,整个表达式为真,否则为假
Or	＜表达式 1＞ Or ＜表达式 2＞	当 Or 连接的表达式有一个为真时,整个表达式为真,否则为假

4. 其他的特殊运算符

除了上面几类运算符外,在 Access 的查询准则中,还经常用到以下几个特殊的运算符。

(1) In。该运算符右边的括号中指定了一系列满足条件的值。

例如,In("张三","李四","王五")表示查询的姓名为括号内的 3 个姓名之一,它与表达式"张三"or"李四"or"王五"的效果是一样的。

注意:表达式中的分隔符应该是英文半角符号。

(2) Between A and B。该运算符用于指定 A 到 B 之间的范围。A 和 B 可以是数字型、日期型和文本型数据,而且 A 和 B 的类型相同。例如,Between 80 and 90 用来查找成绩在 80~90 分的学生,它和表达式＞=80 and ＜=90 的结果是一样的。

(3) 与空值有关的运算符。与空值有关的运算符有 Is Null(用于指定一个字段为空)和 Is Not Null(用于指定一个字段为非空)两个。例如,如果在"出生日期"字段的准则行输入"Is Null",表示查找该字段值为空的记录;如果输入"Not Is Null",则表示查找该字段值为非空的记录。

(4) Like。该运算符由于要在文本字段中指定查找模式,它通常和以下通配符配合使用。

- "?":表示该位置可以匹配任何一个字符。
- "＊":表示该位置可匹配零个或多个字符。

- "♯": 表示该位置可匹配一个数字。
- "[ ]": 在方括号内描述可匹配的字符范围。

例 3.4 Like 的用法示例。

Like "张 * "	查找姓张的同学
Like "张 * "	查找姓张的同学,且姓名只有两个字
Like "[1 - 5]?"	查找的字符串的第一位是 1~5 的数字,第二位是任意字符
Like " * 冰箱"	查找各种品牌的冰箱

(5) &。该运算符将两个字符串进行连接。

例如,表达式"How" & "are you!"的结果是 How are you!。

3.3.2 函数

Access 提供了大量的标准函数,如数值函数、字符函数、日期/时间函数和统计函数等,利用这些函数可以更好地构造查询准则,也为用户更准确地进行统计计算、实现数据处理提供了有效的方法。表 3.4~表 3.7 分别给出了这 4 种类型的函数的说明。

1. 数值函数

表 3.4 数值函数

函　　数	说　　明
Abs(数值表达式)	返回数值表达式值的绝对值
Int(数值表达式)	返回数值表达式值的整数部分
Sqr(数值表达式)	返回数值表达式值的算术平方根
Sgn(数值表达式)	返回数值表达式值的符号值,当表达式的值为正、负和零时,函数值分别为 1、—1 和 0

2. 字符函数

表 3.5 字符函数

函　　数	说　　明
Space(n)	返回由 n 个空格组成的字符串
String(n,字符表达式)	返回由"字符表达式"的第一个字符组成的字符串,字符个数是 n 个
Left(字符表达式,n)	从字符表达式左边的第一个字符开始截取 n 个字符
Right(字符表达式,n)	从字符表达式右边的第一个字符开始截取 n 个字符
Mid(字符表达式,n_1[,n_2])	从字符表达式左边的第 n_1 位置开始,连续截取 n_2 个字符;若省略 n_2,则从 n_1 位置开始截取以后的所有字符串
Len(字符表达式)	返回字符串的长度
Ltrim(字符表达式)	去掉字符表达式前导空格后的字符串
Rtrim(字符表达式)	去掉字符表达式尾部空格后的字符串
Trim(字符表达式)	去掉字符表达式前导和尾部空格后的字符串

注意: 参数 n_1、n_2 都是数值表达式,字符函数用于对字符串进行处理。在 Access 的字符串中,一个汉字也作为一个字符处理。

例 3.5 字符函数的用法示例。

String(4,"a")	结果是：aaaa
Left("计算机等级考试",3)	结果是：计算机
Right("计算机等级考试",2)	结果是：考试
Mid("计算机等级考试",4,2)	结果是：等级
Len("计算机等级考试")	结果是：7
Len([姓名]) = 2	查询姓名为两个字的记录

3. 日期/时间函数

表 3.6 日期/时间函数

函 数	说 明
Now()	返回系统当前的日期时间
Date()	返回系统当前的日期
Time()	返回系统当前的时间
Year(date)	返回日期中的年份，范围为 100～9999
Month(date)	返回日期中的月份，范围为 1～12
Day(date)	返回日期中的日，范围为 1～31
Weekday(date)	返回日期中的星期，从星期日到星期六的值分别是 1～7
Hour(date)	返回时间中的小时值，范围为 1～23
Minute(date)	返回时间中的分钟
Second(date)	返回时间中的秒

例 3.6 日期/时间函数的用法示例。

Between #1992 - 1 - 1# and #1992 - 12 - 31#	
或 Year([出生日期]) = 1992	查询 1992 年出生的记录
< Date() - 30	查询 30 天前的记录
Month([出生日期]) = Month(date())	查询本月出生的记录
Year([出生日期]) = 1992 And Month([出生日期]) = 11	
	查询 1992 年 11 月出生的记录

4. 统计函数

表 3.7 统计函数

函 数	说 明
Sum(字符表达式)	返回字符表达式中值的总和。字符表达式可以是一个字段名，也可以是一个含字段名的表达式，但所含字段应该是数字类型的字段
Avg(字符表达式)	返回字符表达式中值的平均值。字符表达式可以是一个字段名，也可以是一个含字段名的表达式，但所含字段应该是数字类型的字段
Count(字符表达式)	返回字符表达式中值的个数。字符表达式可以是一个字段名，也可以是一个含字段名的表达式，但所含字段应该是数字类型的字段
Max(字符表达式)	返回字符表达式的最大值。字符表达式可以是一个字段名，也可以是一个含字段名的表达式，但所含字段应该是数字类型的字段
Min(字符表达式)	返回字符表达式的最小值。字符表达式可以是一个字段名，也可以是一个含字段名的表达式，但所含字段应该是数字类型的字段

3.4 使用设计视图建立查询

在 Access 中,查询有 3 种视图,即设计视图、数据表视图和 SQL 视图。使用设计视图不仅可以设计出比较复杂的查询,还可以对一个已有的查询进行编辑和修改。

在查询的设计视图中会出现"设计"选项卡,如图 3.18 所示。

图 3.18 查询的"设计"选项卡

3.4.1 选择查询

选择查询是 Access 中最常用的一种查询,使用选择查询能自由地从一个或多个表或查询中抽取相关的字段和记录进行分析和处理。

1. 单表查询

例 3.7 在"学生"表中查询已通过四级的女生的信息。

操作步骤如下:

(1) 打开"教学管理系统"数据库,选择"创建"选项卡中的"其他"组。

(2) 单击"查询设计"按钮,弹出"显示表"对话框,如图 3.19 所示。

图 3.19 "显示表"对话框

(3) 在"表"选项卡中双击"学生"表,将其添加到查询"设计视图"窗口中,然后单击"关闭"按钮,关闭"显示表"对话框。

设计视图是一个设计查询的窗口,包含了创建查询所需要的各个组件,用户只需在各个组件中设置一定的内容就可以创建一个查询。查询"设计视图"窗口分为上、下两部分,上部为表/查询的字段列表,显示添加到查询中的数据表或查询的字段列表;下部为查询设计区,定义查询的字段,并将表达式作为条件,限制查询的结果;中间是可以调节的分隔线;其标题栏包括了查询名称和查询类型。

在查询设计网格中可以详细设置查询的内容,具体内容的功能如下。

- 字段:查询所需要的字段。每个查询至少包括一个字段,也可以包含多个字段。如果与字段对应的"显示"复选框被选中,则表示该字段将显示在查询的结果中。
- 表:指定查询的数据来源表或其他查询。
- 排序:指定查询的结果是否进行排序。排序方式包括"升序"、"降序"和"不排序"3 种。

- 条件：指定用户用于查询的条件或要求。

（4）在查询"设计视图"窗口的上半部分，分别双击"学生"表中的"学号"、"姓名"、"性别"和"四级通过"字段，如图3.20所示。

图3.20　查询已通过四级的女生的设计视图

（5）在"性别"字段对应的条件行中输入条件"女"，在"四级通过"字段对应的条件行中输入条件"True"。

（6）在功能区中单击"视图"按钮右侧的下拉箭头，在弹出的下拉菜单中选择"数据表视图"命令，预览查询的结果，如图3.21所示。

（7）单击快速访问工具栏上的"保存"按钮，弹出"另存为"对话框，如图3.22所示。在此对话框中输入查询名称"通过四级的女生"，然后单击"确定"按钮，完成查询的建立。

图3.21　查询已通过四级的女生的数据表视图　　　　图3.22　"另存为"对话框

2. 多表查询

如果当前的查询中包含了多个表，就需要在表与表之间建立连接，否则设计完成的查询将按完全连接生成查询结果。用户在添加表或查询时，如果所添加的表或查询之间已经建立了关系，则在添加表或查询的同时添加新的连接。

如果要建立表或查询之间的连接，可以在查询"设计视图"窗口中从表或查询的字段列表中将一个字段拖到另一个表或查询字段列表的相同字段上，即具有相同或兼容的数据类型且包含相似数据的字段。用这种方式进行连接，只有当连接字段的值相等时，Access才从两个表或查询中选取记录。

例3.8　查询学生的考试成绩，并按"学号"升序排序。本例的数据源是3个表，这3个表之间已经建立了关系。

操作步骤如下：

（1）打开"教学管理系统"数据库，选择"创建"选项卡中的"其他"组。

（2）单击"查询设计"按钮，弹出"显示表"对话框。

（3）双击"学生"表、"成绩"表和"课程"表，将 3 个表添加到查询"设计视图"窗口中，然后单击"关闭"按钮，关闭"显示表"对话框。

（4）单击查询设计网格中字段的空白格处，会显示一个下拉按钮，单击该按钮可弹出一个下拉列表框，其中列出了所有被选择的表或查询所包含的所有字段。

选择"学生"表的"学号"、"姓名"字段，"课程"表的"课程名称"字段，"成绩"表的"成绩"字段，如图 3.23 所示。

图 3.23　多表查询

（5）在"学号"字段对应的排序行中选择"升序"。

（6）单击功能区上的"运行"按钮 ，将显示查询的结果，如图 3.24 所示。关闭查询设计视图或单击快速访问工具栏上的"保存"按钮，弹出"另存为"对话框，在"查询名称"文本框中输入"学生的考试成绩"，完成查询的建立。

3. 从查询中删除表或查询

如果当前查询中的某个表或查询已经不再需要，可以将其从查询中删除。

操作步骤如下：

（1）在查询"设计视图"窗口中打开查询。

（2）在查询"设计视图"窗口的上部单击要删除的表或查询，按 Delete 键，即可完成删除。用户也可以在选中表的标题栏上右击，在弹出的快捷菜单中选择"删除表"命令。

4. 在设计视图中操作字段

（1）添加字段。双击设计视图上部字段列表中的字段名，或者在查询设计网格中从字段下

图 3.24　多表查询结果

拉列表框中进行选择。

（2）删除字段。在查询设计网格中，单击列选定器选定该列，然后按 Delete 键。

（3）移动查询设计网格中的字段。单击相应字段的列选定器，然后将其拖动到目标位置。用户也可以在需要移动列的列选定器上右击，在弹出的快捷菜单中选择"剪切"命令，然后在目标位置上右击，在弹出的快捷菜单中选择"粘贴"命令。

（4）在查询中更改字段名。将查询的源表或查询的字段拖放到设计网格中，则查询自动将源表或查询的字段作为查询结果中要显示的字段名。为了更准确地说明字段中的数据，用户可以改变这些字段的名称。在查询的设计网格中更改字段名，将仅改变查询"数据表"视图中的标题，源表的字段名不会改变。

（5）使用星号"＊"。如果某个表中的所有字段都包含在查询中，可以分别选择每个字段，也可以使用星号"＊"通配符选择。

3.4.2 自定义计算查询

Access 的查询不仅具有记录检索的功能，还具有计算的功能。在 Access 查询中可执行许多类型的计算，例如可以计算一个字段值的总和或平均值，使两个字段值相乘，或者计算从当前日期算起 3 个月后的日期。

1. 预定义计算查询

预定义计算，即所谓的"总计"计算，用于对查询中的记录组和全部记录进行总和、平均值、计数、最小值、最大值、标准偏差和方差等数量计算，用户也可根据查询要求选择相应的分组、第一条记录、最后一条记录、表达式、条件等。

例 3.9 统计"学生"表中不同性别的学生人数。

（1）打开"教学管理系统"数据库，选择"创建"选项卡中的"其他"组。

（2）单击"查询设计"按钮，弹出"显示表"对话框。

（3）在"表"选项卡中双击"学生"表，将其添加到查询"设计视图"窗口中，然后单击"关闭"按钮，关闭"显示表"对话框。

（4）在查询"设计视图"窗口的上半部分双击"性别"和"学号"两个字段，将它们添加到设计网格中。

（5）单击"显示/隐藏"组中的"汇总"按钮 **Σ**，此时，"设计视图"窗口的下半部分多了一个"总计"行，且自动设置对应总计行内容为"Group By"。

在"学号"的对应"总计"行中，单击右侧的向下箭头，在打开的列表框中显示了统计函数和总计项，单击列表框中的计数项"计算"，如图 3.25 所示。

（6）单击快速访问工具栏上的"保存"按钮，弹出"另存为"对话框，在此对话框中输入查询名称"统计不同性别的学生人数"，然后单击"确定"按钮，查询建立完毕。

（7）单击功能区上的"运行"按钮 ，将显示查询的结果，如图 3.26 所示。

2. 创建计算字段

如果用户想对一个或多个字段中的数据进行数值、日期和文本计算，需要直接在"设计网格"中创建计算字段。计算字段是在查询中定义的字段，用于显示表达式的结果而非存储的数据，因此，当表达式中的值改变时将重新计算该字段的值。

图 3.25　分组记录

图 3.26　统计不同性别的学生人数

创建计算字段的方法是,在查询设计视图的设计网格的"字段"行中直接输入计算字段及其计算表达式。输入规则是"计算字段名:表达式",其中,计算字段名和表达式之间的分隔符是半角的":"。

使用函数可以完成一些复杂的功能或特殊运算,为用户更准确地进行统计计算、实现数据处理提供了有效的方法。

例 3.10　计算"学生"表中学生的年龄,结果中显示"姓名"、"年龄",其中,"年龄"为计算字段,它是根据系统当前日期和每个人的"出生日期"计算得到的。

操作步骤如下:

(1) 打开"教学管理系统"数据库,选择"创建"选项卡中的"其他"组。

(2) 单击"查询设计"按钮,弹出"显示表"对话框。

(3) 在"表"选项卡中双击"学生"表,将其添加到查询"设计视图"窗口中,然后单击"关闭"按钮,关闭"显示表"对话框。

(4) 在查询"设计视图"窗口的上半部分双击"姓名"字段,将它们添加到设计网格中,并在设计网格的第二列"字段"行中输入"年龄:Year(Date())-Year([出生日期])",如图 3.27所示。

(5) 单击快速访问工具栏上的"保存"按钮,弹出"另存为"对话框,在其中输入查询名称"年龄查询",然后单击功能区上的"运行"按钮运行查询,查询结果如图 3.28 所示。

例 3.11　在例 3.8 建立的"学生的考试成绩"的基础上,增加一列查询学生的考试等级,将考试成绩在 90 分以上的给予"优秀",60 分以下为"不及格",其他的等级为"合格"。

函数:IIF(([成绩]>=90,"优秀",IIf([成绩]>=60,"合格","不及格"))

操作步骤如下:

(1) 在"查询"对象中右击"学生的考试成绩"查询,在弹出的快捷菜单中选择"设计视图"命令,打开查询。

(2) 选择新列,在"字段"栏中输入"考试等级:IIF(([成绩]>=90,"优秀",IIf([成绩]>=60,"合格","不及格"))",如图 3.29 所示。

图 3.27　创建计算字段

图 3.28　年龄查询

图 3.29　IIF 函数的使用

（3）单击 Office 按钮，在弹出的菜单中选择"另存为"命令，在弹出的对话框中输入查询名称"查询考试等级"，然后单击功能区上的"运行"按钮运行查询，查询结果如图 3.30 所示。

图 3.30　查询考试等级

例 3.12　以"学生"表为数据源，创建一个选择查询，统计出一共有多少个会计专业的学生。
操作步骤如下：

（1）在"教学管理系统"数据库中，选择"创建"选项卡中的"其他"组。

（2）单击"查询设计"按钮，弹出"显示表"对话框。

（3）在"表"选项卡中双击"学生"表，将其添加到查询"设计视图"窗口中，然后单击"关闭"按钮，关闭"显示表"对话框。

（4）在"设计网格"的第一列"字段"行中输入"会计专业学生人数：Count（＊）"，然后在第二列选择"专业"字段，设置查询条件为"会计"，去掉"显示"中的"√"，使查询结果中不显示专业字段，如图 3.31 所示。

（5）保存查询，名称为"统计会计专业学生人数"，然后单击功能区上的"运行"按钮运行查询。

图3.31 统计会计专业的学生人数

3. 控制查询中显示的记录数

在查询的数据表中,可以只显示字段值在某个上限或下限之间的记录,或者只显示总记录中最大或者最小百分比数量的记录。

例3.13 在例3.8建立的"学生的考试成绩"的基础上,查询考试分数为前5%的学生信息。

操作步骤如下:

(1) 在"查询"对象中右击"学生的考试成绩"查询,在弹出的快捷菜单中选择"设计视图"命令,打开查询。

(2) 选择"成绩"字段,按"降序"排序,如图3.32所示。

(3) 单击"设计"选项卡的"查询设置"组中的"返回"下拉列表框,选择或输入希望在查询结果中显示的上限值或者下限值的数目或者百分比。在此输入"5%",如图3.33所示。

字段	学号	姓名	课程名称	成绩
表	学生	学生	课程	成绩
排序				降序
显示	☑	☑	☑	☑

图3.32 "成绩"字段按"降序"排序

(4) 单击Office按钮,选择"另存为"命令,在弹出的对话框中输入查询名称"考试成绩为前5%的信息",然后单击功能区上的"运行"按钮运行查询,查询结果如图3.34所示。

图3.33 "返回"下拉列表框

图3.34 学生考试成绩为前5%的信息

3.4.3 交叉表查询

交叉表查询以水平方式和垂直方式对记录进行分组,并计算和重构数据,可以简化数据分析。交叉表查询可以计算数据总和、计数、平均值或完成其他类型的综合计算。

使用向导创建交叉表查询,可以在一个数据表中以行标题将数据组成群组,按列标题分别求出所需汇总的数据,然后在数据表中以表格的形式显示出来。

例如,要查询每个学生每门课程的考试成绩,由于每个学生修了多门课程,如果使用选择查询,在"课程名"字段中将出现重复的课程名称,这样显示出来的数据很乱。为了使查询的结果能够满足实际需要,使查询后生成的数据显示得更清晰、准确,结构更紧凑、合理,Access提供了一个很好的查询方式,即交叉表查询。

在创建交叉表查询时,用户需要指定3种字段:

(1) 放在查询表最左端的分组字段构成行标题。

(2) 放在查询表最上面的分组字段构成列标题。

(3) 放在行与列交叉位置上的字段用于计算。

其中,后两种字段只能有一个,第一种字段(即放在最左端的字段)最多可以有3个。这样,交叉表查询就可以使用两个以上的分组字段进行分组总计了。

1. 使用查询向导创建交叉表查询

例 3.14 在例 3.8 建立的"学生的考试成绩"的基础上,建立学生的考试成绩交叉表查询。

操作步骤如下:

(1) 在 Access 中打开"教学管理系统"数据库,选择"创建"选项卡中的"其他"组。

(2) 单击"查询向导"按钮,弹出"新建查询"对话框。

(3) 选择"交叉表查询向导"选项,然后单击"确定"按钮,弹出"交叉表查询向导"对话框之一,如图 3.35 所示。然后选中"视图"区中的"查询"单选按钮,在查询列表框中选择"查询:学生的考试成绩"选项。

图 3.35 "交叉表查询向导"对话框之一

注意:创建交叉表的数据源必须来自一个表或查询,如果数据源来自多个表,可以先建立一个查询,然后以此查询作为数据源。

(4) 单击"下一步"按钮,进入"交叉表查询向导"对话框之二,如图 3.36 所示。双击"可用字段"列表框中的"学号"、"姓名",使它们成为选定字段,以设置这两个字段为行标题。

图 3.36 "交叉表查询向导"对话框之二

（5）单击"下一步"按钮，进入"交叉表查询向导"对话框之三，如图 3.37 所示。选择"课程名称"作为列标题，单击"下一步"按钮，进入"交叉表查询向导"对话框之四，如图 3.38 所示。

图 3.37　"交叉表查询向导"对话框之三

图 3.38　"交叉表查询向导"对话框之四

（6）选定"成绩"字段，在"函数"列表框中选择"最后一项"，并取消选中"是，包括各行小计"复选框。然后单击"下一步"按钮，在弹出的对话框中输入查询名称"学生的考试成绩_交叉表"。最后单击"完成"按钮完成操作，系统显示查询结果如图 3.39 所示。

2. 使用设计视图创建交叉表查询

例 3.15　在例 3.8 建立的"学生的考试成绩"的基础上，用设计视图建立学生的考试成绩交叉表查询。

操作步骤如下：

（1）在设计视图中打开"学生的考试成绩"查询。

（2）分别双击"学号"、"姓名"、"课程名称"和"成绩"字段。

（3）单击"设计"选项卡的"查询类型"组中的"交叉表"按钮，在"设计视图"窗口的下半部分自动多了"总计"行和"交叉表"行,如图 3.40 所示。

图 3.39 学生的考试成绩_交叉表

图 3.40 交叉表设计视图

然后单击"学号"和"姓名"字段的"交叉表"行右侧的向下箭头,在打开的列表框中选定"行标题";在"课程名称"字段的"交叉表"行选定"列标题";在"成绩"字段的"交叉表"行选定"值",在"总计"行中选定 Last。

(4) 保存查询,将其命名为"学生的考试成绩交叉表"。

3.4.4 参数查询

前面所建立的查询,无论是内容还是条件都是固定的,如果用户希望根据不同的条件来查找记录,则需要不断建立查询,这样做很麻烦。为了方便用户的查询,Access 提供了参数查询。参数查询是动态的,它利用对话框提示用户输入参数并检索符合所输入参数的记录或值。

根据查询中参数的数据的不同,参数查询可以分为单参数查询和多参数查询两类。

1. 单参数查询

例 3.16 创建单参数查询,根据用户输入的教师编号查询教师的相关信息,运行查询时,显示提示信息"请输入教师编号:"。

操作步骤如下:

(1) 打开"教学管理系统"数据库,选择"创建"选项卡中的"其他"组。

(2) 单击"查询设计"按钮,弹出"显示表"对话框。

(3) 在"显示表"对话框中选择"表"选项卡,双击"教师"表,将该表添加到查询"设计视图"窗口中,然后单击"关闭"按钮,关闭该对话框。

(4) 在查询"设计视图"窗口的上半部分,将全部字段添加到设计网格的"字段"行。

(5) 在"教师编号"字段列的"条件"区域输入"[请输入教师编号:]",如图 3.41 所示。

注意：在 Access 中创建参数查询就是在创建查询时,在查询的"条件"区域中输入用方括号"[ ]"括起来的提示信息。

图 3.41　单参数查询

（6）切换到查询数据表视图,弹出"输入参数值"对话框,如图 3.42 所示。在"请输入教师编号:"文本框中输入教师编号"01004",单击"确定"按钮,显示的查询结果如图 3.43 所示。

图 3.42　"输入参数值"对话框　　　　　图 3.43　单参数查询结果

（7）单击 Office 按钮,选择"保存"命令,在弹出的对话框中输入文件名"单参数查询",最后单击"确定"按钮完成操作。

2. 多参数查询

例 3.17　创建多参数查询,根据用户输入的成绩区间,查询满足条件的学生成绩信息。

操作步骤如下：

（1）打开"教学管理系统"数据库,选择"创建"选项卡中的"其他"组。

（2）单击"查询设计"按钮,弹出"显示表"对话框。

（3）双击"学生"表、"成绩"表和"课程"表,将 3 个表添加到查询"设计视图"窗口中,然后单击"关闭"按钮,关闭"显示表"对话框。

（4）选择查询"学生"表的"学号"、"姓名"字段,"课程"表的"课程名称"字段,"成绩"表的"成绩"字段,将它们添加到设计网格的"字段"行上。

（5）在"成绩"字段列的"条件"区域输入"Between [最低分] And [最高分]",如图 3.44 所示。

图 3.44　多参数查询

（6）保存查询,将其命名为"多参数查询"。

（7）运行查询,屏幕上会显示第一个"输入参数值"对话框,向"最低分"文本框中输入最低分 80,如图 3.45 （a）所示。

（8）单击"确定"按钮,这时屏幕上出现第二个"输入参数值"对话框,向"最高分"文本框中输入最高分 90,如图 3.45(b)所示。

(9)单击"确定"按钮,用户就可以看到相应的查询结果,如图 3.46 所示。

(a)第一个对话框

(b)第二个对话框

图 3.45 "输入参数值"对话框

图 3.46 多参数查询结果

例 3.18 修改例 3.17 创建的多参数查询,根据用户输入的学号和课程名称,查询满足条件的学生成绩信息。

操作步骤如下:

(1)在设计视图方式下打开例 3.17 建立的"多参数查询"。

(2)在"学号"对应的"条件"行中输入"[请输入学号:]",在"课程名称"对应的"条件"行中输入"[请输入课程名称:]",并删除"成绩"对应的"条件"行中的内容,如图 3.47 所示。

字段:	学号	姓名	课程名称	成绩
表:	学生	学生	课程	成绩
排序:				
显示:	☑	☑	☑	☑
条件:	[请输入学号:]		[请输入课程名称:]	

图 3.47 修改多参数查询

(3)保存查询,命名为"多参数查询 1"。

(4)运行查询,在第一个"输入参数值"对话框中输入学号"09010004",单击"确定"按钮。然后在第二个"输入参数值"对话框中输入课程名称"高等数学",单击"确定"按钮,如图 3.48 所示。

(5)单击"确定"按钮,用户就可以看到相应的查询结果,如图 3.49 所示。

图 3.48 "输入参数值"对话框

图 3.49 多参数查询结果

从上例可以看出,建立参数查询实际上就是在"条件"行中输入提示信息,如果在其他字段的"条件"行也输入类似的提示信息,就可以实现多参数查询。在运行一个多参数的查询时,用户要依次输入多个参数的值。

3.5 操作表查询

前面介绍的几种查询方法,都是根据特定的查询准则,从数据源中提取符合条件的动态数据集,但对数据源的内容并不进行任何改动。操作查询是指只在一个操作中更改许多记录的查询,它是 Access 提供的 5 种查询中的一个非常重要的查询,可以在检索数据、计算数据和显示数据的同时更新数据,还可以生成新的数据表。

在 Access 中有 4 种类型的操作查询。

- 生成表查询 : 创建新表。
- 删除查询 : 从现有表中删除记录。
- 更新查询 : 替换现有数据。
- 追加查询 : 在现有表中添加新记录。

由于操作查询将改变数据表的内容,并且这种改变是不可以恢复的,所以某些错误的操作查询可能会造成数据表中数据的丢失。因此,用户在进行操作查询之前,应该先对数据表进行备份。

图 3.50 "粘贴表方式"对话框

创建表的备份的具体操作步骤如下:

(1) 单击导航窗格中的表,然后单击"开始"选项卡中的"复制"按钮,或按 Ctrl+C 组合键。

(2) 单击"开始"选项卡中的"粘贴"按钮,或按 Ctrl+V 组合键,弹出"粘贴表方式"对话框,如图 3.50 所示。

(3) 在"表名称"文本框中为备份的表指定新表名。

(4) 选中"结构和数据"单选按钮,然后单击"确定"按钮,将新表添加到导航窗格中,用户可以看到,此备份表和原表完全相同。

3.5.1 生成表查询

生成表查询是将查询的结果保存到一个表中,这个表可以是一个新表,也可以是已存在的表,但如果将查询结果保存在已有的表中,则该表中原有的内容将被删除。

例 3.19 创建生成表查询,将"教学管理系统"数据库中不及格的学生记录保存到新的表中,要求显示"学号"、"姓名"、"专业"、"课程名称"和"成绩"5 个字段。

操作步骤如下:

(1) 打开"教学管理系统"数据库,选择"创建"选项卡中的"其他"组。

(2) 单击"查询设计"按钮,弹出"显示表"对话框。

(3) 双击"学生"表、"成绩"表和"课程"表,将 3 个表添加到查询"设计视图"窗口中,然后单击"关闭"按钮,关闭"显示表"对话框。

(4) 将"学生"表的"学号"、"姓名"、"专业"字段,"课程"表的"课程名称"字段,"成绩"表的"成绩"字段添加到设计网格的"字段"行。

(5) 在"成绩"字段列的"条件"区域输入"<60",如图 3.51 所示。

(6) 单击"设计"选项卡的"查询类型"组中的"生成表"按钮,弹出"生成表"对话框。在"表名称"文本框中输入新表名"不及格学生记录",如图 3.52 所示,然后单击"确定"按钮,返回查询设计窗口。

(7) 保存查询为"生成不及格学生记录",查

图 3.51 输入条件

图 3.52 "生成表"对话框

询建立完毕。

(8) 在数据表视图中预览查询结果,如图 3.53 所示。

(9) 返回设计视图,单击功能区上的"运行"按钮,弹出生成表消息框,如图 3.54 所示。单击"是"按钮,确认生成表操作。在数据库窗口中单击表对象后,用户可以看到多了一个名为"不及格学生记录"的表。

图 3.53 预览查询结果

图 3.54 生成表消息框

在以前各节的例子中,预览查询和执行查询的结果是一样的。用户从本例可以看出,对于操作查询,这两个操作是不同的。在"数据表视图"中预览,只是显示满足条件的记录,而执行查询,则是对查找到的记录继续进行添加、删除、修改等操作。也就是说,对于这类查询是先进行查询,然后对查询到的记录进行操作,这就是所谓的操作查询。

3.5.2 删除查询

如果用户需要从数据库的某个数据表中有规律地成批删除一些记录,可以使用删除查询来解决。应用删除查询对象成批地删除数据表中的记录,应该指定相应的删除条件,否则就会删除数据表中的全部数据。

如果要从多个表中删除相关记录,必须同时满足以下条件:已经定义了表间的相互关系;在"编辑关系"对话框中已选中"实施参照完整性"复选框;在"编辑关系"对话框中已选中"级联删除相关记录"复选框。

例 3.20 创建删除查询,删除"学生"表中会计专业的学生记录。由于删除查询要直接删除原来数据表中的记录,为保险起见,本例在建立删除查询之前先将"学生"表进行备份,指定备份表名为"学生备份",删除操作只对"学生备份"表进行。

操作步骤如下:

(1) 在设计视图中创建查询,选定"学生备份"表作为数据源。

(2) 分别双击"学生备份"表中的"学号"、"姓名"和"专业"字段。

(3) 在"专业"字段的"条件行"输入"会计"。

(4) 选择"查询"→"删除查询"命令,在"设计视图"窗口的下半部分出现一个"删除"行取代原来的"显示"和"排序"行,如图 3.55 所示。

（5）保存查询为"删除会计专业学生"，查询建立完毕。

（6）在数据表视图中预览查询结果。

（7）在设计视图中，单击功能区上的"运行"按钮，弹出删除消息框，如图3.56所示。当确定要删除记录时单击"是"按钮，在数据表视图中打开"学生备份"表查看删除后的结果；如果放弃删除记录，单击"否"按钮。

图 3.55 创建删除查询　　　　　　　　图 3.56 删除消息框

从本例可以看出，删除查询将永久地、不可逆地从指定的表中删除记录。因此，用户在删除查询之前一定要慎重，即先预览后执行，或将要删除记录的表做好备份。另外，删除查询是删除整条记录，而不是删除指定字段中的数据。

3.5.3 更新查询

更新查询指对一个或多个表中的一组记录做批量的更改。

例 3.21　创建更新查询，将姓"王"的学生的高等数学成绩增加5分。

操作步骤如下：

（1）在设计视图中创建查询，添加"学生"、"成绩"和"课程"表作为数据源。

（2）分别双击"学生"表的"学号"、"姓名"字段，"课程"表的"课程名称"字段，"成绩"表的"成绩"字段。

（3）在"姓名"字段的"条件"行输入"Like "王 * ""，在"课程名称"字段的"条件"行输入"高等数学"。

（4）单击"设计"选项卡的"查询类型"组中的"更新"按钮，在"设计视图"窗口的下半部分多了一行"更新到"取代了原来的"显示"和"排序"行。在"成绩"字段的"更新到"行中输入用来更改这个字段的表达式"[成绩]＋5"，如图3.57所示。

（5）保存查询为"更改高等数学成绩"，查询建立完毕。

（6）若要查看将要更新的记录列表，用户可在数据表视图中预览查询结果，此列表并不显示新值。

（7）运行查询，系统会弹出如图3.58所示的更新消息框，单击"是"按钮更新数据。然后，打开"成绩"表，用户可以看出数据已被更新。

图 3.57 创建更新查询　　　　　　　　图 3.58 更新消息框

3.5.4 追加查询

追加查询是从外部数据源中导入数据,然后将它们追加到现有表中,用户也可以从其他的 Access 数据库甚至同一数据库的其他表中导入数据。与选择查询和更新查询类似,追加查询的范围也可以利用条件加以限制。

例 3.22 创建追加查询,将"学生"表中的会计专业的学生记录追加到一个结构类似、内容为空的表中。

操作步骤如下:

(1) 创建"学生"表结构的副本(由于只需要复制表的结构,不需要复制数据,所以在"粘贴选项"组中选中"只粘贴结构"单选按钮),将副本命名为"会计专业学生",如图 3.59 所示。

(2) 在设计视图中创建查询,添加"学生"表作为数据源。

图 3.59 "粘贴表方式"对话框

(3) 分别双击"学生"表中的" * "星号和"专业"字段。

(4) 在"专业"字段的"条件"行中输入""会计"",如图 3.60 所示。

(5) 单击"设计"选项卡的"查询类型"组中的"追加"按钮,弹出"追加"对话框。单击"表名称"右侧的向下箭头,在打开的下拉列表框中选择"会计专业学生"表,如图 3.61 所示,然后单击"确定"按钮。

图 3.60 创建追加查询

图 3.61 "追加"对话框

(6) 回到设计视图,删除"专业"字段的"追加到"行中的内容,如图 3.62 所示。

(7) 保存查询为"追加会计专业学生",查询建立完毕。

(8) 在数据表视图中可以预览要追加到"会计专业学生"表中的记录。

(9) 运行查询,弹出如图 3.63 所示的追加消息框,单击"是"按钮追加数据。

图 3.62 追加查询的设计视图

图 3.63 追加查询消息框

(10) 打开"会计专业学生"表,用户可以看到记录已被加在了该表中。

3.6 SQL 查询

在 Access 中,有些查询用各种查询向导和设计器都无法做出来,此时可以使用 SQL 查询完成。SQL 语言作为一种通用的数据库操作语言,并不是 Access 用户必须要掌握的,但在实际工作中有时必须用这种语言才能完成一些复杂的查询工作。

结构化查询语言(Structured Query Language,SQL)是关系数据库的标准语言,当今所有的关系型数据库管理系统都是以 SQL 为核心的。SQL 概念的建立起始于 1974 年,随着 SQL 的发展,ISO、ANSI 等国际权威标准化组织都为其制定了标准,从而建立了 SQL 在数据库领域里的核心地位。

SQL 语言充分体现了关系数据语言的优点,其主要特点如下:

(1) SQL 是类似于英语的自然语言,简单易学。

(2) SQL 是一种非过程语言。

(3) SQL 是一种面向集合的语言。

(4) SQL 既可独立使用,又可嵌入到宿主语言中使用。

(5) SQL 具有查询、操纵、定义和控制一体化功能。

SQL 语言具有以下功能:

(1) 数据定义 DDL。数据定义 DDL 用于定于和修改表、定义视图和索引。数据定义语句包括 CREATE(建立)、DROP(删除)和 ALTER(修改)。

(2) 数据操纵 DML。数据操纵 DML 用于对表或视图的数据进行添加、删除和修改等操作。数据操纵语句包括 INSERT(插入)、DELETE(删除)和 UPDATE(修改)。

(3) 数据查询 DQL。数据查询 DQL 用于检索数据库中的数据。数据查询语句包括 SELECT(选择)。

(4) 数据控制 DCL。数据控制 DCL 用于控制用户对数据库的存取权利。数据控制语句包括 GRANT(授权)和 REVOTE(回收权限)。

SQL 有两种使用方式:

(1) 联机交互方式。联机交互方式指在数据库管理系统的命令窗口中输入 SQL 命令,交互地进行数据库操作。

(2) 嵌入方式。嵌入方式指在高级语言编写的程序中嵌入 SQL 语句,完成对数据库的操作。

在 Access 中,所有利用查询设计器设计的查询,系统都在后台自动生成了相应的 SQL 语句,用户可在查询的 SQL 视图中看到相关的查询命令。在建立一个比较复杂的查询时,通常先在查询设计视图中将基本的查询功能都实现,然后再切换到 SQL 视图通过编写 SQL 语句完成一些特殊的查询。

3.6.1 使用 SQL 修改查询中的准则

使用 SQL 语句可以直接在 SQL 视图中修改已建查询中的准则。

例 3.23 将例 3.7 建立的"通过四级的女生"查询中的准则改为"通过四级的男生"。

操作步骤如下:

(1) 在设计视图中打开已建立的查询"通过四级的女生",如图 3.64 所示。

图 3.64 "通过四级的女生"的设计视图

（2）单击功能区的"视图"按钮的向下箭头按钮，从下拉菜单中选择"SQL 视图"命令，打开 SQL 视图窗口，如图 3.65 所示。

图 3.65 "通过四级的女生"的 SQL 视图

（3）在图 3.63 所示的窗口中选中要进行修改的部分，将条件＝"女"改为＝"男"。修改结果如下：

```
SELECT 学生.学号, 学生.姓名, 学生.性别, 学生.四级通过
FROM 学生
WHERE (((学生.性别) = "男") AND ((学生.四级通过) = True));
```

（4）单击"视图"按钮，在数据表视图中预览查询的结果。

（5）单击 Office 按钮，选择"另存为"命令，保存本次查询为"通过四级的男生"。

3.6.2 数据定义

在 Access 中，数据定义是 SQL 的一种特定查询，用户使用数据定义查询可以在当前数据库中创建、删除、更改表和创建索引，每个数据定义查询只能包含一条数据定义语句。

用 SQL 数据定义查询处理表或索引的具体操作步骤如下：

（1）打开数据库，在导航窗格中选择"创建"选项卡中的"其他"组。

（2）单击"查询设计"按钮，弹出"显示表"对话框。

（3）关闭"显示表"对话框。

（4）单击"设计"选项卡的"查询类型"组中的"数据定义"按钮，打开"数据定义查询"窗口。

（5）在"数据定义查询"窗口中输入 SQL 语句。

Access 支持下列数据定义语句。

1. 建立数据表

建立数据表的命令的格式如下：

```
CREATE TABLE <表名>
(<字段名 1> <类型名> [(长度)][PRIMARY KEY][NOT NULL]
[,<字段名 2> <类型名>[(长度)][NOT NULL]] … )
```

功能：创建一个数据表的结构。在创建时，如果表已经存在，不会覆盖已经存在的同名

表,而是返回一个错误信息,并取消这一任务。

说明:

(1)<表名>指要创建的数据表的名称;<字段名><类型名>指要创建的数据表的字段名和字段类型;(长度)指字段长度,它仅限于文本及二进制字段。

(2)字段名与数据类型、数据类型与长度之间必须有空格隔开,各个字段定义之间用逗号分开。

(3)PRIMARY KEY 表示将该字段定义为主键。

(4)NOT NULL 表示不允许字段值为空,而 NULL 表示允许字段值为空。

Access 中支持的常用数据类型如表 3.8 所示。

表 3.8 常用数据类型

数据类型	含义	数据类型	含义
Text 或 Char	文本型	Image	OLE 对象
Integer 或 Int	整型	Single 或 Real	单精度型
Double 或 Float	双精度型	Date、Time 或 Datetime	日期/时间型
String	字符型	Logical 或 Bit	是/否型
Currency 或 Money	货币型	Memo	备注型

例 3.24 建立"职工管理"数据库,在库中建立一个"职工"表,该表由"职工号"、"姓名"、"性别"、"出生日期"和"婚否"字段组成,并设置"职工号"为主键。

操作步骤如下:

(1)启动 Access,创建"职工管理"数据库。

(2)选择"创建"选项卡中的"其他"组。

(3)单击"查询设计"按钮,弹出"显示表"对话框。

(4)关闭弹出的"显示表"对话框,打开查询"设计视图"窗口。

(5)单击"设计"选项卡的"查询类型"组中的"数据定义"按钮,打开"查询"窗口。

(6)在"查询"窗口中输入以下 SQL 语句:

```
CREATE TABLE 职工(职工号 TEXT(4) PRIMARY KEY,姓名 TEXT(4),性别 TEXT(1),出生日期 DATE,婚否
LOGICAL)
```

(7)保存查询为"职工数据表定义",查询建立完毕。

(8)单击功能区上的"运行"按钮,执行 SQL 语句,完成"职工"表的创建。

(9)在导航窗格中选定"表"对象,可以看到在表列表框中多了一个"职工"表。在"设计视图"窗口中打开"职工"表,显示的表结构如图 3.66 所示。

图 3.66 "职工"表结构

例 3.25 在"职工管理"数据库中建立一个"工资"表,并通过"职工号"字段建立与"职工"表的关系。

其前面的操作和例 3.24 的步骤(1)至步骤(5)相同,其 SQL 语句如下:

CREATE TABLE 工资(职工号 TEXT(4) PRIMARY KEY REFERENCES 职工,工资 single,应扣 single,实发 single)

保存查询为"工资数据表定义",查询建立完毕。然后运行"工资数据表定义"查询,完成"工资"表的创建。

单击"数据库工具"选项卡的"显示/隐藏"组中的"关系"按钮 ,用户在打开的"关系"窗口中可以看到两个表的结构及表之间已经建立的关系,如图 3.67 所示。

图 3.67 "职工"表与"工资"表

2. 建立索引

建立索引的命令的格式如下:

CREATE [UNIQUE]INDEX <索引名> ON <表名>
(<字段名1> [ASC|DESC] [,<字段名2> [ASC|DESC],…])[WITH PRIMARY]

说明:

(1) 该命令可为表创建一个单字段索引或多字段索引。

(2) 选项 UNIQUE 表示创建值唯一的索引。

(3) 选择 ASC 表示建立升序索引;选择 DESC 表示建立降序索引;省略时系统默认升序索引。

(4) 使用 WITH PRIMARY 短语可将该索引字段指定为主键。

例 3.26 为"工资"表按"工资"字段建立一个降序索引 GZ。

其前面的操作和例 3.24 的步骤(1)至步骤(5)相同,其 SQL 语句如下:

CREATE INDEX GZ ON 工资(工资 DESC)

例 3.27 为"职工"表按"性别"和"出生日期"字段建立一个多字段索引 XBCSRQ。

其 SQL 语句如下:

CREATE INDEX XBCSRQ ON 职工(性别,出生日期 ASC)

在设计视图中打开"职工"表,单击功能区上的"索引"按钮,系统会弹出"索引:职工"对话框,如图 3.68 所示。

图 3.68 "索引:职工"对话框

3. 删除表

在 SQL 语言中,如果创建完成的表不再需要,可以使用 DROP TABLE 语句删除它。

格式: DROP TABLE<表名>

功能: 删除指定的数据表文件。

说明: 用户一定要慎用 DROP TABLE 语句,因为一旦使用就无法恢复表或其中的数据,在此表上建立的索引也将自动删除,并且无法恢复。

例 3.28 删除"工资备份"表。

操作步骤如下:

(1) 为"工资"表建立一个备份,命名为"工资备份"表。

(2) 打开数据定义"查询"窗口。

(3) 输入删除表的 SQL 语句:

```
DROP TABLE 工资备份
```

(4) 单击功能区上的"运行"按钮,执行 SQL 语句,完成删除表的操作,则"工资备份"表将从"职工管理"数据库操作窗口消失。

4. 修改表结构

修改数据表的 SQL 语句如下:

```
ALTER TABLE 表名 ADD 字段名 数据类型
```

运行该语句后,将在已经存在的数据表中增加一个新字段。

```
ALTER TABLE 表名 DROP 字段名
```

运行该语句后,将在已经存在的数据表中删除指定的字段。

```
ALTER TABLE 表名 ALTERD 字段名 数据类型
```

运行该语句后,将修改已经存在的字段。

例 3.29 为"职工"表增加一个"电话号码"字段。

操作步骤如下:

(1) 打开数据定义"查询"窗口。

(2) 输入以下 SQL 语句:

```
ALTER TABLE 职工 ADD 电话号码 Char(8)
```

(3) 单击功能区上的"运行"按钮,执行 SQL 语句,完成修改表的操作,为"职工"表增加一个"电话号码"字段。

例 3.30 删除职工的"电话号码"字段。

其 SQL 语句如下:

```
ALTER TABLE 职工 DROP 电话号码
```

例 3.31 将"职工"表的"姓名"字段的宽度改为 6。

其 SQL 语句如下:

```
ALTER TABLE 职工 ALTER 姓名 TEXT(6)
```

3.6.3 数据操作

SQL 语言的数据操作功能主要包括插入、更新、删除数据等相关操作,用 SQL 实现数据操作功能,通常也称为创建操作查询。

1. 插入数据

插入数据是指在数据表的尾部添加一条记录。

格式:INSERT INTO 表名 [(<字段名清单>)] VALUES(<表达式清单>)

功能:在指定的数据表的尾部添加一条新记录。

说明:

(1) 该命令一次可向表中添加一个记录,也可以添加一个记录的几个字段值。

(2) VALUES 短语表达式中的值与字段名对应,未指定的其余字段为 NULL 值。若省略<字段名清单>,则数据表中的所有字段必须在 VALUES 子句中都有相应的值。

例 3.32 在"职工"表尾部添加一条新记录。

操作步骤如下:

(1) 在"职工管理"数据库中,打开数据定义"查询"窗口。

(2) 在数据定义"查询"窗口中输入插入数据的 SQL 语句,建立追加查询。

```
INSERT INTO 职工(职工号,姓名,性别,出生日期,婚否)
VALUES("1001","张明","男",#1965-03-09#,yes)
```

(3) 单击功能区上的"运行"按钮,执行 SQL 语句,完成插入数据的操作。

例 3.33 在"职工"表尾部插入第二条记录。

其 SQL 语句如下:

```
INSERT INTO 职工 VALUES("1002","王芳","女",#1972-07-21#,no)
```

在数据表视图中打开"职工"表,显示结果如图 3.69 所示。

职工号	姓名	性别	出生日期	婚否
1001	张明	男	1965-3-9	-1
1002	王芳	女	1972-7-21	0

图 3.69 用 SQL 语句添加的"职工"表记录

2. 更新数据

更新数据是指对表中的所有记录或满足条件的记录用给定的值代替。

格式:UPDATE <表名> SET <字段名 1>=<表达式 1>[,<字段名 2>=<表达式 2>…]

[WHERE <条件>]

功能:根据 WHERE 子句指定的条件,对指定记录的字段值进行更新。

说明:

(1) 用<表达式>的值代替<字段名>的值,一次可更新多个字段的值。若省略 WHERE 子句,则更新全部记录。

(2) 一次只能在单一的表中更新记录。

例 3.34 计算"工资"表中的实发数。

操作步骤如下：

(1) 在"职工管理"数据库中，打开数据定义"查询"窗口。

(2) 输入更新数据的 SQL 语句，建立一个更新查询。

```
UPDATE 工资 SET 实发 = 工资 - 应扣
```

(3) 单击功能区上的"运行"按钮，执行 SQL 语句，完成更新数据的操作。

3. 删除数据

删除数据是指对表中的所有记录或满足条件的记录进行删除操作。

格式：DELETE FROM ＜表名＞［WHERE ＜条件＞］

功能：根据 WHERE 子句指定的条件，删除表中指定的记录。

说明：若省略 WHERE 子句，则删除表中的所有记录。

例 3.35 将"职工"表中女职工的记录删除。

操作步骤如下：

(1) 在"职工管理"数据库中，打开数据定义"查询"窗口。

(2) 输入删除数据的 SQL 语句，建立一个删除查询。

```
DELETE FROM 职工 WHERE 性别 = "女"
```

(3) 单击功能区上的"运行"按钮，执行 SQL 语句，完成删除数据的操作。

3.6.4 数据查询

在 SQL 查询中，SELECT 语句构成了 SQL 的核心语句，其主要功能是实现数据源数据的筛选、投影和连接操作，并能够完成对筛选字段的重命名，对数据源数据的组合、分类汇总、排序等具体操作，具有非常强大的数据查询功能。

SELECT 语句包括 5 个主要的子句，其一般结构如下：

```
SELECT [ALL|DISTINCT|TOP n[PERCENT]] <字段列表>
FROM <表或查询列表>
[WHERE <条件表达式>]
[GROUP BY <分组字段表>[HAVING <过滤条件>]]
[ORDER BY <排序关键字 1> [ASC|DESC][,<排序关键字 2> [ASC|DESC]...]]
```

在 SELECT 语法格式中，方括号所括的部分为可选内容，尖括号内为必选内容，在此对各个参数进行说明。

* WHERE：只筛选满足给定条件的记录。
* GROUP BY：根据所列字段名分组。
* HAVING：分组条件，设定 GROUP BY 后，设定应显示的记录。
* ORDER BY：根据所列字段名排序。

用户可以利用 SQL 查询实现前面所讲的各种查询。

1. 选择查询

例 3.36 查询"学生"表的全部字段。

操作步骤如下：

（1）打开"教学管理系统"数据库。

（2）选择"创建"选项卡中的"其他"组。

（3）单击"查询设计"按钮，弹出"显示表"对话框。

（4）关闭弹出的"显示表"对话框，打开查询"设计视图"窗口。

（5）单击"设计"选项卡的"结果"组中的"视图"按钮，在下拉菜单中选择"SQL 视图"命令，打开 SQL"查询"窗口。

（6）在 SQL"查询"窗口中输入以下 SQL 语句：

```
SELECT * FROM 学生
```

（7）在数据表视图中查看查询结果，然后保存查询，查询建立完毕。

（8）在设计视图中，单击功能区上的"运行"按钮，屏幕上会显示运行查询的结果。

例 3.37 在"学生"表中查询"学号"、"姓名"字段。

其操作步骤与例 3.35 相同，其 SQL 语句如下：

```
SELECT 学号,姓名 FROM 学生
```

例 3.38 查询"学生"表中所有学生的姓名和年龄，去掉重名。

其 SQL 语句如下：

```
SELECT DISTINCT 姓名,YEAR(DATE())-YEAR(出生日期) AS 年龄 FROM 学生
```

说明：

（1）DISTINCT 选项忽略在选定字段中包含重复数据的记录。

（2）AS 选项表示其后是一个用户自己命名的列标题名，又称别名。

例 3.39 查询"学生"表中"学号"为 0901001 和 0902001 的记录。

其 SQL 语句如下：

```
SELECT * FROM 学生 WHERE 学号 IN("09010001","09020001")
```

或

```
SELECT * FROM 学生 WHERE 学号 = "09010001" OR 学号 = "09020001"
```

例 3.40 查询"成绩"表中"成绩"为 70～90 的学生记录。

其 SQL 语句如下：

```
SELECT * FROM 成绩 WHERE 成绩 BETWEEN 70 AND 90
```

或

```
SELECT * FROM 成绩 WHERE 成绩>=70 AND 成绩<=90
```

例 3.41 查询"学生"表中姓"王"的男学生的记录。

其 SQL 语句如下：

```
SELECT * FROM 学生 WHERE 姓名 LIKE "王*" AND 性别 = "男"
```

或

```
SELECT * FROM 学生 WHERE LEFT(姓名,1) = "王" AND 性别 = "男"
```

2. 计算查询

计算查询是对整个表的查询,一次查询只能得出一个计算结果。

例 3.42 在"学生"表中统计学生人数。

其 SQL 语句如下:

```
SELECT COUNT( * ) AS 学生人数 FROM 学生
```

例 3.43 在"学生"表中统计会计专业的学生人数。

其 SQL 语句如下:

```
SELECT COUNT( * ) AS 会计专业学生人数 FROM 学生 WHERE (((学生.专业) = "会计"))
```

3. 分组查询

利用分组查询可以一次获得多个计算结果,分组查询是通过 GROUP BY 子句实现的。

例 3.44 统计"成绩"表中不同课程的"成绩"字段的最大值和最小值。

其 SQL 语句如下:

```
SELECT 课程号, MAX(成绩) AS 最高分, MIN(成绩) AS 最低分
FROM 成绩
GROUP BY 课程号
```

例 3.45 分别统计男、女学生的人数。

其 SQL 语句如下:

```
SELECT 性别, Count(性别) AS 人数 FROM 学生 GROUP BY 性别
```

例 3.46 按"学号"升序查询"学生"表中的记录。

其 SQL 语句如下:

```
SELECT * FROM 学生 ORDER BY 学号 ASC
```

例 3.47 在"成绩"表中统计有 4 个以上学生选修的课程。

其 SQL 语句如下:

```
SELECT 课程号,COUNT( * ) AS 选课人数
FROM 成绩
GROUP BY 课程号 HAVING COUNT( * )> = 4
```

图 3.70 例 3.47 的查询结果

显示结果如图 3.70 所示。

本查询的执行过程是,首先对所有记录按"课程号"分组统计,然后对分组结果进行筛选,将选修人数没有达到 4 个的课程筛选掉。

HAVING 与 WHERE 的区别在于: WHERE 是对表中的所有记录进行筛选,而 HAVING 是对分组结果进行筛选。在分组查询中如果既选用了 WHERE,又选用了 HAVING,执行的顺序是先用 WHERE 限定记录,然后对筛选后的记录按 GROUP BY 指定的分组关键字分组,最后用 HAVING 子句限定分组。

例 3.48 显示年龄最小的 20% 的学生的信息。

其 SQL 语句如下：

```
SELECT TOP 20 PERCENT * FROM 学生 ORDER BY 出生日期 DESC
```

4. 多表查询

在数据查询中，经常涉及提取两个或多个表的数据来完成综合数据的检索，因此，需要用到连接操作来实现若干表数据的查询。SELECT 语句提供了专门的 JOIN 子句来实现连接查询。

语句格式：

```
SELECT <字段名表>
FROM <表名1> [INNER JOIN <表名2> ON <连接条件>]
```

说明：INNER JOIN 用来连接左、右两个<表名>指定的表，ON 用来指定连接条件。

例 3.49 在"学生"表、"成绩"表和"课程"表中，查询"学号"、"姓名"、"课程名称"、"成绩"字段，并将查询结果按"学号"排序。

其 SQL 语句如下：

```
SELECT 学生.学号, 学生.姓名, 课程.课程名称, 成绩.成绩
FROM 学生,课程,成绩
WHERE 课程.课程号 = 成绩.课程号 AND 学生.学号 = 成绩.学号
ORDER BY 学生.学号
```

例 3.50 查询课程考试成绩在前3名的学生的学号、姓名、课程名称、成绩信息。

其 SQL 语句如下：

```
SELECT TOP 3 学生.学号, 学生.姓名, 课程.课程名称, 成绩.成绩
FROM 学生 INNER JOIN (课程 INNER JOIN 成绩 ON 课程.课程号 = 成绩.课程号) ON 学生.学号 = 成绩.学号
ORDER BY 成绩.成绩 DESC
```

例 3.51 查询选修"大学语文"课程的学生的学号、姓名、成绩以及教师姓名。

其 SQL 语句如下：

```
SELECT 学生.学号, 学生.姓名, 成绩.成绩, 教师.姓名
FROM 教师 INNER JOIN (课程 INNER JOIN (学生 INNER JOIN 成绩 ON 学生.学号 = 成绩.学号) ON 课程.课程号 = 成绩.课程号) ON 教师.教师编号 = 成绩.教师编号
WHERE (((课程.课程名称)="大学语文"))
```

5. 参数查询

例 3.52 按输入的学号和课程名称查询学生成绩信息。

其 SQL 语句如下：

```
SELECT 学生.学号, 学生.姓名, 课程.课程名称, 成绩.成绩
FROM 学生 INNER JOIN (课程 INNER JOIN 成绩
ON 课程.课程号 = 成绩.课程号) ON 学生.学号 = 成绩.学号
WHERE (学生.学号=[请输入学号：]) AND (课程.课程名称=[请输入课程名称：])
```

6. 联合查询

联合查询可以将两个或两个以上的表或查询所对应的多个字段的记录合并为一个查询表中的记录。在执行联合查询时,将返回所包含的表或查询中对应字段的记录。创建联合查询的唯一方法是使用 SQL 窗口。

语句格式:

```
< SELECT 语句 1 >
UNION [ALL]
< SELECT 语句 2 >
```

说明:ALL 省略时,会自动去掉重复记录,否则合并全部结果。

例 3.53 创建联合查询,查询学生成绩大于 80 或小于 60 的学生记录。

操作步骤如下:

(1)打开"教学管理系统"数据库。

(2)选择"创建"选项卡中的"其他"组。

(3)单击"查询设计"按钮,弹出"显示表"对话框。

(4)关闭弹出的"显示表"对话框,打开查询"设计视图"窗口。

(5)单击"设计"选项卡的"查询类型"组中的"联合"按钮,打开"查询"窗口。

(6)在"查询"窗口中输入以下 SQL 语句:

```
SELECT * FROM 成绩 WHERE 成绩> = 80
UNION
SELECT * FROM 成绩 WHERE 成绩< 60
```

(7)保存查询,并在数据表视图中查看查询结果。

(8)在设计视图中单击"运行"按钮,屏幕上会显示运行查询的结果。

注意:要求合并的两个 SELECT 语句必须输出相同的字段个数,并且对应的字段必须具有相同的数据类型和长度。此时,Access 不会关心每个字段的名称,当字段的名称不同时,查询会使用来自第一个 SELECT 语句的名称。

7. 嵌套查询

在 SQL 语言中,当一个查询是另一个查询的条件时,即在一个 SELECT 语句的 WHERE 子句中出现了另一个 SELECT 语句,这种查询称为嵌套查询。通常,把内层的查询子句称为子查询,把调用子查询的查询语句称为父查询。SQL 语言允许多层嵌套查询,即一个子查询中还可以嵌套其他子查询。需要特别指出的是,子查询的 SELECT 语句中不能使用 ORDER BY 子句,ORDER BY 子句只能对最终查询结果排序。

例 3.54 查询选修了"课程名称"为"大学英语"的学生的学号。

其 SQL 语句如下:

```
SELECT 学号 FROM 成绩 WHERE 课程号 IN
    (SELECT 课程号 FROM 课程 WHERE 课程名称 = "大学英语")
```

例 3.55 查询选修"大学英语"或"高等数学"的所有学生的学号。

其 SQL 语句如下:

```
SELECT 学号 FROM 成绩 WHERE 课程号 = ANY
```

(SELECT 课程号 FROM 课程
WHERE 课程名称 = "大学英语" OR 课程名称 = "高等数学")

例 3.56 查询选修"101"课的学生中成绩比选修"102"的最低成绩高的学生的学号和成绩。

其 SQL 语句如下：

SELECT 学号,成绩 FROM 成绩 WHERE 课程号 = "101" AND 成绩> ANY
(SELECT 成绩 FROM 成绩 WHERE 课程号 = "102")

例 3.57 查询选修"101"课的学生中成绩比选修"102"的最高成绩高的学生的学号和成绩。

其 SQL 语句如下：

SELECT 学号,成绩 FROM 成绩 WHERE 课程号 = "101" AND 成绩> ALL
(SELECT 成绩 FROM 成绩 WHERE 课程号 = "102")

例 3.58 查询"学生"表中有哪些学生已在"成绩"表中选修了课程。

其 SQL 语句如下：

SELECT 学号,姓名 FROM 学生 WHERE EXISTS
(SELECT * FROM 成绩 WHERE 成绩.学号 = 学生.学号)

例 3.59 查询"学生"表中有哪些学生没有在"成绩"表中选修课程。

其 SQL 语句如下：

SELECT 学号,姓名 FROM 学生 WHERE NOT EXISTS
(SELECT * FROM 成绩 WHERE 成绩.学号 = 学生.学号)

8. 生成表查询

例 3.60 生成包含"学号"、"姓名"、"专业"、"课程名称"、"成绩"字段的"不及格学生记录"表。

其 SQL 语句如下：

SELECT 学生.学号, 学生.姓名, 学生.专业, 课程.课程名称, 成绩.成绩
INTO 不及格学生记录
FROM 学生 INNER JOIN (课程 INNER JOIN 成绩 ON 课程.课程号 = 成绩.课程号) ON 学生.学号 = 成绩.学号
WHERE (((成绩.成绩)< 60))

9. 传递查询

Access 的传递查询是自己并不执行，而是传递给另一个数据库执行。这种类型的查询直接将命令发送到 ODBC 数据库服务器，如 FoxPro、SQL Server 等。使用传递查询，可以直接使用服务器上的表，而不需要建立连接。

创建传递查询，用户一般要完成两项工作，一是设置要连接的数据库；二是在 SQL 窗口中输入 SQL 语句。SQL 语句的输入和在本地数据库中查询的输入是一样的，因此，传递查询的关键是设置连接的数据库，使用传递查询会为查询增加 3 个新属性。

(1) ODBC 连接字符串。该属性指定 ODBC 连接字符串，默认值为 ODBC。

（2）返回记录。该属性指定查询是否返回记录，默认值为"是"。

（3）日志消息。该属性指定 Access 是否将来自服务器的警告和信息记录在本地表中，默认值为"否"。

创建传递查询的具体操作步骤如下：

（1）在数据库操作窗口中选择"创建"选项卡的"其他"组。

（2）单击"查询设计"按钮，弹出"显示表"对话框。

（3）关闭弹出的"显示表"对话框，打开查询"设计视图"窗口。

（4）单击"设计"选项卡的"查询类型"组中的"传递"按钮，打开"查询"窗口。

（5）单击"显示/隐藏"组中的"属性表"按钮，弹出"属性表"对话框，设置"ODBC 连接字符串"属性。该属性将指定 Access 执行查询所需的连接信息，如图 3.71 所示。用户可以输入连接信息，也可以单击"生成器"按钮，获得关于要连接的服务器的必要信息。

（6）设置要连接的数据库。在"属性表"对话框中单击"ODBC 连接字符串"的"生成器"按钮 [...]，弹出"选择数据源"对话框，选择"机器数据源"选项卡，如图 3.72 所示。如果要选择的数据源已经显示在列表框中，用户可以直接在列表框中选定；如果不存在，则单击"新建"按钮，在弹出的对话框中输入要连接的服务器信息。

图 3.71 "属性表"对话框

图 3.72 "选择数据源"对话框的"机器数据源"选项卡

（7）在 SQL 传递查询窗口中输入 SQL 查询命令。

（8）单击"运行"按钮，执行该查询。

思考题

1. 什么是查询？查询有什么功能？
2. 查询有几种类型？
3. 常用的查询向导有几种？
4. 建立查询一般经过几个阶段？
5. 如何使用查询的设计视图？
6. 操作查询分为几种？
7. SQL 语言的功能和特点是什么？

第 4 章　窗体的基本操作

　　窗体就是显示在屏幕上的界面,通常,用户通过窗体完成对数据库的相关操作。窗体可用于接收用户输入的数据或命令,编辑、显示数据库中的数据,构造方便、美观的输入/输出界面,还可以用来控制应用软件的流程。窗体通过被称为控件的图形元素实现与数据库表、查询及 SQL 命令的结合。用户可对窗体中的各种控件进行设置与操作,完成各种任务。Access 2007 提供了各种方便、快速地创建窗体的方式,同时提供了大量的控件方便用户进行窗口的定制设计。

4.1　窗体的基本概念

4.1.1　窗体的组成与结构

　　一个完整的窗体由窗体页眉、页面页眉、主体、页面页脚、窗体页脚 5 个部分(也称为"节")构成,如图 4.1 所示。窗体的各个节在窗体设计视图中依次排列为一些矩形区域,节的名称出现在对应矩形区域的左上方。在设计窗体时,可将要显示的信息放置于不同的矩形区域中,呈现出不同的设计效果。另外,节的大小也是可以调节的。

图 4.1　窗体的组成与结构

　　注意:窗体在新建时,默认只有主体节。

1. 窗体中节的特点

　　窗体中各个节的用途(如表 4.1 所示)各不相同,用户在进行窗体设计时,可根据信息显示的特点将其放置于合适的节中。

表 4.1 窗体中各个节的用途

节	说 明
窗体页眉	它位于窗体顶部位置,一般用于设置窗体的标题、使用说明或打开相关窗体及执行其他任务的命令按钮等
页面页眉	它一般用于设置窗体在打印时每页的页头信息,如每页的标题等
主体	它通常用来显示记录数据,可以在屏幕或页面上只显示一条记录,也可以显示多条记录
页面页脚	它一般用来设置窗体在打印时每页底部的页脚信息,如日期、页码等
窗体页脚	它位于窗体的底部,一般用于显示对所有记录都要显示的内容、使用命令的操作说明等信息

2. 向窗体中添加或删除节

除了默认的主体节外,对于其他的节,用户均可根据需要进行选取。注意:页眉和页脚只能成对添加和删除。如果只需要页眉,而不需要页脚,可以将页脚的高度调整为 0。在删除页眉、页脚时,相应节中的内容将同时被删除。用户可使用以下任一方法进行节的添加与删除。

方法一:在窗体设计视图中右击,弹出如图 4.2 所示的快捷菜单,选择"窗体页眉/页脚"命令,将同时在窗体中添加窗体页眉和窗体页脚两个节。当再次选择"窗体页眉/页脚"命令时,将删除窗体页眉和窗体页脚节。

方法二:首先在设计视图中打开窗体,然后在 Access 功能区的"窗体设计工具"中选择"排列"选项卡,单击"显示/隐藏"组中的"窗体页眉/页脚"按钮,如图 4.3 所示。若"窗体页眉/页脚"处于选中状态,表示添加窗体页眉/页脚成功。若再次单击该按钮,将取消其选中状态,窗体中的窗体页眉和窗体页脚也将同时被删除。

图 4.2 快捷菜单   图 4.3 "显示/隐藏"组

类似的,用户还可以完成页面页眉和页面页脚的添加与删除。

例 4.1 创建一个空白窗体,然后向窗体中依次添加窗体页眉节、窗体页脚节、页面页眉节、页面页脚节,最后删除页面页眉节和页面页脚节。

操作步骤如下:

(1)打开"教学管理系统"数据库。

(2)选择"创建"选项卡,单击"窗体"组中的"窗体设计"按钮,将出现如图 4.4 所示的一个只有主体节的空白窗体,其默认在设计视图中打开。

(3)在窗体的设计区中右击,在弹出的快捷菜单中选择"窗体页眉/页脚"命令,完成窗体页眉和窗体页脚的添加。如果用户看不到添加的节,可以上下拖动窗体的垂直滚动条进

图 4.4　只有主体节的空白窗体

行查看。

（4）在窗体的设计区中再次右击，在弹出的快捷菜单中选择"页面页眉/页脚"命令，完成页面页眉和页面页脚的添加。

（5）在窗体的设计区中右击，在弹出的快捷菜单中选择"页面页眉/页脚"命令，完成页面页眉和页面页脚的删除。

3. 调整窗体中各个节的大小

适当地调整窗体中各个节的高度和宽度可以定制窗体的大小和外观，如图 4.5 所示。

图 4.5　节的高度与宽度的调节

（1）调整宽度。将鼠标指针置于节的右边缘处，如图 4.5(a)所示，当鼠标指针变成双向箭头时，按住鼠标左键左右拖动，可改变窗体的宽度。

（2）调整高度。将鼠标指针置于节的下边缘处，如图 4.5(b)所示，当鼠标指针变成双向箭头时，按住鼠标左键上下拖动，可改变当前节的高度，甚至可以将节的高度调整为 0。

（3）同时调整高度和宽度。将鼠标指针置于节的右下角处，如图 4.5(c)所示，当鼠标指针变成四向箭头时，按住鼠标左键并沿对角按任意方向进行拖动，可同时改变当前节的高度和宽度。

4.1.2　窗体的视图

窗体的视图是窗体的外观表现形式，窗体的不同视图具有不同的功能和应用范围。在 Access 2007 中，窗体有 6 种视图，即窗体视图、设计视图、布局视图、数据表视图、数据透视表视图和数据透视图视图。

在窗体打开后，用户可以使用以下操作之一实现窗体从一种视图切换到另一种视图。

（1）在打开的数据库中选择"开始"选项卡，打开"视图"组中的"视图"下拉菜单，如图4.6所示，选择相应的命令。

（2）右击窗体的标题栏，在弹出的如图4.7所示的快捷菜单中进行相应选择。

图4.6　"视图"下拉菜单　　　　图4.7　视图切换快捷菜单

1. 窗体视图

窗体视图用于显示记录数据，它是窗体运行时的显示格式，主要用于添加或修改表中的数据，如图4.8所示。在窗体视图中一次只能查看一条记录，使用窗口左下方的导航按钮可以在不同的记录页之间进行快速切换。

图4.8　窗体的窗体视图

在数据库的导航窗格中右击要打开的"窗体"对象，在弹出的快捷菜单中选择"窗体视图"命令，将以"窗体视图"方式打开窗体。用户也可以在导航窗格中双击要打开的"窗体"对象，从而以"窗体视图"方式打开窗体。

2. 设计视图

设计视图用于窗体的创建与修改，设计视图如图4.9所示，其中显示的是各种被称为控件的图形元素。在设计视图中，用户可以设置窗体节的高度和宽度、添加或删除控件、对齐

控件、设置字体以及大小、颜色等,完成各种个性化窗体的设计工作。在设计视图中创建或
修改的窗体,可以在其窗体视图或数据表视图中进行查看。

图 4.9 窗体的设计视图

在数据库导航窗格中右击要打开的"窗体"对象,在弹出的快捷菜单中选择"设计视图"
命令,将直接以"设计视图"方式打开窗体。

3. 布局视图

布局视图是 Access 2007 新增的一种窗体对象的视图方式。与设计视图不同的是,在
布局视图(如图 4.10 所示)中,窗体实际上正在运行,所以用户看到的数据与最终浏览结果
的外观非常相似,并且还可以对窗体进行修改。由于在布局视图中修改窗体时,可以同时看
到数据内容,所以非常便于设置控件大小或执行其他影响窗体外观的操作。

图 4.10 窗体的布局视图

在数据库的导航窗格中右击要打开的"窗体"对象,在弹出的快捷菜单中选择"布局视
图"命令,将直接以"布局视图"方式打开窗体。

4. 数据表视图

数据表视图(如图 4.11 所示)以行列方式显示表、查询或窗体数据,因此,用户一次可以查看多条记录。在数据表视图中,可以编辑字段、添加和删除数据、查找数据,使用数据表视图窗口左下角的导航按钮可以在不同的记录行之间进行快速切换。

图 4.11 窗体的数据表视图

5. 数据透视表视图

窗体的数据透视表视图用于汇总和分析数据表或查询中的数据,将由指定视图的行字段、列字段和汇总字段来形成新的显示数据记录。

6. 数据透视图视图

窗体的透视图视图使用图形方式来显示数据,用于显示数据表或查询中数据的图形分析结果。

4.1.3 窗体的分类

1. 纵栏式窗体

纵栏式窗体通常用于输入数据,如图 4.12 所示。在纵栏式窗体中每次只显示表或查询中的一条记录,记录中的各字段纵向排列,每个字段的标签一般都放在字段的左边。

图 4.12 纵栏式窗体

2. 表格式窗体

表格式窗体可以显示表或查询中的所有记录,如图 4.13 所示。在表格式窗体中,记录中的字段横向排列,记录纵向排列,每个字段的标签都放在窗体顶部,通过滚动条可以查看和维护其他所有记录。

图 4.13　表格式窗体

3. 数据表窗体

数据表窗体从外观上看与数据表和查询显示数据的界面相同。数据表窗体的主要作用是作为一个窗体的子窗体。数据表窗体中的每个记录显示为一行,每个字段显示为一列,字段的名称显示在每一列的顶端。

4. 主/子窗体

窗体中的窗体称为子窗体,包含子窗体的窗体称为主窗体。主/子窗体通常用于显示多个具有一对多关系的表或查询中的数据。其中,主窗体只能显示为纵栏式窗体,子窗体可以显示为数据表窗体,也可以显示为表格式窗体。子窗体中还可以创建二级子窗体。

图 4.14 显示了一个带有子窗体的"学生成绩"窗体,主窗体中以纵栏式显示了学生的学号、姓名、性别和专业信息,子窗体中显示的是该学生所修的全部课程的课程号、教师编号和成绩信息。用户可以看到,主窗体和子窗体中拥有各自的导航按钮。

5. 图表窗体

图表窗体利用 Microsoft Graph,以图表方式显示数据表和查询的数据。图表窗体可以单独使用,也可以嵌入到其他窗体中作为子窗体来增强主窗体的功能。Access 2007 提供了多种图表,包括折线图、柱形图、饼图、圆环图、面积图、三维条形图等。

图 4.15 所示的图表窗体中显示的是根据"教学管理系统"数据库中的数据生成的关于各专业党员、群众、团员人数统计情况的柱形图。

6. 数据透视表窗体

数据透视表窗体是一种交互式表,用户可以改变透视表的布局,以满足不同的数据分析方式和要求。数据透视表窗体只有在数据透视表视图下才能正确显示,若切换到其他视图将不能显示。

图 4.14　主/子窗体

图 4.15　图表窗体

图 4.16 所示为在数据透视表视图方式下创建的数据透视表窗体,该窗体显示了不同专业的学生四级通过的具体情况,包括各专业四级通过的人数、各专业四级未通过的人数、四级通过的总人数、未通过的总人数等。

图 4.16　数据透视表窗体

4.2 创建窗体

4.2.1 使用工具创建窗体

Access 2007 提供了多种快速创建窗体的工具。在打开的数据库中选择"创建"选项卡，单击"窗体"组（如图 4.17 所示）中的相应按钮，可以启动相应的工具进行窗体的快速创建。

1. 使用窗体工具直接创建窗体

例 4.2 在"教学管理系统"数据库中，根据"课程"表信息，使用窗体工具自动创建窗体。

操作步骤如下：

（1）打开"教学管理系统"数据库，在导航窗格中选中 图 4.17 "创建"选项卡的"窗体"组 "课程"表对象。

（2）选择"创建"选项卡，单击"窗体"组中的"窗体"按钮，即可自动创建基于"课程"表的窗体，窗体默认以布局视图方式显示。如图 4.18 所示，"课程"表中的所有字段信息都放置在该窗体上，并且在窗体显示数据的同时，可以进行设计方面的更改。

图 4.18 "课程"窗体

2. 使用分割窗体工具创建分割窗体

分割窗体是 Access 2007 中新增的功能，它可以同时提供数据的窗体视图和数据表视图两种显示方式。两种视图都连接到同一个数据源，并总是保持同步。如果在窗体的一个部分中选择了一个字段，则窗体另一部分中的相同字段也将被选中，并且从任一部分进行数据的添加、编辑或删除操作，窗体的另一部分中的数据也将同时发生改变。

例 4.3 在"教学管理系统"数据库中，根据"学生"表信息创建分割窗体。

操作步骤如下：

（1）打开"教学管理系统"数据库，在导航窗格中选中"学生"表对象。

（2）选择"创建"选项卡，单击"窗体"组中的"分割窗体"按钮，即可自动创建基于"学生"表的分割窗体，该窗体默认以布局视图方式显示。

如图 4.19 所示，窗体的上半部分为窗体视图，下半部分为数据表视图，两个视图中当前选中并可以进行编辑的记录均为"周丽丽"的。

3. 使用多个项目工具创建窗体

例 4.4 在"教学管理系统"数据库中，根据"学生"表信息创建多项目窗体。

图4.19 分割窗体

操作步骤如下：

（1）打开"教学管理系统"数据库，在导航窗格中选中"学生"表对象。

（2）选择"创建"选项卡，单击"窗体"组中的"多个项目"按钮，即可自动创建基于"学生"表的多项目窗体，该窗体默认以布局视图方式显示。

如图4.20所示，使用多项目工具创建的窗体为表格式窗体。

图4.20 多项目窗体

4.2.2 使用"窗体向导"创建窗体

1."窗体向导"的启动

在打开的数据库中选择"创建"选项卡，单击"窗体"组中的"其他窗体"按钮，在弹出的下拉菜单中选择"窗体向导"命令，将启动"窗体向导"。

2. 使用"窗体向导"创建窗体的步骤

"窗体向导"引导用户通过以下 4 个步骤完成窗体的创建。

(1) 确定窗体上数据的来源。确定窗体上使用哪些表或查询中的哪些字段,窗体上使用的数据可以来源于多个不同的表或查询。

(2) 确定窗体布局。Access 2007 提供了纵栏表、表格、数据表和两端对齐 4 种布局方式供用户选择。

(3) 确定窗体样式。窗体样式决定了窗体的文字、颜色、边框等的风格,Access 2007 提供了大量的窗体样式。

(4) 指定窗体标题。窗体标题用于指定当窗体以"窗体视图"显示时,标题栏中出现的文字以及窗体页眉区中显示的文字信息。

例 4.5　使用"窗体向导",在"教学管理系统"数据库中创建一个名为"学生基本信息"的"纵栏式"窗体显示"学生"表信息,窗体样式为"活力"、标题为"学生基本信息"。

操作步骤如下:

(1) 打开"教学管理系统"数据库。

(2) 启动"窗体向导"。选择"创建"选项卡,单击"窗体"组中的"其他窗体"按钮,在弹出的下拉菜单中选择"窗体向导"命令启动"窗体向导",弹出"窗体向导"对话框之一,如图 4.21 所示。

图 4.21　"窗体向导"对话框之一

(3) 设置窗体上的数据源为"学生"表的全部字段。在"表/查询"组合框中选择"表:学生"选项,在"可用字段"列表框中将出现"学生"表的所有字段供用户选择。单击">>"按钮,"学生"表的所有字段将出现在"选定字段"列表框中。

说明:用户也可以通过单击">"按钮或"<"按钮,向"选定字段"列表框中添加或删除字段。如果数据源涉及多个表,则在"表/查询"下拉列表框中进行多次选择,依次将"可用字段"列表框中的选定字段添加到"选定字段"列表框中。

单击"下一步"按钮,进入"窗体向导"对话框之二,如图 4.22 所示。

(4) 确定窗体布局为纵栏式。在"请确定窗体使用的布局"选项组中选中"纵栏表"单选按钮,然后单击"下一步"按钮,进入"窗体向导"对话框之三,如图 4.23 所示。

图 4.22 "窗体向导"对话框之二

图 4.23 "窗体向导"对话框之三

(5)确定窗体样式为"活力"。在"请选择所用样式"列表框中选择"活力"选项,单击"下一步"按钮,进入"窗体向导"对话框之四,如图 4.24 所示。

图 4.24 "窗体向导"对话框之四

（6）在文本框中输入窗体标题"学生基本信息"。默认情况下，"打开窗体查看或输入信息"单选按钮处于选中状态，此时单击"完成"按钮，将在窗体视图中打开窗体，结果如图4.25所示。如果希望修改窗体的设计，则可在如图4.24所示的对话框中选中"修改窗体设计"单选按钮，然后单击"完成"按钮，将窗体在设计视图中打开。

学生基本信息	
学生基本信息	
学号	08030005
姓名	王志峰
性别	男
出生日期	1990-9-10
政治面貌	群众
专业	会计
四级通过	□
简历	主持过演讲比赛
照片	

记录: ◄ ◄ 第1项(共10项) ► ►► 🔅 无筛选器 搜索

图4.25 "窗体向导"生成的"学生基本信息"窗体

例4.5所创建窗体中的数据来源于一个数据表，下面使用"窗体向导"创建一个稍微复杂一些的窗体，该窗体上的数据分别来自于"学生"表和"成绩"表。

例4.6 使用"窗体向导"，在"教学管理系统"数据库中创建一个如图4.14所示的"学生成绩"主/子窗体。其中，学号、姓名、性别和专业信息来自于"教学管理系统"数据库的"学生"表，成绩明细中的课程号、教师编号和成绩信息来源于数据库中的"成绩"表。

注意：在创建该窗体之前，必须先建立"学生"表与"成绩"表之间的关系。

操作步骤如下：

（1）打开"教学管理系统"数据库。

（2）建立"学生"表与"成绩"表之间的关系。选择"数据库工具"选项卡，单击"显示/隐藏"组中的"关系"按钮，如图4.26所示，弹出"关系"对话框。建立"学生"表与"成绩"表之间的一对多关系，结果如图4.27所示。如果"关系"对话框中显示"学生"表与"成绩"表之间的关系已经建立，则直接转到步骤（3）。

图4.26 "关系"按钮

图4.27 表间关系

（3）启动"窗体向导"。选择"创建"选项卡，单击"窗体"组中的"其他窗体"按钮，在弹出的下拉菜单中选择"窗体向导"命令，启动"窗体向导"，弹出"窗体向导"对话框之一。

（4）设置窗体上的数据源。

① 选择"学生"表的相关字段。在"表/查询"组合框中选择"表：学生"选项，然后在"可用字段"列表框中选择"学号"，单击">"按钮，选择"姓名"，单击">"按钮，选择"性别"，单击">"按钮，选择"专业"，单击">"按钮。至此，"学生"表的"学号"、"姓名"、"性别"和"专业"字段出现在"选定字段"列表框中。

② 选择"成绩"表的相关字段。在"表/查询"组合框中选择"表：成绩"选项，在"可用字段"列表框中选择"课程号"，单击">"按钮，"课程号"字段将出现在"选定字段"列表框中，然后依次将"教师编号"、"成绩"字段添加到"选定字段"列表框中，结果如图 4.28 所示。

图 4.28　设置窗体上的数据源

（5）单击"下一步"按钮，弹出"窗体向导"对话框之二，确定查看数据的方式，如图 4.29 所示。

图 4.29　确定查看数据的方式

系统默认选择查看数据的方式为"通过学生"，并选中"带有子窗体的窗体"单选按钮，单击"下一步"按钮，弹出"窗体向导"对话框之三，确定子窗体使用的布局，如图 4.30 所示。

图 4.30　确定子窗体使用的布局

（6）在此选择子窗体使用的布局为"数据表"，然后单击"下一步"按钮，弹出"窗体向导"对话框之四。

（7）选择窗体的样式为"活力"，单击"下一步"按钮，弹出"窗体向导"对话框之五，为窗体指定标题，如图 4.31 所示。

图 4.31　为窗体指定标题

（8）在此输入主窗体标题为"学生成绩"、子窗体标题为"成绩明细"，然后单击"完成"按钮。至此，如图 4.14 所示的学生成绩主/子窗体创建完毕。此时，在数据库的导航窗格中，用户可以看到新添加了"成绩明细"和"学生成绩"两个窗体对象，并且前者是后者的子窗体。

4.2.3　创建数据透视表窗体

例 4.7　在"教学管理系统"数据库中创建如图 4.16 所示的数据透视表窗体，窗体对象名称为"各专业四级通过情况"。

操作步骤如下：

（1）打开"教学管理系统"数据库，在导航窗格中选中"学生"表对象。

（2）选择"创建"选项卡，单击"窗体"组中的"其他窗体"按钮，在弹出的下拉菜单中选择

"数据透视表"命令,打开如图4.32所示的数据透视表视图和如图4.33所示的"数据透视表字段列表"对话框。

图 4.32　空白的数据透视表

说明:数据透视表分为"筛选区域"、"行区域"、"列区域"和"明细区域"4个区域。

- 筛选区域:通过该区域中的字段对数据进行第一次筛选,将符合条件的数据进行汇总计算。
- 行区域:在该区域中可以有多个行字段。
- 列区域:在该区域中可以有多个列字段。
- 明细区域:在该区域中可以同时显示明细数据和汇总数据。

(3) 从"数据透视表字段列表"对话框中将"专业"字段拖动到数据透视表的行字段位置,将"四级通过"字段拖动到列字段位置,结果如图4.34所示。

图 4.33　"数据透视表字段列表"对话框

图 4.34　设置行列位置的字段

(4) 将"学号"字段和"姓名"字段依次拖动到汇总或明细位置,结果如图4.35所示。

(5) 将"学号"字段拖动到"总计"列中,结果如图4.36所示。

说明:单击数据透视表中的"-"按钮可以隐藏明细数据,隐藏所有明细后的结果如图4.37所示;单击数据透视表中的"+"按钮可以再次显示明细数据。

(6) 保存窗体。单击"保存"按钮 ,在弹出的如图4.38所示的 Access 对话框中,单击"是"按钮,在随后弹出的如图4.39所示的"另存为"对话框中输入窗体的名称"各专业四级通过情况",然后单击"确定"按钮。

图4.35 设置汇总或明细数据

专业	四级通过 FALSE 学号	姓名	TRUE 学号	姓名	总计 学号 的计数
工商			08040002	陈宏时	1
			1		
会计	08030005 王志峰 09030003	杨雪	09030004	李倩	3
	2		1		
金融	09020001	张斌	09020002	王小杰	2
	1		1		
经济	09010002 张云飞 09010004	李晓红	09010001 周丽丽 09010003	陈志明	4
	2		2		
总计	5		5		10

图4.36 设置"总计"数据列

专业	四级通过 FALSE 学号 的计数	TRUE 学号 的计数	总计 学号 的计数
工商		1	1
会计	2	1	3
金融	1	1	2
经济	2	2	4
总计	5	5	10

图4.37 隐藏明细数据后的结果

图4.38 Access对话框

图4.39 "另存为"对话框

4.2.4 创建数据透视图窗体

例4.8 在"教学管理系统"数据库中创建一个如图4.15所示的数据透视图窗体,窗体名为"各专业政治面貌情况"。

操作步骤如下:

(1) 打开"教学管理系统"数据库,在导航窗格中选中"学生"表对象。

(2) 选择"创建"选项卡,单击"窗体"组中的"数据透视图"按钮,打开如图4.40所示的数据透视图窗体和如图4.41所示的"图表字段列表"对话框。

图4.40 空白的数据透视图

图4.41 "图表字段列表"对话框

(3) 将各字段分别从"图表字段列表"对话框中拖动到数据透视图窗体的相应位置。在此将"专业"字段拖动到"分类"区,将"政治面貌"字段拖动到"系列"区,将"学号"字段拖动到"数据"区,结果如图4.42所示。

(4) 设置纵坐标、横坐标的标题。

① 选中数据透视图窗体左侧的"坐标轴标题"区域,然后选择"数据透视图工具"下的"设计"选项卡,单击"工具"组中的"属性表"按钮,弹出"属性"对话框,如图4.43(a)所示。接着选择"属性"对话框的"格式"选项卡,将标题改为"人数",如图4.43(b)所示。

② 选中数据透视图窗体底部的"坐标轴标题"区域,然后选择"数据透视图工具"下的"设计"选项卡,单击"工具"组中的"属性表"按钮,弹出"属性"对话框,如图4.44(a)所示。接着选择"属性"对话框的"格式"选项卡,将标题改为"专业",如图4.44(b)所示。

(5) 单击"显示/隐藏"组中的"图例"按钮,设置以图例方式显示"系列"数据。

(6) 取消"显示/隐藏"组中的"拖放区域"的选中状态。

(7) 单击"保存"按钮，将窗体保存为"各专业政治面貌情况"。

图 4.42 设置各区数据结果

图 4.43 设置数值轴标题

图 4.44 设置分类轴标题

4.2.5 切换面板管理器

切换面板是 Access 中的一类特殊窗体,它能够将一组窗体和报表组织在一起形成一个统一的用户界面。用户只需要在切换面板上进行相应的选择,就能打开其他的切换面板或指定的窗口和报表。图 4.45 所示为"教学管理系统"数据库创建的一个切换面板窗体,当用户单击窗体上的不同按钮时,将打开数据库中不同的窗体。使用 Access 提供的"切换面板管理器"向导可以方便地实现切换面板的创建和设计。

图 4.45 "教学管理系统"的切换面板

1. 新建切换面板

(1) 启动"切换面板管理器"向导。在打开的数据库中选择"数据库工具"选项卡,单击"数据库工具"组中的"切换面板管理器"按钮(如图 4.46 所示),即可启动"切换面板管理器"向导进行切换面板的创建。

(2) 若系统弹出如图 4.47 所示的对话框,提示"切换面板管理器在该数据库中找不到有效的切换面板。是否创建一个?",单击"是"按钮。

图 4.46 启动"切换面板管理器"　　　图 4.47 "切换面板管理器"提示对话框

(3) 在切换面板管理器中新建"切换面板页"。在切换面板管理器(如图 4.48 所示)中单击"新建"按钮,在弹出的"新建"对话框(如图 4.49 所示)中输入新的"切换面板页名",单击"确定"按钮,将在"切换面板管理器"窗口的"切换面板页"中添加一个新的页面。

(4) 选择某切换面板页进行编辑,在其上添加或编辑"切换面板页上的项目"。

在"切换面板管理器"的"切换面板页"列表中,选择要编辑的页面(默认选择"主切换面板"),然后单击"编辑"按钮,弹出如图 4.50 所示的"编辑切换面板页"对话框。用户可以修改切换面板的名称,也可单击"新建"按钮,弹出"编辑切换面板项目"对话框,向当前切换面板页添加新项目。

图 4.48 切换面板管理器

图 4.49 "新建"对话框　　　　　　图 4.50 "编辑切换面板页"对话框

在"编辑切换面板项目"对话框中根据需要选择表 4.2 中的不同命令对切换面板中的具体项目进行设置。

表 4.2 切换面板项目中各选项的说明

选　项	说　明
转至切换面板	打开另一个切换面板
在"添加"模式下打开窗体	在数据输入模式下打开一个窗体
在"编辑"模式下打开窗体	在添加、删除和编辑模式下打开一个窗体
打开报表	打开一个指定的报表
设计应用程序	打开切换面板管理器编辑切换面板
退出应用程序	
运行宏	执行一个在"宏"框中指定的宏
运行代码	执行一段在"函数名"中指定的 VB 代码

（5）完成所有的页及页面上项目的创建工作后，关闭切换面板管理器。

2. 修改已有的切换面板

（1）在打开的数据库中选择"数据库工具"选项卡，单击"数据库工具"组中的"切换面板管理器"按钮。

（2）单击要编辑的切换面板，然后单击"编辑"按钮，弹出"编辑切换面板页"对话框。

（3）在"切换面板上的项目"列表框中单击要修改的项目，然后选择"编辑"、"删除"、"向上移"或"向下移"按钮完成相应的操作。

（4）在完成了项目的修改后，单击"关闭"按钮。

3. 设置切换面板窗体为数据库的启动窗体

若需要在数据库启动时运行切换面板窗体，则单击 Office 按钮 ，然后单击 Access 选项(I) 按钮，弹出"Access 选项"对话框。选择"当前数据库"类别，如图 4.51 所示，将"显示窗体"设置为"切换面板"即可。

图 4.51 "Access 选项"对话框

在前面的例子中，已经创建了"学生基本信息"、"学生成绩"、"各专业政治面貌情况"、"各专业四级通过情况"4 个窗体，下面使用"切换面板管理器"为"教学管理系统"创建一个主切换面板，通过该切换面板来实现上述 4 个窗体的打开。

例 4.9 使用"切换面板管理器"向导，在"教学管理系统"数据库中创建一个如图 4.45 所示的切换面板，并指定该切换面板窗体为启动窗体。当分别单击窗体中的前 4 个按钮时，将分别打开"学生基本信息"、"学生成绩"、"各专业政治面貌情况"、"各专业四级通过情况"窗体，单击最后一个按钮，将关闭"教学管理系统"数据库并退出 Access。

操作步骤如下：

（1）打开"教学管理系统"数据库。

（2）选择"数据库工具"选项卡，单击"数据库工具"组中的"切换面板管理器"按钮，弹出一个对话框，提示"切换面板管理器在该数据库中找不到有效的切换面板。是否创建一个？"，单击"是"按钮，即可启动"切换面板管理器"向导。

（3）在切换面板管理器中默认选择"主切换面板"，单击"编辑"按钮，弹出如图 4.52 所示的"编辑切换面板页"对话框，将切换面板的名称改为"教学管理系统"。

（4）在切换面板上新建项目并进行相关设置。

① 在如图 4.52 所示的"编辑切换面板页"对话框中单击"新建"按钮，弹出"编辑切换面板项目"对话框，在"文本"框中输入"打开'学生基本信息'"，在"命令"下拉列表框中选择命令类型为"在'编辑'模式下打开窗体"，如图 4.53 所示，此时，在"命令"框下方将出现"窗体"下拉列表框。

图 4.52 "编辑切换面板页"对话框

图 4.53 "编辑切换面板项目"对话框之选择命令类型

② 在"窗体"下拉列表框中选择"学生基本信息",如图 4.54 所示,然后单击"确定"按钮,返回"编辑切换面板页"对话框,可见,"教学管理系统"切换面板页上成功添加了一个新项目——打开"学生基本信息",如图 4.55 所示。

图 4.54 "编辑切换面板项目"对话框之选择窗体

图 4.55 成功添加一个新项目

（5）重复步骤（4），在"主切换面板"上完成后面 3 个项目的添加。

（6）在"教学管理系统"切换面板页上添加一个"退出"项目。在"教学管理系统"切换面板页上，按图 4.56 所示设置一个"退出"项目，单击"确定"按钮，返回"编辑切换面板页"对话框，结果如图 4.57 所示。

图 4.56 添加"退出"项目

图 4.57 5 个项目添加完毕

（7）在"编辑切换面板页"对话框中单击"关闭"按钮，返回"切换面板管理器"窗体，再次单击"关闭"按钮。

如图 4.58 所示，在数据库的导航窗格中可以看到，数据库中新增了一个名为"Switchboard Items"的表对象和一个名为"切换面板"的窗体对象。

至此，"教学管理系统"数据库的切换面板创建完成。双击导航窗格中的"切换面板"窗体对象，将出现如图 4.45 所示的"切换面板"窗体。

（8）将"切换面板"窗体设置为数据库的启动窗体。单击 Office 按钮，然后单击 Access 选项 按钮，弹出"Access 选项"对话框，选择"当前数据库"类别，将"显示窗体"设置为"切换面板"。

最后关闭"教学管理系统"数据库，当再次打开"教学管理系统"数据库时，将自动打开"切换面板"窗体。

图 4.58 新建切换面板后出现的对象

4.3 使用设计器创建窗体

窗体的设计视图是创建窗体以及编辑窗体的窗口。使用设计视图创建窗体是一种比较灵活的方法，用户可以根据需要选取所需的字段（不一定是数据表的全部字段），根据需要在窗体上绘制不同的控件，并根据需要设置窗体的布局（包括字体、颜色、边框的设置）。

在打开的数据库中选择"创建"选项卡，单击"窗体"组中的"窗体设计"按钮，将在设计视图中创建一个只有主体节的空白窗体。然后,用户可使用"窗体设计工具"中的各种工具进行窗体的设计。

若用户要对一个已经存在的窗体进行编辑,可以在数据库的导航窗格中右击该窗体对象,然后在弹出的快捷菜单中选择"设计视图"命令,在设计视图中打开该窗体对象。

4.3.1 控件工具组

当窗体以设计视图打开时,在"窗体设计工具"的"设计"选项卡下的"控件"组中将看到如图 4.59 所示的控件按钮。

图 4.59 Access 2007 的控件工具组

通过这些控件按钮,用户可以向窗体中添加各种被称为控件的图形元素,各控件的具体功能见表 4.3。

表 4.3 控件工具组中的控件按钮及其功能

按　钮	名　称	功　能
	全选	选择全部控件
	选择	该按钮处于选中状态时,可以对控件进行选择、调整、移动和编辑
	使用控件向导	该按钮处于选中状态时,添加控件时可启动控件向导
	徽标	用于将图片作为徽标插入窗体或报表
	标题	用于在窗体或报表中插入标题信息
	页码	用于在窗体或报表中插入页码信息
	日期和时间	用于在当前窗体或报表中插入日期和时间
	文本框	用于创建进行数据输入或显示的文本框控件
	标签	用于创建包含固定文本的标签控件
	按钮	用于创建能够激活宏或 Visual Basic 过程的命令按钮
	组合框	用于创建包含一个列表和一个可编辑文本框的组合框控件
	列表框	用于创建包含一系列选项的列表框控件
	子窗体/子报表	用于向当前窗体中嵌入另一个窗体
	直线	用于向窗体添加直线
	矩形	用于向窗体中添加填充的或空的矩形
	绑定对象框	用于在窗体中使用 ActiveX 对象
	选项组	用于创建选项组控件,其中可包含多个切换按钮、选项按钮或复选框
	复选框	用于创建复选框控件。当其处于选中状态时,显示为含有对号的正方形

续表

按　钮	名　称	功　能
	选项按钮	用于创建单选按钮控件。当其处于选中状态时,显示为带圆点的圆圈
	切换按钮	用于创建切换按钮控件
	选项卡	用于在窗体中创建一系列选项卡,每个选项卡页可包含其他的控件
	插入页	用于向选项卡中添加新的页
	插入图表	用于向窗体或报表中插入图表对象
	未绑定对象框	用于添加来自其他应用程序的对象,包括图表、图像、视频、声音文件
	图像	用于在窗体中放置静止的图片
	插入或删除分页符	用于向多页窗体的页间添加分页符
	插入超链接	用于创建指向网页、图片、电子邮件地址或程序的链接
	附件	用于添加附件控件,可以绑定具有附件功能的字段
	线条宽度	用于选择插入线条的宽度
	线条类型	用于选择插入线条的类型,如实线、虚线等
	线条颜色	用于设置插入线条的颜色效果
	特殊效果	用于设置控件的显示效果,如阴影、平面等
	设置为控件默认值	用于将所选控件的属性设置为默认值
	ActiveX 控件	用于向窗体或报表中添加 ActiveX 控件

说明:Access 2007 与其早期版本相比,其控件没有发生质的变化,只是增加了少量控件。

4.3.2　字段列表

通过使用"字段列表",用户可以非常方便地向窗体中添加数据绑定型控件(相关概念见4.4.1节)。在窗体的设计视图中,通过单击"设计"选项卡的"工具"组中的"添加现有字段"按钮，可打开"字段列表"对话框。

例 4.10　使用窗体设计器创建一个"学生信息浏览"窗体,显示"学生"表中的学号、姓名、性别、四级通过信息。窗体的运行结果如图 4.60 所示。

图 4.60　"学生信息浏览"窗体的运行结果

操作步骤如下：

（1）打开"教学管理系统"数据库。

（2）选择"创建"选项卡，单击"窗体"组中的"窗体设计"按钮，在设计视图中创建一个只有主体节的空白窗体。

（3）选择"设计"选项卡，单击"工具"组中的"添加现有字段"按钮 ，将显示"字段列表"对话框。若如图 4.61(a)所示，表示目前没有可用于当前窗体的字段。在"字段列表"对话框中单击"显示所有表"，并展开"学生"表的所有字段，如图 4.61(b)所示，显示可用于当前窗体的其他表中的字段。

(a)　　　　　　　　　(b)

图 4.61 "字段列表"对话框

（4）将"字段列表"对话框中的"学号"字段拖到窗体的"主体"节区域，结果如图 4.62所示。

图 4.62 添加字段

然后依次将"字段列表"对话框中的"姓名"、"性别"、"四级通过"字段拖到"主体"节的适当位置，如图 4.63 所示，在此共添加 4 个标签、3 个文本框和一个复选框控件对象。

（5）单击"保存"按钮，将窗体保存为"学生信息浏览"。

（6）查看窗体的运行结果。

右击"设计视图"窗口的标题栏，在弹出的快捷菜单中选择"窗体视图"命令，适当调整窗

图 4.63 "学生信息浏览"窗体的设计结果

体的大小后,结果如图 4.60 所示。

注意:该窗体的标题栏上显示的窗体标题为"学生信息浏览",与该窗体对象的名称相同。

在"学生信息浏览"窗体中,用户可以通过单击导航按钮进行记录的浏览、添加等操作,还可以对当前窗体中显示的记录进行修改,所有被修改、添加的记录都会保存到"学生"表中。

4.3.3 "属性表"对话框

窗体、窗体的每个组成部分(节)、窗体上的每个控件对象,都有一系列与之相关的属性,例如大小、颜色、字体、高度、宽度等。用户可以通过"属性表"对话框(如图 4.64 和图 4.65所示)查看控件对象的属性,并对属性值进行设置与修改。

图 4.64 窗体的"属性表"对话框

图 4.65 文本框控件的"属性表"对话框

1. 打开"属性表"对话框

打开控件的"属性表"对话框的途径有很多,具体介绍如下:

(1) 右击设计区中的控件,在弹出的快捷菜单中选择"属性"命令。

（2）在窗体设计区选定控件对象，单击"设计"选项卡的"工具"组中的"属性表"按钮 。

（3）在窗体设计区中选定控件对象，按 F4 键。

（4）双击某个控件对象，将打开该控件对象的"属性表"对话框。

（5）双击窗体的"窗体选择器"区域。

注意：以上操作均在窗体的设计视图中完成。

2. "属性表"对话框的构成

在"属性表"对话框上部的"控件对象列表"中可以选择不同的控件对象。"控件对象列表"中显示的是当前被选中的对象的名称，"控件对象列表"上方的文字显示的是当前被选中对象的类型。图4.65所示的"属性表"对话框显示的是一个名为"学号"的文本框对象的属性，而图4.64所示的"属性表"对话框显示的是当前"窗体"对象的属性。

说明：在"属性表"对话框的"控件对象列表"中被选中的控件对象，其在窗体的设计视图中的图形元素也会被相应选中，会被一些控制方块所包围。

"属性表"对话框的主体部分由5个选项卡构成。

（1）"格式"选项卡。该选项卡中列出了控件与格式有关的所有属性。

（2）"数据"选项卡。该选项卡中列出了控件与数据有关的所有属性。

（3）"事件"选项卡。该选项卡中列出了能对控件事件做出反应的所有属性。

（4）"其他"选项卡。该选项卡中列出了不属于"格式"、"数据"和"事件"选项卡的一些辅助属性。

（5）"全部"选项卡。该选项卡中列出了前4个选项卡中的所有属性。

3. 属性值的设置

（1）直接输入属性值。在属性列表中单击要设置的属性，然后在属性框中输入一个值或表达式可以设置该属性。

（2）从下拉列表框中选择一个值。如果属性框中显示有 箭头，用户也可以单击该箭头，从下拉列表框中选择一个值。

（3）使用"生成器"对话框设置属性值。如果属性框的旁边显示有"生成器"按钮 ，单击该按钮可以显示一个生成器或显示一个可以选择生成器的对话框，通过该对话框可以进行属性值的设置。

表4.4中列出了窗体的部分重要属性及其说明。

表 4.4　窗体属性及其说明

属　　性	说　　明
记录源	用于指定窗体的数据来源，可以是表或查询的名称
标题	用于指定窗体的名称
默认视图	用于指定窗体中记录的显示情况。其中，在"单个窗体"方式下，窗体中一次只能显示一条记录；在"连续窗体"方式下，窗体中可同时显示多条记录
滚动条	用于指定滚动条的形式
记录选择器	用于设置是否显示记录选择器，默认值为"是"
导航按钮	用于设置是否显示导航按钮，默认值为"是"
分隔线	用于设置是否显示记录分隔线，默认值为"否"

续表

属 性	说 明
图片	用于设置窗体的背景图片
允许编辑	用于设置是否可通过窗体控件对记录数据进行编辑操作,默认值为"是"
允许删除	用于设置是否可通过窗体控件对记录数据进行删除操作,默认值为"是"
允许添加	用于设置是否可通过窗体控件对记录数据进行添加操作,默认值为"是"
数据输入	用于设置是否在打开窗体时只显示一条空白记录,默认值为"否"

下面将以窗体对象为例,介绍"属性表"对话框中属性值的设置。

例 4.11 对例 4.10 中创建的"学生信息浏览"窗体,按要求做以下修改:将窗体的标题设置为"学生基本信息",取消窗体上的滚动条,取消记录的选定标记,设置该窗体只能进行记录的查看,不能进行记录的添加、编辑和删除操作,使窗体运行时自动出现在主窗体的正中间。

操作步骤如下:

(1) 在设计视图中打开"学生信息浏览"窗体。在数据库的导航窗格中右击"学生信息浏览"窗体对象,在弹出的快捷菜单中选择"设计视图"命令。

(2) 打开窗体的"属性表"对话框。双击窗体的"窗体选择器"区域,系统默认显示的是窗体的"属性表"对话框。

(3) 设置窗体的格式属性。在"属性表"对话框中选择"格式"选项卡,如图 4.66(a)所示,在"标题"栏中直接输入"学生基本信息",在"自动居中"下拉列表框中选择"是"。如图 4.66(b)所示,在"记录选择器"下拉列表框中选择"否",在"滚动条"下拉列表框中选择"两者均无"。

(4) 设置窗体的数据属性。在"属性表"对话框中选择"数据"选项卡,如图 4.67 所示,在"允许添加"、"允许删除"和"允许编辑"属性的下拉列表框中均选择"否"。

(a)　　　　　　　　(b)

图 4.66　设置窗体的格式属性

图 4.67　设置窗体的数据属性

（5）单击"保存"按钮，保存对窗体所做的修改，然后关闭当前窗体。

（6）查看窗体的运行效果。双击数据库导航窗格中的"学生信息浏览"窗体对象，将在主窗体正中间弹出"学生信息浏览"窗体，适当调整大小后，结果如图4.68所示。

图4.68 修改后的"学生信息浏览"窗体的运行结果

说明：对比修改前后窗体的运行结果，用户可以看到窗体标题已经更改为"学生基本信息"，窗体的滚动条已经不见了，导航按钮中的"新（空白）记录"按钮 变成 ，表明不可进行记录的添加，而且窗体上的信息只能查看不能更改，该窗体成为一个真正意义上的只能进行记录浏览的窗体。

例4.12 对例4.10创建的"学生信息浏览"窗体继续进行修改，使其以如图4.69所示的方式显示信息。该窗体中字段的标题显示在窗体的上部，窗体上显示多条记录内容，每条记录以行的排列显示，结果保存为"学生信息浏览-表格式"。

图4.69 "学生信息浏览-表格式"窗体的运行结果

（1）在"教学管理系统"数据库的导航窗格中右击"学生信息浏览"窗体对象，在弹出的快捷菜单中选择"设计视图"命令，将在设计视图中打开该窗体，将窗体另存为"学生信息浏览-表格式"。

（2）在窗体中添加窗体页眉/页脚。选择"窗体设计工具"的"排列"选项卡，单击"显示/隐藏"组中的"窗体页眉/页脚"按钮，向窗体中添加窗体页眉和窗体页脚节。

（3）按住Shift键不放，然后依次单击主体节中的各个标签控件，将其全部选中，如

图 4.70 所示。

图 4.70　选择所有的标签控件

（4）将选定的标签从主体节挪到窗体页眉中。按 Ctrl＋X 组合建，从主体节中将所有的标签控件剪切，然后在窗体页眉区单击，按 Ctrl＋V 组合键，将剪切的标签粘贴到窗体页眉区。

（5）适当调整窗体页眉区标签的位置、大小，以及页眉的高度；适当调整主体节中各数据绑定控件的位置、大小，以及主体节的高度。由于窗体页脚中没有内容，可将窗体页脚的高度调整为 0，结果如图 4.71 所示。

图 4.71　"学生信息浏览-表格式"窗体的修改结果

（6）设置窗体的相关属性。在窗体的"属性表"对话框的"格式"选项卡中，将窗体的"默认视图"属性（默认为"单个窗体"）设置为"连续窗体"，将"分隔线"属性设置为"是"，将"记录选择器"属性设置为"是"。

（7）保存所做的修改，在窗体视图中查看结果。

说明：本例涉及控件的基本操作，相关知识点请参见 4.4.1 节。

4.4 窗体控件

在例 4.10 中,大家已经见到并用到了部分控件,如标签控件、文本框控件及复选框控件。那么,什么是控件? 如何使用控件? 本节将对此进行详细的介绍。

4.4.1 控件及其基本操作

1. 控件类型

控件是一种用来显示窗体中的数据,完成预定的命令或调整布局的图形元素。控件的类型可以分为绑定控件、非绑定控件与计算控件。

(1) 绑定控件。绑定控件主要用于显示、输入、更新数据库中的字段。例如,例 4.10 中向窗体添加的 3 个文本框对象(如图 4.72 所示)就是绑定型的,它们分别与"学生"表的"学号"、"姓名"、"性别"字段内容绑定,可以实现"学号"、"姓名"、"性别"字段内容的浏览。当修改文本框中的内容时,修改的结果也将同时反映到"学生"表中。绑定控件有控件来源属性,属性值为表或查询中的字段的名称。

图 4.72 "学生信息浏览"窗体的设计视图

(2) 非绑定控件。非绑定控件没有数据源,可以用来显示信息、线条、矩形或图像。例如,例 4.10 中向窗体添加的 4 个标签(如图 4.72 所示)对象就是非绑定的,即没有和数据源进行绑定,它们的内容不会因为记录的变化而改变。

(3) 计算控件。计算控件用表达式作为数据源。在表达式中可以使用表或查询字段中的数据,也可以使用其所在窗体上其他控件的数据。计算控件也有控件来源属性,但其值为表达式(必须是以等号开头的合法的 Access 表达式)。

使用控件的基本步骤为:添加控件→设置控件的属性→调整控件。

2. 添加控件

在窗体的设计视图中选择"设计"选项卡,单击"控件"组中的相应控件按钮,可以向窗体中添加不同的控件。

(1) 添加单个控件。在"控件"组中单击要添加的控件按钮,然后在窗体中要放置控件的位置单击即可完成控件的添加。

(2) 添加多个相同控件。在"控件"组中双击要添加的控件按钮锁定该控件,然后在窗体上多次单击,即可向窗体中多次添加同一种控件,而无须多次单击"控件"组中的某个按钮。按 Esc 键可以解除对"控件"组中该控件按钮的锁定。

（3）使用控件向导。若"控件"组中的 ⚙️ 使用控件向导 按钮处于选中状态,则向窗体上添加文本框、命令按钮、列表框、组合框等控件时,Access 将自动打开相应控件的向导,用户可根据控件向导的提示完成控件的添加以及属性值的设置。

说明:在添加控件时,如果不使用"控件向导",应使控件向导按钮为弹起状态。

3. 设置控件属性

（1）用户可以在控件的"属性表"对话框中进行控件属性的设置。关于在"属性表"对话框中设置属性值的方法,在前面章节中已经详细介绍,此处省略。

（2）用户也可以在"控件向导"中设置控件的属性。

（3）用户还可以通过"窗体设计工具"中的相关工具对控件的格式、布局、对齐方式、大小、位置等属性进行设置。在"设计"选项卡的"字体"组中,可以对控件的字体、前景色 🔺、背景色 🔸、粗体 **B**、斜体 *I*、下划线 U、左对齐 ▤、居中 ▦、右对齐 ▥ 等属性进行设置。在"网格线"组中可以对线条、边框颜色 ✏️、线条、边框宽度 ▤、线条、边框样式 ▤ 等属性进行设置。

4. 调整控件

如果用户对窗体中控件的布局、大小以及间距等不满意,可以选中需要调整的控件,然后打开控件的"属性表"对话框,对相关的格式属性进行调整,也可以直接使用"窗体设计工具"的"排列"选项卡(如图 4.73 所示)中的工具进行调整。

图 4.73 "窗体设计工具"的"排列"选项卡

（1）选择控件。单击窗体中控件的任意位置即可选中控件,若控件有附加标签,则会同时选中附加标签。例如,例 4.10 中创建的"学生信息浏览"窗体,当选中"性别"文本框时,对应的标签也会被同时选中。如图 4.74 所示,被选中的控件将被 8 个控制块所包围。

性别: 性别

图 4.74 控件处于选中状态

若要选择多个控件,可按住 Shift 键不放,然后依次单击需要选择的控件。用户也可以通过拖动鼠标画出一个方框进行多个控件的选定,在方框内或与方框相交的控件都将被选中。

单击控件对象之外的任意位置,可取消已选中的控件。

（2）移动控件。

① 单个控件的移动。当控件被选中后,控件四周会显示多个控制方块。将鼠标移动到控件左上角的较大的控制方块上,按下鼠标左键不放,然后进行拖动,即可实现该控件的移动。

如果要将控件的附加标签移动到不同的窗体节中,则必须使用剪切然后粘贴的方法。具体步骤是:右击附加标签,在弹出的快捷菜单中选择"剪切"命令,然后在目标节中右击,在弹出的快捷菜单中选择"粘贴"命令。移动后,附加标签将不再与原控件相关。

② 多个控件的移动。选中多个控件后,将鼠标移动到控件上,按下鼠标左键不放,然后

进行拖动即可。

（3）调整大小。选中控件后，拖动控件四周的较小的控制方块可以调整控件的大小，通过 Shift＋方向键可以对选中控件的大小进行微调。

用户还可以选择"排列"选项卡，单击"大小"组中的相应按钮（见表 4.5），调整多个控件的大小。

表 4.5 "大小"组中的按钮及其功能

按　钮	功　能
正好容纳	调整标签、命令按钮、图像控件或未绑定对象的大小，使其正好容纳其内容
对齐网格	使控件的高度和宽度适合网格上最近的点
至最高	使选定的所有控件与其中的最高控件同高度
至最宽	使选定的所有控件与其中的最宽控件同宽度
至最短	使选定的所有控件与其中的最矮控件同高度
至最窄	使选定的所有控件与其中的最窄控件同宽度

（4）对齐控件。控件的对齐方式有"靠左"、"靠右"、"靠上"、"靠下"、"对齐网格"。如果用户要使控件对齐，首先需选中要对齐的控件（至少两个），然后选择"排列"选项卡，单击"控件对齐方式"组中的相应按钮（见表 4.6）进行设置。

表 4.6 "控件对齐方式"组中的按钮及其功能

按　钮	功　能
靠左	以选中控件中最左边的控件为基准，使其他选中控件与该控件的左边界对齐
靠右	以选中控件中最右边的控件为基准，使其他选中控件与该控件的右边界对齐
靠上	以选中控件中最上边的控件为基准，使其他选中控件与该控件的上边界对齐
靠下	以选中控件中最下边的控件为基准，使其他选中控件与该控件的下边界对齐
对齐网格	将选中控件的左上角与最近的网络点对齐

说明：默认情况下，窗体的设计视图中会显示网格线，通过单击"显示/隐藏"组中的 网格 按钮，可以取消显示或显示网格线。

（5）调整间距。用户通过单击"位置"组中的"水平增加"或"水平减少"按钮，可以调整多个（至少两个）选定控件的水平间距；通过单击"位置"组中的"水平相等"按钮，可以调整多个（至少 3 个）选定控件，此时位于两端的控件位置不动，位于中间的控件自动调整，使得选定的所有控件等间距排列。

同理，单击"位置"组中的"垂直增加"、"垂直减少"或"垂直相等"按钮，可以调整多个选定控件的垂直间距。

4.4.2 标签

标签主要用来显示说明性文本，例如抬头、标题或简短的提示。标签不能接收输入，也不能绑定到某个字段，但可以作为文字说明附加到其他绑定控件上。例如，在例 4.10 中使用"字段列表"向窗体中添加学号文本框控件时,将同时添加一个标签控件。该标签控件作为文本框控件的文字说明,默认显示该文本框所绑定的数据字段的标题。

1. 主要属性

(1) 名称。添加到窗体上的每个控件对象都有名称,名称是用来标识每个不同控件对象的唯一属性。在向窗体添加标签控件时,系统会默认按照添加的顺序,依次命名标签控件为 Label0、Label1、Label2、…。

(2) 标题。标题是标签控件的主要属性,用于设置或返回标签显示的文本。在"属性表"对话框中可通过修改"标题"属性来改变标签显示的文本。当使用"字段列表"向窗体添加绑定控件时,控件的附加标签的标题默认为绑定控件的控件来源字段的名称。

(3) 部分格式相关属性。标签控件的绝大多数属性与格式设置有关。

① 左边距和上边距属性。该属性用于设置或反映标签控件距离窗体显示区右上角的距离。

② 宽度和高度属性。该属性用于设置或反映标签控件的大小。

③ 文本左边距、上边距、右边距和下边距属性。该属性用于设置标签控件上的文本编辑区距离控件边框的 4 个内边界的距离。

④ 边框样式、边框颜色和边框宽度属性。该属性用于对边框进行设置。

⑤ 背景样式和背景色。该属性用于对标签的背景进行设置。

⑥ 前景色。该属性用于设置标签控件上显示的标题文本的颜色。

2. 将标签附加到其他控件

默认添加的标签通常都是独立标签,在窗体的设计视图中独立标签的左上角会显示一个绿色的三角形标记。将标签附加到其他控件上的具体步骤如下:

(1) 向窗体添加一个标签控件,输入标签标题。

(2) 右击标签,选择"剪切"命令。

(3) 右击要附加到其上的控件,选择"粘贴"命令,即可将标签附加到指定控件上。

例 4.13 将例 4.11 中创建的"学生信息浏览"窗体另存为"学生信息浏览-1",然后向"学生信息浏览-1"窗体的窗体页眉部分添加标题"学生基本信息一览",设置字体为"华文琥珀",字号为"18"磅,斜体,有下划线,调整页脚高度为0,并且将四级通过标签和对应的复选框控件的位置进行调整,窗体运行结果如图 4.75 所示。

操作步骤如下:

(1) 打开"教学管理系统"数据库,将"学生信息浏览"窗体另存为"学生信息浏览-1"窗体。

(2) 向窗体添加窗体页眉/页脚。在设计视图中打开"学生信息浏览-1"窗体,在任意位置右击,在弹出的快捷菜单中选择"窗体页眉/页脚"命令。

(3) 向窗体页眉中添加标题信息。

① 单击"控件"组中的"标签"按钮 Aa,然后移动鼠标到窗体的页眉部分,此时鼠标箭头显示为 ，按下鼠标左键并拖动,在窗体页眉区绘制一个矩形,在其中输入"学生基本信息一览",结果如图 4.76(a)所示。

② 在矩形区外的任意位置单击,然后单击该矩形区,重新选中该标签控件,在"字体"组中选择字体为"华文琥珀",字号为"18"磅,并使 *I* 和 u 按钮为选中状态,在 ▲ 的列表中

图 4.75 "学生信息浏览-1"窗体运行结果

(a) 添加标签控件　　　　　　　　　　(b) 设置标签控件

图 4.76 设置窗体页眉

选择蓝色。接着适当调整窗体页眉的高度,将窗体页脚的高度设置为 0,结果如图 4.76(b)所示。

(4) 调整四级通过标签的位置。单击四级通过标签,将同时选中与之相关的复选框,如图 4.77 所示。然后移动鼠标光标至四级通过标签的左上角的大控制方块上,按下鼠标左键不放,向左移动到指定位置,放开鼠标。

图 4.77 选中四级通过标签

(5) 保存窗体,并在窗体视图中查看运行结果。

4.4.3 文本框

文本框可以是绑定的也可以是非绑定的,没有与数据表的字段绑定的文本框称为非绑定文本框。文本框也可以用来显示计算的结果或接受用户输入的数据。非绑定文本框中的数据将不会保存在任何位置。

1. 主要属性

(1) 名称。名称是控件对象唯一性的标识。在向窗体添加文本框控件时,系统会按照添加的顺序,依次命名文本框控件为 Text0、Text1、Text2、…。用户可通过"字段列表"对话框向窗体添加文本框,默认以绑定的字段数据列或字段的名称命名文本框控件对象。

(2) 控件来源。控件来源用于设置文本框中要显示的文本。设计窗体时,用户可以直接在文本框中输入要显示的文本或表达式(以等号"="开始)。如果是表达式,文本框将显示表达式计算的结果。

说明:当文本框没有与数据库中的数据绑定时,其功能和效果基本等同于标签,但文本框相对标签控件来说可以设置默认值、输入掩码、有效性规则、有效性文本等属性。

2. 文本框向导

用户可以使用文本框向导来设置文本框的字体、字号、字形(粗体和斜体)、特殊效果、文本对齐方式、行间距、边框内部边距以及附加的标签的标题等属性。

3. 将文本框绑定到数据库字段

通过设置文本框的"控件来源"属性,可以将文本框与数据库中的某个字段进行绑定,使之成为绑定文本框。绑定文本框可用于数据库中数据的浏览、编辑等操作。

注意:要将文本框绑定到数据库字段上,首先要设置窗体的"记录源"属性,将数据表或查询绑定到文本框所在的窗体。

例 4.14 创建一个如图 4.78 所示的"求和"窗体,在前两个文本框中分别输入加数,在第 3 个文本框中显示两数之和。此处用于显示求和结果的文本框为计算控件。

图 4.78 "求和"窗体运行结果

操作步骤如下:

(1) 打开"教学管理系统"数据库,选择"创建"选项卡,单击"窗体"组中的"窗体设计"按钮,将创建一个空白的窗体,并在设计视图中打开。

（2）添加3个未绑定文本框。

① 选择"设计"选项卡，单击"控件"组中的"文本框"按钮，然后移动鼠标到窗体，此时鼠标箭头显示为⁺ₐᵦ，在要添加第一个文本框的位置按下鼠标左键，则在主体节中添加了第一个未绑定文本框和其附加标签（标签的默认标题为"Text0："）。

② 单击"工具"组中的"属性表"按钮，打开"属性表"对话框，在"控件对象列表"中可以看到新增了两个对象：文本框 Text0 和标签 Label1。

③ 重复添加文本框控件的操作，向窗体中再添加两个未绑定文本框，结果如图 4.79 所示。

（3）设置窗体及其上各控件的属性。单击"工具"组中的"属性表"按钮，打开"属性表"对话框，在"控件对象列表"中选择要设置属性的对象，按表 4.7 设置属性值，结果如图 4.80 所示。

图 4.79　添加3个文本框　　　　　　　　图 4.80　设置控件属性

（4）单击"保存"按钮，将窗体保存为"求和"。

（5）切换到窗体视图，查看窗体的运行结果。当在第一个文本框中输入 34，按 Tab 键时，光标进入第二个文本框，输入 78，按 Tab 键，用户将会在第 3 个文本框中看到计算的结果。

说明：使用 Tab 键可以使光标（输入焦点）在多个控件之间进行切换。

表 4.7　"求和"窗体控件属性设置

对　　象	属　　性	属　性　值	说　　明
窗体	标题	求和	
	记录选择器	否	
	导航按钮	否	
	滚动条	两者均无	
标签 1	标题	加数 1：	原值为"Text0："
文本框 1	名称	Text0	
	默认值	0	初值为 0
标签 2	标题	加数 2：	原值为"Text2："
文本框 2	名称	Text2	
	初值为 0	默认值	0
标签 3	标题	两数之和：	原值为"Text4："
文本框 3	名称	Text4	
	控件来源	＝Val［Text0］＋Val［Text2］	

说明：表 4.7 中未提及的控件属性采用默认值。

例 4.15 修改例 4.5 中创建的"学生基本信息"窗体，将其中的出生日期信息改为年龄信息，将修改后的窗体保存为"学生基本信息-1"，窗体运行结果如图 4.81 所示。当用户单击记录导航按钮进行记录浏览时，将显示当前学生的年龄信息。

图 4.81 "学生基本信息-1"窗体运行结果

操作步骤如下：

(1) 打开"教学管理系统"数据库，将"学生基本信息"窗体另存为"学生基本信息-1"窗体。

(2) 以设计视图方式打开"学生基本信息-1"窗体。

(3) 右击"出生日期"文本框，在弹出的快捷菜单中选择"属性"命令，打开文本框的"属性表"对话框，设置文本框的"控件来源"属性为"＝Year(Date())－Year([出生日期])"，设置文本框的"名称"属性为"年龄"，并将文本框"格式"属性中的值("短日期")删除。

(4) 单击文本框的附加标签，将标签的标题改为"年龄"，结果如图 4.82 所示。

(5) 保存窗体的修改，然后切换到窗体视图，结果如图 4.81 所示。

说明：由于用于显示年龄的文本框为一个计算控件，因此在进行记录的添加时，用户是不可能进行数据的输入的，即计算控件不同于绑定控件，它只可以显示表达式的计算结果。

例 4.16 使用文本框向导窗体中添加一个有附加标签的文本框，然后将该文本框绑定到"学生"表的"姓名"字段。

操作步骤如下：

(1) 打开"教学管理系统"数据库，选择"创建"选项卡，单击"窗体"组中的"窗体设计"按钮，将创建一个空白的窗体，并在设计视图中打开。

(2) 选择"设计"选项卡，使"使用控件向导"按钮处于选中状态，然后单击"文本框"按钮，移动鼠标到窗体设计区，在要添加文本框的位置单击，将弹出"文本框向导"对话框，如图 4.83 所示。

(3) 设置字体为"楷体_GB2321"，字号为"18"，特殊效果选择第 2 种，文本对齐选择居中对齐，然后单击"下一步"按钮。

图 4.82　设置计算字段

图 4.83　"文本框向导"对话框

（4）在随后出现的对话框中单击"下一步"按钮。

（5）在弹出的对话框中输入文本框的名称为"姓名"，单击"完成"按钮。

（6）选中窗体上的文本框，选择"排列"选项卡，单击"大小"组中的"正好容纳"按钮，
结果如图 4.84 所示。

图 4.84　文本框格式的设定结果

(7) 设置窗体的数据来源。双击"窗体选择器"区,打开窗体的"属性表"对话框,选择"数据"选项卡中的"记录源"属性,在"记录源"属性框的下拉列表框中选择"学生"表。

(8) 设置控件的数据来源。在"属性表"对话框的"控件对象"下拉列表框中选择"姓名"文本框对象,然后设置"控件来源"属性的值为"姓名"字段,如图 4.85 所示。

(9) 右击窗体标题栏,在弹出的快捷菜单中选择"窗体视图"命令,窗体的运行结果如图 4.86 所示。

图 4.85　文本框数据的绑定

图 4.86　窗体运行结果

说明:本例中没有使用"字段列表"对话框,而是手动设置窗体的记录源以及手动将控件与字段进行绑定。读者可以仿照此例,手动向窗体中添加其他的数据绑定控件。

4.4.4　命令按钮

在窗体上可以使用命令按钮来执行某个操作或某些操作,如关闭窗体、执行程序等。命令按钮可以是用户自己创建的,也可以是系统提供的。如果要使命令按钮执行窗体中的某个事件,用户可编写相应的宏或事件过程并将它附加到按钮的"单击"事件属性中。

1. 主要属性

(1) 名称。名称是控件对象唯一性的标识。在向窗体添加命令按钮控件时,系统会按照添加的顺序,依次命名命令按钮控件为 Command0、Command1、Command2、…。

(2) 标题。标题用于设置命令按钮上显示的文本信息。

(3) 图片。图片用于设置命令按钮上显示的图片。

2. 命令按钮向导

用户可以使用命令按钮向导来设置按下按钮时的动作、按钮上显示的文本或图片以及按钮名称等属性。

图 4.87　命令按钮示例窗体的运行结果

例 4.17　创建一个如图 4.87 所示的窗体,当单击笑脸按钮(图片按钮)时,打开"学生成绩"窗体,当单击"关闭"按钮(文本按钮)时,关闭当前窗体。

操作步骤如下:

(1) 打开"教学管理系统"数据库,选择"创建"选项卡,单击"窗体"组中的"窗体设计"按钮,将创建一个空白的窗体,并在设计视图中打开。

(2) 选择"设计"选项卡,使"控件"组中的"使用控件向导"按钮处于选中状态,然后单击命令按钮。

(3) 移动鼠标到设计窗体上,此时鼠标箭头显示为⁺▢,在窗体设计视图的主体节的合适位置单击,即可放置命令按钮,同时弹出如图 4.88 所示的"命令按钮向导"对话框之一。

图 4.88 "命令按钮向导"对话框之一

(4) 设置按下命令按钮时产生的动作为打开"学生成绩"窗体。

① 在"类别"列表框中选择"窗体操作",然后在"操作"列表框中选择"打开窗体",单击"下一步"按钮,进入如图 4.89 所示的"命令按钮向导"对话框之二。

图 4.89 "命令按钮向导"对话框之二

② 在"请确定命令按钮打开的窗体"列表框中选择"学生成绩"窗体,然后单击"下一步"按钮,进入"命令按钮向导"对话框之三,如图 4.90 所示。

图 4.90 "命令按钮向导"对话框之三

（5）选中"打开窗体并显示所有记录"单选按钮，然后单击"下一步"按钮，进入如图4.91所示的"命令按钮向导"对话框之四。

图4.91 "命令按钮向导"对话框之四

（6）设置按钮上的图片。选中"图片"单选按钮和"显示所有图片"复选框，然后从"图片"列表框中选择"笑脸"图片。

说明：用户也可以通过单击"浏览"按钮，在弹出的"选择图片"对话框中选择一个图片文件的方式来设定按钮上显示的图片。

接着单击"下一步"按钮，进入如图4.92所示的"命令按钮向导"对话框之五。

图4.92 "命令按钮向导"对话框之五

（7）输入命令按钮的名称"BrowseScore"，单击"完成"按钮完成第一个命令按钮的创建，该按钮为一个图片按钮。

（8）再次单击"控件"组中的命令按钮，然后移动鼠标到设计窗体上，在合适的位置单击，将再次出现"命令按钮向导"对话框。

（9）在命令按钮向导的第一个对话框的"类别"列表框中选择"窗体操作"，在"操作"列表框中选择"关闭窗体"，然后单击"下一步"按钮。

（10）在命令按钮向导的第二个对话框中选中"文本"单选按钮，在文本框中输入"关闭"，然后单击"下一步"按钮。

（11）在命令按钮向导的第3个对话框中输入命令按钮的名称"Close"，然后单击"完成"按钮,完成第二个命令按钮的创建。

(12)切换到窗体视图,查看窗体运行的结果。

当然,用户也可以不使用向导,直接使用设置控件属性的方式向窗体中添加图形按钮和文本按钮。

例4.18　不使用命令按钮向导,创建一个如图4.93所示的窗体,向窗体中添加一个名为"BrowseScore"的图片按钮和一个名为"Close"的文本按钮,实现单击图片按钮时打开"学生成绩"窗体,单击"关闭"按钮(文本按钮)时关闭当前窗体的功能。

图4.93　窗体设计界面

操作步骤如下:

(1)打开"教学管理系统"数据库,选择"创建"选项卡,单击"窗体"组中的"窗体设计"按钮,将创建一个空白的窗体,并在设计视图中打开。

(2)使"设计"选项卡的"控件"组中的"使用控件向导"按钮处于未选中状态。

(3)添加一个图片按钮。单击"控件"组中的"图像"按钮,移动鼠标到设计窗体上,然后在合适的位置单击,放置图片按钮。

(4)设置图片按钮的属性。选中窗体上的命令按钮对象,按F4键,打开命令按钮的"属性表"对话框。然后选择"格式"选项卡,按表4.8所示设置命令按钮的"图片"属性,选择"其他"选项卡,设置"名称"属性。用户可适当调整命令按钮的大小,以显示按钮上的图片。

表4.8　图片按钮与文本按钮控件的属性设置

对　象	属　性	属　性　值	说　明
命令按钮1(图片按钮)	名称	BrowseScore	
	图片	D:\ACCESS教材\TREENODE1.BMP	只支持位图格式的文件
命令按钮2(文本按钮)	名称	Close	
	标题	关闭	

说明:设置"图片"属性时,可直接在图片栏中输入图片的存储路径(如表4.8所示),也可以单击图片栏右侧的"生成器"按钮[...],在弹出的"图片生成器"对话框(如图4.94所示)中单击"浏览"按钮打开"选择图片"对话框进行相应选择。

例4.17中的"笑脸"图片可以在图片生成器的"可选图片"列表框中直接选择。

(5)添加一个文本按钮。单击"控件"组中的命令按钮,在窗体的合适位置添加一个命令按钮,然后按表4.8所示设置命令按钮的属性,结果如图4.93所示。

图 4.94　图片生成器

如果用户希望创建的命令按钮能够像例 4.17 中创建的按钮一样，当单击时执行一些操作，则还需对按钮的"单击"事件属性进行设置。

(6) 设置图片按钮的单击动作。双击图片按钮，打开 BrowseScore 按钮的"属性表"对话框，在"事件"选项卡的"单击"事件行中单击右侧的"生成器"按钮 [...] ，弹出"选择生成器"对话框，如图 4.95 所示，然后选择"宏生成器"，单击"确定"按钮，进入宏设计窗口，如图 4.96 所示。

图 4.95　选择生成器

图 4.96　宏设计窗口

在宏设计窗口的"操作"列中选择"OpenForm"，设置"窗体名称"为"学生成绩"，设置完毕后，关闭宏设计窗口，保存宏的设计结果。

（7）设置文本按钮的单击动作。双击文本按钮，打开 Close 按钮的"属性表"对话框，在"事件"选项卡的"单击"事件行中单击右侧的"生成器"按钮 ⋯，弹出"选择生成器"对话框，然后选择"宏生成器"，单击"确定"按钮，打开宏设计窗口。

在"操作"列表中选择"Close"，并关闭宏设计窗口，保存宏的设计结果。

（8）在窗体视图中查看运行结果，用户可以看到，例 4.18 创建的命令按钮与例 4.17 创建的命令按钮的显示以及功能基本相同（除图片按钮显示的图片不同以外）。

说明：关于宏设计器的具体使用，用户可参见第 7 章。

4.4.5 复选框、切换按钮与选项按钮

复选框、切换按钮与选项按钮控件用于显示或输出"True"或"False"值。若控件被选中，则其值为 True 或 −1，若未被选中，则其值为 False 或 0。

图 4.97 展示了选项按钮、复选框和切换按钮的选中状态和未选中状态。其中，一个选项按钮、两个复选框和一个切换按钮处于选中状态。

图 4.97　选项按钮、复选框、切换按钮的选中和未选中状态

控件的"控件来源"属性用于将复选框、选项按钮或切换按钮绑定到某个字段，用户可以将每个复选框、选项按钮或切换按钮的"默认值"属性设置为 True 或 False 来设置其是否为选中状态。

注意："默认值"文本框中不能直接输入"True"，在前面一定要加"＝"，即应输入"＝True"。

4.4.6 选项组

选项组控件由一个组框架和一组复选框、选项按钮或切换按钮组成，如图 4.98 所示。其中，组框架起分组的作用。一个框架中的一组复选框、选项按钮或切换按钮只能有一个是选中状态，不同的选项将把一个不同的值返回给选项组控件。选项组的值只能是数字，不能是文本。

1. 主要属性

"控件来源"属性用于将选项组（注意：不是组框架内的复选框、选项按钮或切换按钮）绑定到某个字段。用户可以为每个复选框、选项按钮或切换按钮的"选项值"属性设置相应的数字，当选项组中的某个选项被选中时，将把"选项值"返回给选项组控件。

2. 选项组向导

选项组向导是添加选项组的最好方法，使用选项组向导可以完成选项标签、默认选项、选项值、选项控件类型（切换按钮、选项按钮、复选框）、样式以及选项组标题的设置。

例 4.19 使用选项组向导创建一个如图 4.98 所示的窗体,当单击窗体下方的记录导航按钮时,选项组中将显示对应记录的四级通过的情况。

图 4.98 选项组设计结果

操作步骤如下:

(1)打开"教学管理系统"数据库,选择"创建"选项卡,单击"窗体"组中的"窗体设计"按钮,将创建一个空白的窗体,并在设计视图中打开。

(2)设置窗体的"记录源"为"学生"表。

(3)选择"设计"选项卡,使"控件"组中的"使用控件向导"按钮处于选中状态,然后单击选中"选项组"按钮 。

(4)移动鼠标到设计窗体上,在窗体的合适位置单击,即可放置一个选项组对象,同时出现"选项组向导"对话框之一,如图 4.99 所示。

图 4.99 "选项组向导"对话框之一

(5)在"标签名称"栏输入选项组中各选项的标签,然后单击"下一步"按钮,打开"选项组向导"对话框之二。

(6)选中"否,不需要默认选项"单选按钮,然后单击"下一步"按钮,打开"选项组向导"对话框之三,如图 4.100 所示。

(7)设置每个选项对应的值,然后单击"下一步"按钮,打开"选项组向导"对话框之四,如图 4.101 所示。

(8)选中"在此字段中保存该值"单选按钮,并在下拉列表中选择"四级通过"字段,然后单击"下一步"按钮,打开"选项组向导"对话框之五,如图 4.102 所示。

(9)设置选项组中的控件为选项按钮,样式为"阴影",然后单击"下一步"按钮。

(10)在选项组向导的最后一个对话框中设置选项组标题为"四级",然后单击"完成"按钮。

图4.100 "选项组向导"对话框之三

图4.101 "选项组向导"对话框之四

图4.102 "选项组向导"对话框之五

4.4.7 列表框和组合框

在许多情况下,从列表中选择一个值,要比记住一个值后输入它更快、更容易,选择列表还可以帮助用户确保在字段中输入的值是正确的。窗体上的列表框可以包含一列或几列数据,用户只能从列表中选择值,而不能输入新值。列表框中的列表是由数据行组成的,在窗体或列表框中可以有一个或多个字段。组合框的列表是由多行数据组成的,但平时只显示一行,当需要显示时可以单击右侧的 ▾ 按钮。组合框既可以进行选择,也可以输入文本,组合框如同文本框和列表框合并在一起。图4.103所示为一个组合框和一个列表框。

图 4.103　组合框与列表框

说明：列表框与组合框在使用上有很大的相似之处，此处以组合框为重点进行介绍。

1. 主要属性

（1）名称。名称是控件对象唯一性的标识。在向窗体添加组合框（或列表框）控件时，系统会按照添加的顺序，依次命名组合框（或列表框）控件为 Combo0（List0）、Combo1（List1）、Combo2（List2）、…。

（2）控件来源。控件来源用于将组合框或列表框绑定到某个字段。

（3）行来源与行来源类型。行来源与行来源类型用于设置组合框或列表框中选项数据的来源。

（4）列数。列数用于设置组合框下拉列表或列表框中数据的列数（组合框中只能显示一列数据）。

（5）绑定列。绑定列用于设置组合框或列表框中哪一列含有准备在数据库中存储或使用的数据。

2. 组合框向导

在 使用控件向导 按钮处于选中状态时，向窗体中添加组合框控件的动作将启动组合框向导。

当用户在数据表视图中浏览"学生"表的数据时，单击政治面貌列的任何一行，会看到组合框的表现形式，通过组合框下拉出的列表可以对记录的"政治面貌"字段的内容进行重新设置。而"专业"字段却没有采用这种形式，这其中的差别在哪里呢？用户可以在"设计视图"中打开"教学管理系统"数据库的"学生"表，如图 4.104 所示，在"政治面貌"字段的定义中，可以看到字段属性中的"查阅"选项卡中有相关的属性设置。

打开例 4.5 中使用窗体向导创建的"学生基本信息"窗体，用户可以看到"政治面貌"采用的是组合框的形式进行显示和输入的，而"专业"采用的是文本框的形式进行显示和输入的。下面，希望窗体中的"专业"信息也能使用组合框的方式实现，这样可以在数据输入时更加方便和准确。

例 4.20　使用"窗体"组中的窗体工具创建一个如图 4.105 所示的窗体，要求将其中的"专业"信息使用组合框形式进行显示和输入，并将修改结果保存为"组合框示例-1"。

操作步骤如下：

（1）打开"教学管理系统"数据库，在导航窗格中选中"学生"表，然后选择"创建"选项卡，单击"窗体"组中的"窗体"按钮，将快速生成一个窗体，其默认在"布局视图"中打开。单击"保存"按钮，将窗体保存为"组合框示例-1"。

图 4.104 "政治面貌"字段的查阅属性

图 4.105 "组合框示例 – 1"窗体运行结果

（2）切换到设计视图，在窗体的设计区中选中"专业"文本框控件，按 Delete 键删除该控件及其附加标签。

（3）选择"设计"选项卡，使"控件"组中的"使用控件向导"按钮处于选中状态。然后单击"控件"组中的"组合框"按钮 ，在被删除文本框的位置单击，即添加一个组合框及其附加标签，同时自动打开"组合框向导"对话框之一，如图 4.106 所示。

（4）选中"自行键入所需的值"单选按钮，然后单击"下一步"按钮，进入"组合框向导"对话框之二，如图 4.107 所示。

（5）设置列数为 1，在下方单元格中依次输入将要在组合框中出现的供选择的专业名

图 4.106 "组合框向导"对话框之一

图 4.107 "组合框向导"对话框之二

称,然后单击"下一步"按钮,进入"组合框向导"对话框之三,如图 4.108 所示。

　　(6) 选中"将数值保存在这个字段中"单选按钮,并在下拉列表框中选择"专业"字段,然后单击"下一步"按钮,进入"组合框向导"对话框之四,如图 4.109 所示。

图 4.108 "组合框向导"对话框之三

图 4.109　"组合框向导"对话框之四

（7）在文本框中输入"专业"，然后单击"完成"按钮，并对新添加的控件进行适当调整，最后切换到窗体视图，结果如图 4.105 所示。

说明：若不采用组合框控件向导，则添加组合框控件后，设置组合框对象的附加标签的标题为"专业"，组合框控件对象的属性按表 4.9 进行设置。

表 4.9　组合框控件属性设置

对　　象	属　　性	属　性　值	说　　明
组合框	控件来源	专业	
	行来源类型	值列表	
	行来源	"会计";"金融";"经济";"工商"	值之间以分号相隔
	绑定列	1（默认值）	
	列数	1（默认值）	

例 4.21　创建一个名为"组合框示例-2"的窗体。如图 4.110 所示，单击组合框右边的下拉箭头，在下拉列表中会出现两列信息，即学号和姓名，选择完毕后，组合框中仅出现学号信息。当单击"查询"按钮后，将弹出"学生基本信息"窗体，显示该学号对应的学生的相关信息。

图 4.110　"组合框示例-2"窗体运行结果

说明：本例中将涉及两个窗体，即"组合框示例-2"窗体和"学生基本信息"窗体。由于"学生基本信息"窗体已经在前面的例 4.5 中创建了，故此处仅需创建"组合框示例-2"窗体即可。

操作步骤如下：

（1）打开"教学管理系统"数据库，选择"创建"选项卡，单击"窗体"组中的"窗体设计"按钮，创建一个空白的窗体，并在设计视图中打开。然后单击"保存"按钮，将窗体保存为"组合框示例-2"。

（2）启动组合框向导。选择"窗体设计工具"的"设计"选项卡，单击"控件"组中的"使用控件向导"按钮，使其处于选中状态。然后单击选中"组合框"按钮，在窗体的适当位置单击，添加一个组合框（默认名称为"Combo0"）及其附加标签，同时将出现"组合框向导"对话框之一。

（3）选中"使用组合框查阅表或查询中的值"单选按钮，然后单击"下一步"按钮，进入"组合框向导"对话框之二，如图 4.111 所示。

图 4.111 "组合框向导"对话框之二

（4）指定由"学生"表为组合框提供数据。在"视图"组中选中"表"单选按钮，在列表中选择"表：学生"，然后单击"下一步"按钮，进入"组合框向导"对话框之三，如图 4.112 所示。

图 4.112 "组合框向导"对话框之三

（5）指定组合框中的数据列由"学号"和"姓名"两个字段列构成。将"学号"和"姓名"字段添加到"选定字段"列表中，然后单击"下一步"按钮，进入"组合框向导"对话框之四，如图4.113所示。

图4.113　"组合框向导"对话框之四

（6）指定组合框中显示的数据按"学号"的升序排列，然后单击"下一步"按钮，进入"组合框向导"对话框之五。取消选中"隐藏键列（建议）"复选框，然后调整列的宽度，结果如图4.114所示。单击"下一步"按钮，进入"组合框向导"对话框之六，如图4.115所示。

图4.114　"组合框向导"对话框之五

图4.115　"组合框向导"对话框之六

（7）指定"学号"列中包含有执行操作的值，单击"下一步"按钮，进入"组合框向导"对话框之七，如图 4.116 所示。

图 4.116 "组合框向导"对话框之七

（8）设置组合框控件的附加标签的标题为"请选择学生："，单击"完成"按钮。至此，组合框控件添加完毕。

（9）在"控件"组中取消"使用控件向导"按钮的选中状态，然后选中命令按钮，在窗体设计区的适当位置单击，添加一个命令按钮。

（10）设定命令按钮的属性。选定命令按钮对象，按 F4 键打开命令按钮的"属性表"对话框，设置"名称"属性为"SearchStu"，设置"标题"属性为"查找"。在"事件"选项卡的"单击"事件行中单击右边的"生成器"按钮 ，在弹出的对话框中选择"宏生成器"，单击"确定"按钮，打开宏设计窗口。在操作列中选择"OpenForm"操作，在窗体下半部的"操作参数"设置区中设置"窗体名称"为"学生基本信息"，在"Where 条件"行中输入"［学生］！［学号］＝Forms！［组合框示例-2］！［Combo0］"，结果如图 4.117 所示。然后关闭宏设计窗口，保存宏的设计结果。

图 4.117 宏设计窗口

至此，命令按钮创建完毕。

（11）按表 4.10 设置窗体属性，保存窗体设置。

表 4.10 窗体属性设置

对　象	属　性	属　性　值
窗体	标题	输入查询条件
	滚动条	两者均无
	记录选择器	否
	导航按钮	否

4.4.8 选项卡

选项卡控件可以使窗体上的数据更加有条理,更加易用,尤其是当窗体中包含许多控件时,通过将相关控件放置在选项卡的不同页上,可以实现有效的数据分类管理。

使用"控件"组中的"选项卡"按钮,可以向窗体添加选项卡控件。选项卡控件上默认有两个页面。选择"设计"选项卡,单击"控件"组中的"插入页"按钮 🔲,可向选项卡中增加页面。用户也可通过右击选项卡页面的标题,在弹出的快捷菜单中选择"插入页"或"删除页"命令,向选项卡中增加或减少页面。

1. 选项卡控件的主要属性

(1) 名称。名称是控件对象唯一性的标识。在向窗体添加选项卡控件时,系统会按照添加的顺序,依次将它们命名为选项卡控件 0、选项卡控件 1、选项卡控件 2、…。

(2) 多行。多行用于指定选项卡控件能否有多行选项卡。

2. 选项卡页面的主要属性

(1) 名称。名称是控件对象唯一性的标识,选项卡页面默认的名称是页 1、页 2、…。

(2) 标题。标题用于设置选项卡标签上显示的标题信息。

(3) 图片。图片用于设置选项卡标签上出现的图片信息。

(4) 可用。可用的默认值为"是",若设为"否",则选项卡页面上的控件将只能用于查看信息,而不能进行数据输入。

例 4.22 利用选项卡控件,创建一个如图 4.118 所示的"选项卡示例"窗体。窗体中的选项卡中有两个页面,第一个页面上显示学生的基本信息,第二个页面上显示对应学生的简历信息。

图 4.118 "选项卡示例"窗体的运行结果

操作步骤如下：

（1）打开"教学管理系统"数据库，选择"创建"选项卡，单击"窗体"组中的"窗体设计"按钮，新建一个空白窗体，并在设计视图中将其打开。然后单击"保存"按钮，将窗体保存为"选项卡示例"。

（2）选择"设计"选项卡，单击"控件"组中的"选项卡"按钮 ，将鼠标移动到窗体主体节的适当位置单击，即默认添加一个有两个页面的选项卡控件对象，适当调整选项卡的大小和位置。

（3）单击选项卡中"页1"的标题，按F4键，打开"页1"的"属性表"对话框，将其"标题"属性设置为"基本信息"。然后选择"页2"，将其"标题"属性设置为"简历"。

（4）打开窗体的"属性表"对话框，设置窗体的"记录选择器"属性为"否"、"滚动条"属性为"两者均无"、"记录源"属性为"学生"表。然后单击"工具"组中的"添加现有字段"按钮，打开"字段列表"对话框。

（5）向"页1"中添加控件。将"学号"、"姓名"、"性别"、"出生日期"、"政治面貌"、"专业"、"照片"字段从"字段列表"中拖到"页1"中，并按图4.119(a)中的布局调整各控件。

(a) 页1的设计结果   (b) 页2的设计结果

图4.119 "选项卡示例"设计界面

（6）向"页2"中添加控件。将"简历"字段从"字段列表"中拖到"页2"中，然后删除"简历"文本框的附加标签，适当调整简历文本框的大小和位置，如图4.119(b)所示，并设置"简历"文本框的边框样式为"透明"。

（7）保存窗体的设计结果，切换到窗体视图，查看运行结果。

4.4.9 图像控件与绑定对象框控件

1. 图像控件

使用图像控件可以将图片放置在窗体上，增强窗体的美观。在这里，图片文件的格式可以是位图文件(.bmp)、图示文件(.ico)和图元文件(.wmf)。

注意：图像控件不能用于放置数据表中的图片，若要放置，必须使用绑定对象框控件。

图像控件的常用属性有图片和缩放模式。

（1）图片。图片用于设定显示的图片，其值为文件的存储路径和文件名。

（2）缩放模式。缩放模式用于设定图片的大小如何调整，以便能够将其置入图像控件的方框中。

- 剪裁：图片以实际大小显示，如果图片比图像控件的方框大，则图片将会被裁剪。
- 拉伸：图片会在水平和垂直两个方向上拉伸，以填满整个图像控件的方框。
- 缩放：图片在保持长宽比不变的情况下，调整为在图像控件的方框上所能显示的最大尺寸。

2. 绑定对象框控件

绑定对象框控件只能与"OLE 对象"型的字段进行绑定。

在设计视图中打开"学生基本信息"窗体，其中就有一个名为"照片"的绑定对象框控件对象，用于显示"学生"表的"照片"字段中存储的图片。

绑定对象控件的控件来源、缩放模式、边框样式等属性同先前介绍的其他控件的属性，故此处不再赘述。

4.4.10　直线和矩形控件

使用直线控件和矩形控件可以在窗体上绘制直线和矩形，以及其他几何形状，增强窗体的显示效果。例如，用户可以在窗体上绘制直线，构造出表格的效果。

通过直线的"斜线"属性，可以设定直线控件为从左上向右下倾斜或是从右上向左下倾斜，它有两种选择，即"\"和"/"。

直线和矩形还有边框颜色、边框宽度、边框样式、特殊效果等属性，同前面介绍的控件，故在此不再赘述。

4.5　美化窗体

4.5.1　使用自动套用格式

在使用向导创建窗体时，用户可以从系统提供的固定样式中选择窗体格式，这些样式就是窗体的自动套用格式，如图 4.120 所示。

图 4.120　"自动套用格式"对话框

在窗体的设计视图中，选择"窗体设计工具"的"排列"选项卡，打开"自动套用格式"组中的"自动套用格式"下拉列表（如图 4.121 所示），单击列表中相应的格式图标即可。

用户也可以在该下拉列表中选择"自动套用格式向导"命令，在弹出的"自动套用格式"对话框（如图 4.120 所示）中进行相应设置。

（1）在"窗体自动套用格式"列表框中单击所需要的样式，可以在预览框中查看样式

图 4.121 "自动套用格式"下拉列表

效果。

（2）单击"选项"按钮，将在对话框的下端出现 3 个选项，即"字体"、"颜色"和"边框"，如图 4.122 所示，用户可以全选或选择其中的若干项设置格式的应用范围。

图 4.122 选择"应用属性"

（3）单击"自定义"按钮，将弹出如图 4.123 所示的"自定义自动套用格式"对话框，可以定义新的格式。

图 4.123 "自定义自动套用格式"对话框

4.5.2 设置窗体的格式属性

用户除了可以利用自动套用格式工具对窗体进行美化外，还可以根据需要对窗体的格式、窗体的显示元素等进行美化设置。设置窗体的常用格式属性如下：

（1）标题。该属性设置窗体的标题。

（2）默认视图。该属性设置窗体打开时所用的视图（单个窗体、连续窗体、数据表、数据透视表、数据透视图)。

（3）记录选择器。该属性设置窗体中是否显示记录选择器。

（4）导航按钮。该属性设置窗体中是否显示导航按钮。

（5）分隔线。该属性设置窗体中是否显示分隔线。

4.5.3 添加标题和徽标

向窗体添加标题的方法为：在当前窗体的设计视图中，选择"窗体设计工具"的"设计"选项卡，单击"控件"组中的"标题"按钮，即可在窗体的页眉区中添加一个标签对象（默认名称以"Auto_Title"开头），用于设置窗体的标题。

向窗体添加徽标的方法为：在当前窗体的设计视图中，选择"窗体设计工具"的"设计"选项卡，单击"控件"组中的"徽标"按钮，即可在窗体的页眉区中添加一个图像对象（默认名称以"Auto_Logo"开头），用于设置窗体的徽标。

4.5.4 添加当前日期和时间

向窗体添加当前日期和时间的方法为：在当前窗体的设计视图中，选择"窗体设计工具"的"设计"选项卡，单击"控件"组中的"日期和时间"按钮 。

思考题

1. 什么是窗体？它有什么作用？

2. 窗体结构包含哪几部分？每个窗体节各有什么用途？

3. 在 Access 2007 中有哪几种类型的窗体？各有什么特点？

4. 窗体的视图有哪几种？如何在各种视图中进行切换？

5. 窗体的"滚动条"、"记录选定器"、"记录导航按钮"、"分隔线"4 个格式属性的取值范围如何？各项取值对窗体有何影响？

6. 什么是窗体控件？常用的窗体控件有哪些？以文本框为例，说明控件对象属性的设置方法。

7. 如何调整窗体节及控件的布局？

8. 如何使用控件向导？以命令按钮为例，说明控件向导的使用方法。

第5章 报表的基本操作

报表是 Access 的数据库对象之一，它根据指定的规则打印输出格式化的数据信息。数据库中的数据经过处理后经常需要输出到打印机打印成纸质的文档。在 Access 中使用报表对象来实现打印格式数据的功能，通过对报表对象的设计，不仅可以控制数据库中数据输出的内容和打印的格式，还可以对数据进行分组、排序和统计汇总的显示，包含子报表和图表。建立报表的过程与窗体基本一样，不过建立好的窗体可以与用户进行信息交互，而报表只是用来打印，是没有交互功能的。本章将在介绍报表的分类和结构的基础上，详细讲解如何使用向导和报表的设计器来设计报表。

5.1 报表概述

5.1.1 报表的类型

按照数据布局格式的不同，Access 2007 中的报表可以分为 3 种常用类型：表格式报表、纵栏式报表和标签报表。

1. 表格式报表

表格式报表以行和列的格式输出数据，一个记录的所有字段显示在一行。这种显示格式可以在一页上尽量多地显示数据内容，方便用户尽快地了解数据的全部。如图 5.1 所示的"前十个最大订单"报表就是一个表格式报表。

编号	发票号	订单日期	公司	销售额
1	38	2006-3-10	康浦	￥13,800.00
2	41	2006-3-24	国皓	￥13,800.00
3	47	2006-4-8	森通	￥4,200.00
4	46	2006-4-5	祥通	￥3,690.00
5	58	2006-4-22	国顶有限公司	￥3,520.00
6	79	2006-6-23	森通	￥2,490.00
7	77	2006-6-5	国银贸易	￥2,250.00
8	36	2006-2-23	坦森行贸易	￥1,930.00
9	44	2006-3-24	三川实业有限公司	￥1,874.75
10	78	2006-6-5	东旗	￥1,580.00

图 5.1 表格式报表

2. 纵栏式报表

纵栏式报表以列的方式显示多条记录,一条记录的每个字段各占一行。采用纵栏式报表的显示格式能够让一条记录的所有字段尽量多的显示出来,使关心记录细节的用户能够很快地看到一条记录的"全貌"。如图5.2所示的"客户信息"就是一个纵栏式报表。

图5.2 纵栏式报表

3. 标签式报表

在 Access 2007 中可以通过标签式报表来打印所需要的标签。标签式报表中的数据显示与日常生活中大家见到的标签一样,一般用来显示标识性的数据信息。如图5.3所示的"员工"标签就是一个用来打印员工简要信息的标签式报表。

图5.3 标签式报表

5.1.2 报表的视图

在 Access 2007 中使用报表对象时可以选择以下4种视图之一:报表视图、打印预览视图、布局视图和设计视图。其中,报表视图和布局视图可以根据报表的属性设置显示或隐藏。

报表视图用于查看报表的设计结果,在报表视图中数据按照预先的设计以窗口的形式显示出来。打印预览视图用于观察数据打印在纸张上的页面效果,在打印预览视图中可以分页显示需要打印的全部数据。布局视图可以查看报表版面的设置和打印的效果,使用布局视图可以插入字段和控件,调整报表的字体、字号和常规布局,不过只能看到页面的子集,而不是报表中数据的完整呈现。设计视图主要用于创建和编辑报表的内容和结构,使用设计视图可编辑更改已有报表的设计或从头开始创建新报表。

双击一个报表对象打开报表时,就进入了该报表的报表视图。如果要切换到另外的视图,可以单击"开始"选项卡中的"视图"按钮,在弹出的下拉菜单中选择不同的选项,如图 5.4 所示,也可以在右下角的状态栏中选择另外的视图进行切换。

图 5.4 "视图"下拉菜单

5.1.3 报表的结构

打开一个报表的设计视图,用户可以看到报表的结构由如图 5.5 所示的几个区域组成,每个区域可称为一个"节"。

1. 报表页眉

放置在报表页眉内的信息是整个报表的页眉,在报表的开始处,用来显示报表的标题、说明性文字,如标题、公司名称、单位等。报表页眉中的内容在打印一份报表时只打印一次。一般来说,报表页眉主要用于打印封面。

2. 页面页眉

页面页眉用来放置显示在报表上方的信息,如每一列的列标题,主要是字段名或记录的分组名称。页面页眉中的内容会出现在报表的每一页的顶端,即每页打印一次。

3. 主体

主体是报表显示数据的主要区域,数据源中的每一条记录都放置在主体中。根据主体中字段数据的显示位置,报表可以分为多种类型。

图 5.5　报表的基本结构

4. 页面页脚

放置在页面页脚中的内容打印在每页的底部,用来显示本页的汇总说明、页码等内容。

5. 报表页脚

报表页脚一般用来显示整份报表的汇总说明,如报表总结、打印日期等。其中的内容只会打印在报表的最后面,与报表页眉一样,一份报表只打印一次。

通过选择"视图"菜单中的"报表页眉/页脚"、"页面页眉/页脚"命令,可以添加或删除对应的节。

如果对报表中的数据进行了分组,设计视图还会增加对应于分组字段的两个节,分别是组页眉和组页脚。它们的内容在每一个组的开始和结束处分别显示并打印。

5.2　使用向导创建报表

Access 提供了多种创建报表的方法,其中包括自动创建报表、新建空报表、使用报表向导创建报表、使用标签向导创建报表和使用设计视图创建报表的方法。

5.2.1　自动创建报表

Access 通过自动创建报表来提供一种快速创建报表的方法,用户只需要在创建报表之前选定一个数据源,就可以迅速地建立包含该数据源的表格式报表。数据源既可以是已经建立的表或查询,也可以是另外的带有数据源的对象,如已有的窗体或报表等,Access 会自动将已有窗体或报表的数据源作为新报表的数据源。

例 5.1　以"学生"表为数据源自动创建报表,报表名为"学生"。

操作步骤如下:

(1) 在 Access 中打开"教学管理系统"数据库,在数据库对象列表中选择"学生"表作为数据源,如图 5.6 所示。

图 5.6　自动创建报表

（2）选择"创建"选项卡中的"报表"组，单击"报表"按钮，如图 5.6 所示，即可进入自动生成的"学生"报表的布局视图，如图 5.7 所示。

图 5.7　"学生"报表的布局视图

（3）单击快速访问工具栏中的"保存"按钮，命名并保存该报表。

5.2.2　新建空报表

Access 通过新建空报表来提供一种快速创建空报表的方法。在新建空报表时，无须事先选取数据源，系统默认打开空报表的布局视图，并且提供字段列表方便用户拖曳选取数据源。在用户布局好字段后能够立即通过布局视图来查看数据全貌，直接观察报表的设计结果。

例 5.2　以"课程"表为数据源，用新建空报表的方法建立"课程"报表。

操作步骤如下：

（1）在 Access 中打开"教学管理系统"数据库，选择"创建"选项卡中的"报表"组，单击"空报表"按钮，即可进入空报表的布局视图，如图 5.8 所示。

图5.8 空报表的布局视图

（2）选择"字段列表"中的"课程"表，单击"＋"按钮，选取并拖曳字段到布局视图中，即可自动生成"课程"报表的布局视图，如图5.9所示。

图5.9 "课程"报表的布局视图

（3）单击快速访问工具栏中的"保存"按钮，命名并保存该报表。

5.2.3 使用报表向导创建报表

在使用报表向导创建报表时，向导会提示用户选择数据源、字段、版面及所需的格式，根据向导提示可以完成大部分报表设计的基本操作，加快了创建报表的过程。

例5.3 使用报表向导的方法创建"学生成绩"报表。

操作步骤如下：

（1）在 Access 中打开"教学管理系统"数据库，选择"创建"选项卡中的"报表"组，单击"报表向导"按钮，启动报表向导。

（2）选择数据源。在"表/查询"下拉列表中选择"成绩"表，在"可用字段"列表中选中"学号"、"课程号"和"成绩"字段到"选定字段"列表中，如图5.10所示，然后单击"下一步"按钮。

（3）确定是否添加分组级别。根据需要，选择"课程号"字段作为分组级别，如图5.11所示，然后单击"下一步"按钮。

图 5.10 选择数据源

图 5.11 选择分组级别

(4) 指定数据的排序方式。用户最多可以按 4 个字段对记录进行排序,这里指定按"学号"排序,如图 5.12 所示。单击"汇总选项"按钮,弹出如图 5.13 所示的"汇总选项"对话框,指定计算汇总值的方式为"平均"方式,然后单击"确定"按钮,再单击"下一步"按钮,进入下一个对话框。

图 5.12 指定数据的排序方式

图 5.13 "汇总选项"对话框

（5）指定报表的布局方式。这里选择"递阶"布局方式,如图 5.14 所示。注意,不同的数据源或不同的设计会使得布局方式有不同的选择,用户还可以选择是纵向打印还是横向打印,在左边的预览框中可以看到布局的效果,然后单击"下一步"按钮。

图 5.14 指定报表的布局方式

（6）选择所用样式。这里应用报表的自动套用格式功能,选择"办公室"样式,然后单击"下一步"按钮。

（7）为报表指定标题。这里输入"学生成绩",选中"预览报表",单击"完成"按钮就可以得到一个初步的报表,该报表的打印预览视图如图 5.15 所示。如果用户对报表的设计不满意,还可以切换到该报表的设计视图做进一步的修改,该报表的设计视图如图 5.16所示。

5.2.4 使用标签向导创建报表

标签报表是 Access 提供的一种非常实用的报表,它采用多列布局,是完全为了适应标签纸而设置的特殊格式的报表。"标签向导"不仅支持标准尺寸的标签,还能够制作自定义尺寸的标签。

图 5.15 "学生成绩"报表的打印预览视图

图 5.16 "学生成绩"报表的设计视图

例 5.4 为"学生"表中的每个学生制作一个学生信息的标牌,包括学号、姓名、出生日期和专业。

操作步骤如下:

(1) 在 Access 中打开"教学管理系统"数据库,在数据库对象列表中选取"学生"表作为数据源,然后选择"创建"选项卡中的"报表"组,单击"标签"按钮。

(2) 选择标签型号。在弹出的"标签向导"对话框中选择第一个标签尺寸 C2166,横标签号2表示横向一次打印两个标签,然后单击"下一步"按钮。

(3)选择标签的字体和字号。这里按默认值选定,然后单击"下一步"按钮。

(4)确定标签的显示内容。在右边的"原型标签"栏中,既可以直接输入要打印的文本,还可以通过双击"可用字段"列表框中的字段选择所需字段,选中的字段会用花括号标识。这里按题意设计,如图5.17所示。

图5.17 确定标签的显示内容

(5)选择排序字段。这里选择按"学号"排序,然后单击"下一步"按钮。

(6)指定标签名称。输入"学生标签"后单击"完成"按钮,即可见"学生标签"报表的打印预览视图,如图5.18所示。

图5.18 预览学生标签

5.3 使用设计视图创建报表

使用向导的方法可以很方便地创建报表,但有时报表的形式不能令人满意,这时可以通过报表的设计视图对报表做进一步的完善和改进。当然,用户也可以在报表设计视图中直接创建新报表。

5.3.1 使用设计视图创建报表的步骤

使用设计视图创建报表的步骤如下：

（1）打开数据库。

（2）打开报表的设计视图。选择"创建"选项卡中的"报表"组，单击"报表设计"按钮，就可以打开新报表的设计视图了。

（3）添加和设计所需控件。在设计视图中，新报表显示出它的原始结构，由报表的3个基本节组成：页面页眉、主体和页面页脚。单击"设计"选项卡的"工具"组中的"添加现有字段"按钮，就可以打开用来选择数据源的字段列表，通过在字段列表中拖曳字段，可以直接将字段布局到适当节中。图5.19就是选定了"学生"表数据源的报表设计视图。利用"控件"组中的工具按钮，用户可以在报表的适当节中添加所需控件，并通过设置控件的显示内容、属性及格式等，完成报表的设计。

图5.19 报表设计视图

（4）保存并预览报表，结束报表的创建。

5.3.2 报表控件的使用

1. 添加标签和文本框

在Access报表中，最常用的控件就是标签和文本框控件。标签控件用来显示静态数据，其内容在设计报表时就已经确定，打印时不会有变化。文本框控件用来在报表中显示数据，可以与数据源进行绑定，打印时将动态显示实际数据，也可以显示某个表达式的内容。

例5.5 用报表设计视图建立"学生基本情况"报表，要求显示"学生"表中的每个字段。

操作步骤如下：

（1）打开"教学管理系统"数据库，选择"创建"选项卡中的"报表"组，单击"报表设计"按钮，打开报表设计视图。

（2）在设计视图的窗口中右击，添加"报表页眉/页脚"节。

（3）添加报表标题。在"报表页眉"中，添加标签控件用来显示报表的标题为"学生基本情况表"，并右击标签，选择"属性"命令，修改"格式"选项卡中的字体名称为"黑体"，并设置字号为20，如图5.20所示。

图5.20 "学生基本情况"报表的设计视图

（4）设置报表每页的列标题。在"页面页眉"节中，添加多个标签控件用来分别输入"学生"表的每一个字段名，用户还可以通过"格式"菜单中的"对齐"命令使标签排列整齐。

（5）设置相应控件显示数据记录。单击"设计"选项卡的"工具"组中的"添加现有字段"按钮，打开字段列表，选中"学生"表，单击"＋"按钮，展开"学生"表中的字段。用鼠标直接选中列表中的各个字段拖曳到"主体"节中，系统会自动生成与字段类型相匹配的控件，然后删除各字段前面的标签并调整各控件位置，使之与页面页眉中的列标题纵向对齐，如图5.20所示。当然，用户也可以不删除字段前的标签，而直接将它们剪切并粘贴到页面页眉中的对应位置，那样就可以省去步骤（4）了。

另外，用户也可以直接从"控件"组中选择各字段对应的控件布局到"主体"节中，然后分别选中各个控件，右击选择"属性"命令，在"数据"选项卡的"控件来源"属性中选择要绑定的字段。

（6）至此完成了该报表的设计，用户可通过单击"视图"按钮查看该报表的报表视图，如图5.21所示。如果用户对显示结果满意，可以关闭并保存报表名为"学生基本情况"。

图5.21 "学生基本情况"报表的预览视图

2. 添加页码、日期和时间

报表中经常需要显示页码、日期及时间等打印时的状况信息，在 Access 报表设计视图中能够很容易地添加这些对象。

例 5.6 为"学生基本情况表"报表添加页码、日期和时间。

操作步骤如下：

(1) 打开"教学管理系统"数据库，在左边的对象列表中选择"学生基本情况"报表，然后右击选择"设计视图"命令，打开该报表的设计视图。

(2) 单击"控件"组中的"页码"按钮，在弹出的对话框中选中"首页显示页码"复选框，格式选择"第 N 页"，位置选择"页面底端(页脚)"，并以"居中"对齐方式显示页码，然后单击"确定"按钮。这时，用户可以看到在设计视图的"页面页脚"节中出现了显示页码的文本框控件，如图 5.22 所示，这意味着每一个新的打印页都将显示页码。

(3) 单击"控件"组中的"日期和时间"按钮，在弹出的对话框中选定日期和时间的显示格式，然后单击"确定"按钮。同样，用户可以看到在设计视图的"报表页眉"节的右上角，系统已经添加了两个分别用来显示日期和时间的文本框，如图 5.22 所示，说明日期和时间只在报表打印的第一页(即报表页眉中)显示一次。当然，用户也可以通过拖动文本框的方式将它们移至其他位置，那么打印的次数将会随着所在节的不同有所差异。

(4) 设计完成后，单击"视图"按钮，选择"报表视图"，查看结果。

图 5.22 设置页码、日期和时间

3. 绘制线条和矩形

在报表中的适当位置添加线条和矩形能够分割报表空间，起到醒目和美化的作用。添加线条和矩形的方法与在窗体中添加该控件的方法一样，只是用户需要注意添加到不同节中的线条和矩形在显示上的变化。

例 5.7 在"学生基本情况"报表中添加直线，结果如图 5.23 所示。

操作步骤如下：

(1) 打开"教学管理系统"数据库，选择"创建"选项卡中的"报表"组，单击"报表设计"按钮，打开报表设计视图。

(2) 在"控件"组中单击"直线"按钮，然后在"页面页眉"的列标题标签下绘制一条直线。

(3) 选中线条右击，设置属性，在此选择边框宽度为 3 磅。

（4）设计完毕，切换到报表视图，显示结果如图 5.23 所示。

图 5.23　添加直线

用户需要注意的是，由于直线只在每一页的列标题下显示，所以只能将直线添加到"报表页眉"节中，如果错误地将直线添加到"主体"节中，则会在每一条记录下都显示一条直线，这就与题意不符了。

5.3.3　排序与分组

1. 排序

在默认情况下，报表中显示的数据是按照数据在表中的输入顺序来排列的。如果需要将数据按指定的顺序显示，就可以使用 Access 数据库提供的排序功能。通过排序设置可以将记录按照一定的规则排列，从而使数据的查找更为方便。当然，通过"报表向导"也可以设置记录的排序和分组方式，但最多只能按 4 个字段排序。使用"分组和排序"按钮，可以进行多达 10 个字段的排序与分组，并且可以选择按字段表达式排序。

例 5.8　建立"学生选课成绩"报表，要求显示学生的姓名和课程的名称及成绩，并且按照"学号"的升序和"成绩"的降序进行排序。

操作步骤如下：

（1）在"教学管理系统"数据库中新建一个基于"学生"、"课程"和"成绩"表的名为"选课成绩查询"的查询，查询中选择"学号"、"姓名"、"课程号"、"课程名称"和"成绩"字段。

报表的数据源既可以选择表也可以选择查询，而本报表的数据显然来源于多表，所以选择事先建立的多表查询较为适合。用户也可以通过在报表的字段列表中依次选中多表中的字段，由系统自动创建对应的 SQL 查询命令作为数据源。

（2）用报表设计视图新建报表。选择"创建"选项卡中的"报表"组，单击"报表设计"按钮，打开报表设计视图。单击"报表"组中的"属性表"按钮，打开报表的属性对话框，设置"数据"选项卡中的"记录源"属性为"选课成绩查询"，然后单击"报表"组中的"添加现有字段"按钮，打开"字段列表"，查询中的可用字段全部展现在"字段列表"中。用前面例 5.5 中的方法添加报表页眉以及各个控件，并进行属性设置与布局，如图 5.24 所示。设置完毕后关闭"字段列表"。

图 5.24 "学生选课成绩"报表的设计视图

(3) 在"设计"选项卡的"分组和汇总"组中单击"分组和排序"按钮,在报表的下方打开"分组、排序和汇总"对话框,如图 5.25 所示。

图 5.25 显示"分组、排序和汇总"对话框

(4) 单击"添加排序"按钮,从"选择字段"下拉列表中选择字段或直接输入表达式,这里选择"学号"字段,排序次序选择"升序"。然后单击第二行的"添加排序"按钮,选择"成绩"字段,排序次序选择"降序",如图 5.26 所示。经过这样设置,在实际显示的时候处在第一行的"学号"字段具有最高的排序优先级,而第二行的"成绩"字段具有次高的排序优先级。

图 5.26 设置排序属性

（5）关闭"分组、排序和汇总"对话框，然后关闭报表的设计视图，输入报表的名称为"学生选课成绩"。最后双击报表对象，查看报表视图，如图5.27所示。

图5.27 排序后的"学生选课成绩"报表的报表视图

2. 分组

使用Access数据库提供的分组功能，可以将记录按照一个或多个字段分组，然后对每个组分别进行数据的汇总和统计。

例5.9 设计分组报表"学生选课成绩"，要求每个学生的课程及成绩为一组。

操作步骤如下：

（1）在"教学管理系统"数据库中，选中例5.8中建好的"学生选课成绩"报表，然后右击选择"设计视图"命令，打开设计视图。

（2）在"设计"选项卡下，单击"分组和汇总"组中的"分组和排序"按钮，在报表下方打开"分组、排序和汇总"对话框。

（3）在"分组、排序和汇总"对话框的第一行中选择排序依据为"学号"字段（上例中已选中），然后单击该行后的"更多"按钮，展开更多选项，选择"有页眉节"，添加"组页眉"节，其他保持默认选项，如图5.28所示。

图5.28 设置分组

分组属性如下：

① 分组形式。分组形式用于指定对字段的值采用什么方式进行分组。不同的数据类型其选项不同，如表5.1所示。

表 5.1　分组字段的数据类型与分组形式选项

分组字段的数据类型	分组形式选项	记录分组的原则
文本型	按整个值(默认选项)	将字段或表达式值相同的分在一组
	自定义	将字段或表达式前 n 个字符相同的分在一组,n 由用户指定
日期/时间型	按整个值(默认选项)	将相同日期的分在一组
	年	将相同年份的分在一组
	季	将相同季度的日期分在一组
	月	同年同月的日期分在一组。注意,"2007-1-1"与"2008-1-1"不在一组
	周	将相同周的日期分在一组
	日	将相同日的日期分在一组
	小时	将相同小时的时间分在一组
	分	将相同分的时间分在一组
	自定义	指定分组字段的间隔为 n 天(或小时、分钟)
数值、自动编号和货币型	按整个值(默认选项)	将字段或表达式值相同的分在一组
	自定义	指定分组字段的间隔值为 n 条记录

例如,当分组字段为日期/时间型时,如果将分组形式设置为周,将组间距设置为 2,表示每两周为一组。

② 汇总。若要添加汇总,单击此选项可以添加多字段的汇总,还可以对同一字段执行不同类型的汇总。

③ 添加标题。单击"有标题"后的"单击添加"按钮,可以设置组页眉中显示的标签,在弹出的缩放对话框中输入组标题内容,然后单击"确定"按钮关闭缩放对话框,这样系统就会自动选择"有页眉节"。

④ 组页眉。选择"有页眉节",可添加"组页眉"节,选择"否"则删除该节。

⑤ 组页脚。选择"有页脚节",可添加"组页脚"节,选择"否"则删除该节。

⑥ 保持同页。该属性用于指定是否在一页中打印同组的所有内容,它有 3 个属性值:若设置为"不将组放在同一页上",则指定打印时,依次打印各组,同组数据可以不在同一页上打印输出;若设置为"将整个组放在同一页上",则指定打印的同一组的内容必须在同一组;若设置为"将页眉和第一条记录放在同一页上",意味着只有当组中的第一条记录完整打印时,才打印该组页眉。

(4) 此时,用户可以看到在报表中增加了一个以分组字段学号为名的页眉节"学号页眉"。因为要按"学号"分组,故"学号"和"姓名"字段的内容应该放置于"学号页眉"节中使得该信息每组显示一次。这里可以将原视图中的学号和姓名的相应标签和文本框控件移动到"学号页眉"节,当然也可以直接创建这 4 个控件,重新调整布局后如图 5.29 所示。

(5) 至此设计完成,单击功能区中的"视图"按钮,选择"报表视图"查看结果,如图 5.30所示,最后关闭并保存该报表。

图 5.29 设置"学号页眉"

图 5.30 分组报表的报表视图

5.3.4 设计汇总报表

在 Access 中可以对报表中的数据进行统计汇总,这时需要用到计算控件来调用系统提供的计算函数,如 Count(表达式)计数、Sum(表达式)求和、Avg(表达式)求平均值、Max(表达式)求最大值、Min(表达式)求最小值等。

用户要根据汇总的范围,正确地放置用于计算的控件。如果是对所有记录进行汇总,那么计算控件应该放置在报表页眉或报表页脚中;如果是对记录分组后的每一组汇总,则应该将计算控件放在组页眉或组页脚中。

例 5.10 设计汇总报表"学生选课成绩",要求每个学生为一组,计算该学生的总分和平均分。

操作步骤如下:

(1) 在"教学管理系统"数据库中,选中例 5.9 中建好的"学生选课成绩"报表,然后右击,选择"设计视图"命令,打开设计视图。

(2) 在"设计"选项卡下,单击"分组和汇总"组中的"分组和排序"按钮,在报表下方打开"分组、排序和汇总"对话框。

(3) 在"分组、排序和汇总"对话框的第一行中选择排序依据为"学号"字段(上例中已选中),然后单击该行后的"更多"按钮,展开更多选项,选择"有页脚节",添加"组页脚"节,其他保持默认选项。此时,用户可以看到在报表中增加了一个以分组字段学号为名的页脚节"学号页脚"。

(4) 在"学号页脚"处添加两个文本框控件,分别输入求总分与取整的平均分的标题和计算公式"=Sum([成绩])"与"=Int(Avg([成绩]))",具体如图 5.31 所示。

(5) 设计完成后,单击"视图"按钮切换到报表视图,结果如图 5.32 所示。最后关闭并保存该报表。

图 5.31　创建分组汇总报表

图 5.32　汇总报表的预览视图

5.3.5　设计子报表

在报表的设计和应用中,可以通过设计子报表来显示和打印具备一对多关系的表之间的联系。其中,利用主报表显示"一"方的表记录,用子报表显示与"一"方表中的当前记录所对应的"多"方表的记录,从而实现在子报表中显示主报表特定记录的相关信息。

创建子报表的方法有两种:一种是在已有的报表中创建子报表;另外一种是通过将某个已有报表作为子报表直接添加到其他现有报表中的方法来实现子报表。无论用户采用哪种方法,在创建子报表之前,都应确保已经建立了正确的表间关系。

1. 在已有报表中创建子报表

例 5.11　在"学生基本情况"报表中创建并添加"成绩"子报表。

操作步骤如下:

(1) 打开已有报表。在"教学管理系统"数据库中选中"学生基本情况表"报表,然后通过右键打开设计视图。

(2) 打开"子报表向导"。在"设计"选项卡下,首先单击"控件"组中的"使用控件向导"按钮来激活向导,然后单击"子窗体/子报表"控件,在"学生基本情况表"报表的主体节内下方按下鼠标左键拖出一个区域用来显示子报表,于是就启动了"子报表向导",如图 5.33所示。

(3) 选择子报表来源类型。选中"使用现有的表和查询"单选按钮,然后单击"下一步"按钮。

(4) 确定子报表来源字段。在弹出的对话框中的"表/查询"下拉列表框中选择"表:成绩",并将"成绩"表中的"学号"、"课程号"、"成绩"字段添加到"选定字段"列表中,如图 5.34所示,然后单击"下一步"按钮。

(5) 选择主报表的关联字段。在弹出的对话框中选中"从列表中选择"单选按钮,并在下面的列表中选择"对＜SQL 语句＞中的每个记录用学号显示成绩"，如图 5.35 所示，然后单击"下一步"按钮。

图 5.33　选择子报表来源类型

图 5.34　选择子报表来源字段

图 5.35　选择主报表的关联字段

（6）输入子报表名称。在弹出的对话框中的"请指定子窗体或子报表的名称"文本框中直接输入子报表的名称"成绩"，然后单击"完成"按钮，即可完成子报表的创建。调整子报表的标签和其他控件的布局如图 5.36 所示，然后切换到报表视图观看结果，如图 5.37 所示，最后关闭并保存该报表。

图 5.36　包含子报表的设计视图

图 5.37　包含子报表的报表视图

2. 将报表添加到已有报表中创建子报表

主要操作步骤如下：

（1）在设计视图中打开作为主报表的报表。

（2）使"设计"选项卡的"控件"组中的"使用控件向导"按钮处于选中状态。

（3）将子报表或数据表从"数据库"窗口中拖曳到主报表中需要放置子报表的节中，这样，Access 就会自动将子报表控件添加到主报表中，并显示与主报表中的关联字段相关联的数据信息。

5.4 导出报表快照

如果需要定期打印、复印 Access 报表，或者以电子邮件的方式发送报表，以及将其发布到网站上供用户进行快捷、方便的访问，并且不要求用户必须具有完整的 Access 才能查看和打印这些 Access 报表，此时可以选择为这些报表建立报表快照。报表快照是一种可移植的 Access 报表。报表快照文件的扩展名为.snp，在这个文件中可包含报表中各个页的副本，并保留该报表的二维布局、图形和其他嵌入对象。

用户通过将 Snapshot Viewer 和其他程序（如 Microsoft Windows 资源管理器、电子邮件程序或 Microsoft Internet Explorer 这样的 Web 浏览器）结合使用，就可以查看、打印、存储、发布、分发和存档报表快照。

创建报表快照的步骤如下：

（1）在导航窗格中单击选中要为其创建报表快照的报表。

（2）选择"外部数据"选项卡中的"导出"组，单击"其他"按钮，选择 Snapshot Viewer 格式。

（3）在弹出的保存对话框中选择保存位置，并输入报表快照的文件名，然后单击"确定"按钮。

默认情况下，报表快照显示在 Snapshot Viewer 中。如果是第一次创建报表快照，并且安装时未安装 Snapshot Viewer，则 Access 将自动安装 Snapshot Viewer。

5.5 设置报表页面和打印报表

报表设计完成后就可以将报表打印出来了，但是要想打印的报表美观，在打印之前还需要合理地设置报表的页面，直到效果满意再将报表打印输出。

5.5.1 设置报表页面

报表页面设置主要包括设置边距、纸张大小、打印方向、打印列数、页眉、页脚样式等。

报表页面设置的具体操作步骤如下：

（1）在数据库窗口的对象列表中选择"报表"对象，然后双击要设置打印页面的报表。

（2）选择"页面设置"选项卡中的"页面布局"组，单击"页面设置"按钮，打开"页面设置"对话框。

（3）在该对话框中有"打印选项"、"页"和"列"3 个选项卡，分别用于设置报表的边距、页和列属性。其中，如果设置"列数"不为 1，就会生成多列报表，如图 5.38 所示。多列报表在打印时，

图 5.38 "页面设置"对话框

报表页眉页脚和页面页眉页脚都会改变原来单列报表中占据整个页面的宽度的性质,变为只占据页面上一列的宽度。

5.5.2 打印报表

报表经过页面设置并预览修改后,就可以打印了,打印就是将报表送到打印机输出。

具体的操作步骤如下:

(1) 在数据库窗口的导航窗格中选择"报表"对象,选中要打印的报表,然后右击打开该报表的打印预览视图。

(2) 单击"打印预览"选项卡中的"打印"按钮,弹出"打印"对话框,如图 5.39 所示。

图 5.39 "打印"对话框

(3) 在"打印"对话框中设置打印范围、打印份数等参数后,单击"确定"按钮,开始打印。

思考题

1. Access 报表的结构是怎样的? 各部分的主要功能是什么?

2. Access 报表有几种基本类型? 各有什么特点?

3. 创建报表的方法有几种? 各有什么特点?

4. 报表页眉与页面页眉的区别是什么?

5. 如何在报表中插入日期、时间和页码?

6. 如何对报表进行排序和分组?

7. 如何创建带有汇总内容的报表?

8. 在报表页脚中使用计算控件与在组页脚中使用计算控件有何不同?

第6章 数据库的安全管理

6.1 管理数据库

Access 2007 提供了两种保证数据库可靠性的途径,一种是建立数据库的备份,当数据库损坏时可以用备份的数据库来恢复;另一种是通过自动恢复功能来修复出现错误的数据库。为了提高数据库的性能,Access 2007 还提供了性能优化分析器帮助用户设计具有较高整体性能的数据库。此外,Access 2007 还提供了数据库的压缩和修复功能,以降低数据库对存储空间的需求,并修复受损的数据库。

6.1.1 数据的备份和恢复

在创建和使用数据库的过程中,随着对数据库中的各种对象进行添加和删除操作,有可能会导致保存在计算机中的数据库文件所占的磁盘空间越来越大。例如,有些对象数据在添加到数据库后需要将其删除,在很多情况下,不能将这个对象的所有数据和参数设置彻底地删除干净,文件可能会变得支离破碎,并使磁盘空间的使用效率降低。

Access 2007 还可以修复数据库中表的损坏,窗体、报表或模块中的损坏,已经打开的特定窗体、报表或模块所需信息的丢失或数据库文件的损坏,为了确保数据库使用时的安全,用户经常需要对数据进行备份。

在 Access 2007 中,提供了很多实用工具对数据库的运行进行维护和管理,具体包括压缩和修复数据库、备份数据库、拆分数据库等工具。

在 Access 2007 窗口中单击 Office 按钮,选择"管理"命令,就可以看到这些工具,如图 6.1 所示。

在实际使用中,系统难免会出现一些错误,这些错误有的可以通过自动修复功能加以修复,但是当数据库损坏较严重时,就无法用自动恢复功能加以恢复了,这时必须为用户提供建立数据库备份的功能,在需要的时候使用备份数据库对系统进行恢复。

1. 备份数据库

数据库的备份必须是一个数据库完整的映像,在这个映像的时间点上,没有部分完成的事物存在,这可以通过数据库的离线备份来实现,因为在这种情况下,没有事物需要处理。这种方式的缺点在于备份过程中没有应用能够使用数据库。当数据库在线的时候也可以进行备份,在这种情况下,备份程序要确保不管数据访问多么活跃,都能够得到一个完整的数据备份。

在备份数据前,首先要关闭要备份的数据库,如果在多用户(共享)数据库环境中,则要

图 6.1 数据库中的管理工具

确保所有用户都关闭了要备份的数据库。其具体步骤为：在 Access 2007 窗口中单击 Office 按钮，选择"管理"→"备份数据库"命令，弹出"另存为"对话框进行设置，如图 6.2 所示，Access 会自动将用户备份时间作为备份文件名的一部分。

图 6.2 "另存为"对话框

2. 恢复数据库

通过备份，快速地将备份介质运送到安全的地方，数据库就能够在大多数灾难中得到恢复,恢复时文件使用从一个基点的数据库映像开始,到一些综合的备份和日志。由于存在不可预知的物理灾难,一个安全的数据恢复,可以使数据库映像恢复到尽可能接近灾难发生的时间点的状态。对于逻辑灾难,如人为破坏或者应用故障等,数据库映像应该恢复到错误发生的时间点的状态。

在一个数据库完全恢复的过程中,恢复后的所有日志中的事物被重新应用,结果就是一个数据库映像反映所有灾难前已接受的事务,而没有被接受的事务则不反映。为了恢复数据库操作等错误,完全恢复是不合适的,如果重新应用所有事物,错误就会重复。数据库恢复应用程序允许管理员停止日志在错误发生的前一点,从而数据库可以恢复到错误发生前的最后一个时刻。

对于已经做好备份的数据库,如果要恢复数据库,可以根据原来制作备份数据库时的方法,选择相应的方法来恢复数据库。如果备份时使用的菜单中的"复制"命令,在恢复数据库的时候仍然要使用这种方法;如果备份时使用的是其他软件,在恢复的时候还需要使用这个软件对其进行恢复。

6.1.2 数据库的压缩和修复

通常,在操作数据库的过程中可能会出现以下情况:

(1) 从表中删除记录或者从数据库中删除对象,Access 没有在用户每次删除操作之后,立刻改变数据库文件的存储空间大小。因为改变数据库文件的大小,要对数据库的所有对象进行重新复制,这既浪费时间,也影响数据库的运行速度。

(2) 当用户在非正常情况下退出 Access 时(如突然断电等),数据库有可能被破坏,数据库一旦被破坏,将不能打开。

如果上述情况出现,就需要对数据库进行修复工作。Access 2007 将压缩和修复集中在一个功能中,而且能够更安全和有效的工作。

如果对数据库频繁执行删除表和添加表操作,则数据库可能会变成碎片保存,这时候就不能有效地利用磁盘空间了。压缩数据库可以备份数据库、重新安排数据库文件在磁盘中的保存位置,并可以释放部分磁盘空间。在 Access 2007 中,数据库的压缩和修复功能将合并成一个工具,而且既可以压缩 Access 2007 数据库,也可以压缩 Access 2007 项目。

1. 压缩和修复当前的数据库

在修复一个数据库时,首先要求其他用户关闭这个数据库,然后以管理员的身份打开数据库。单击 Office 按钮,选择"管理"→"压缩和修复数据库"命令,Access 即可自动完成数据库的修复。

2. 压缩未打开的数据库

(1) 启动 Access 2007,单击 Office 按钮,选择"管理"→"压缩和修复数据库"命令,弹出"压缩数据库来源"对话框。

(2) 选中要压缩的"教学管理系统"数据库,单击"压缩"按钮,弹出"数据库压缩为"对话框。

(3) 在"将数据库压缩为"对话框的"保存位置"下拉列表框中选择要保存的位置,在"文件名"文本框中输入压缩后的名称"教学管理系统(副本)"。

6.1.3 生成 MDE 文件

单击"数据库工具"选项卡中的"生成 MDE"按钮(如图 6.3 所示),Access 2007 系统会将数据库文件(.mdb)转换成一个 MDE 文件。将一个数据库文件转换为一个 MDE 文件,是编译所有模块、删除所有可编辑的源代码,并压缩目标。由于删除了 Visual Basic 源代码,使得其他用户不能查看或编辑数据库对象,当然也使数据库变小了,使得内存得到了优化,从而提高了数据库的性能,这也是把一个数据库文件转换为一个 MDE 文件的原因。

图 6.3 "数据库工具"选项卡

如果要将一个数据库转换成 MDE 文件,最好保存原来的 Access 数据库文件的副本。转换成 MDE 文件的数据库能够打开和运行,但是不能修改 MDE 文件的 Access 数据库中的设计窗体、报表或模块。因此,如果要改变这些对象的设计,必须在原始的 Access 数据库中设计窗体报表或模块,然后将 Access 数据库保存为 MDE 文件。

6.2 数据库的安全概述及常用的安全措施

数据库的安全性是指保护数据库,以防止不合法使用所造成的数据泄露、更改或破坏。一般的数据库安全性问题应该包括两个部分:第一部分是数据库数据的安全,它应该确保当数据库数据的存储媒体被破坏时以及数据库用户误操作时,数据库数据信息不至于丢失;第二部分是数据库系统不被非法用户侵入,是否有效是数据库系统的主要指标之一。

在 Access 2000 以前的版本中,有关安全性的知识有时被认为是无法为任何人所掌握和应用的,用户需要按顺序执行很多步骤,一旦遗漏某个步骤或者颠倒了顺序就会带来令人难以想象的后果。随着安全机制向导(Security Wizard)的出现及其不断地改进,在 Access 2007 中安全性的设置已经变得非常简单。但是,即使有了这些帮助,用户也必须清楚地知道安全选项,并掌握在数据库中保护数据和对象的操作,否则,轻者会带来数据安全隐患,重者会被锁在自己的数据库之外。

现在有很多工具和第三方应用程序可用于探测任何类型数据库的密码,或来自任何工作组信息文件的用户名和密码。用户需要保护敏感数据免受非法访问,最好的安全措施是使用计算机操作系统提供的文件级安全和文件共享安全性。文件级安全性涉及在数据文件上设置权限;文件共享安全性设计限制对数据文件存储位置的访问。文件共享安全性的一个示例是在存储数据文件的文件夹(位于本地计算机或网络服务器上)上设置用户权限。为此,用户可以将数据拆分到多个文件中,分别在这些文件上设置用户权限,再将这些文件放置到受保护的文件共享空间中,然后从具有安全设置的 Access 数据库链接到这些文件。

为了避免应用程序及其数据遭到意外或故意地修改或破坏,Access 2007 提供了以下安全保护措施。

1. 设置数据库密码

数据库访问密码是指为打开数据库(.MDB)而设置的密码,它是一种保护 Access 数据库的简便方法。设置密码后,用户每次打开数据库时都将显示要求输入密码的对话框,只有输入了正确的密码才能打开数据库。这个方法是安全的,但是只适用于打开数据库。在数据库打开后,数据库中的所有对象对用户将是可用的(除非已经定义了其他的安全机制)。对于在某个小型用户组中共享的数据库或者单机上的数据库,设置密码通常就足够了。

2. 编码/解码数据库

数据库访问密码仅提供从 Access 界面进入数据库的安全保护,但不能防止使用其他手段来打开数据库文件,因此,经常利用数据库加密作为对数据库密码等安全机制的补充。数据库加密通过压缩数据库文件来实现,在压缩的同时对数据库文件起到安全保护的作用。压缩后的数据库难以用一般程序或字处理器等软件工具解密,但对数据库加密并不限制用户访问对象。若数据库未设置访问密码,尽管用数据库加密方法压缩了数据库文件,访问者仍可在 Access 窗口中打开该数据库,对数据库中的对象拥有完全的访问权。

加密可以避免在以电子方式传输数据库或者将其存储在软盘、磁盘或光盘上时,其他用户偶然访问数据库中的信息。使用数据引擎的加密方法非常薄弱,因此不能用于保护敏感数据。"编码/解码数据库"按钮位于"数据库工具"选项卡中。解密数据库是对加密过程的逆过程。

3. 对数据库进行加密

用户可以对数据库设置密码,从而要求其他用户在访问数据和数据库对象时输入密码。使用密码保护数据库或其中对象的安全性也称为共享级安全性,但是不能使用此选项为用户或组分配权限,因此任何掌握密码的人都可以无限制地访问所有 Access 数据和数据库对象。

数据库密码通过"数据库工具"选项卡中的"用密码进行加密"按钮进行设置。

4. 设置 VBA 工程密码

Access 可通过为 VBA 工程设置密码来保护应用程序的代码。这种密码一旦设置,则打开 Visual Basic 编辑器窗口后,只有输入了正确的密码,VBA 代码才能查看或修改,但并不影响 VBA 代码的运行。

5. 用户安全性

除共享级安全性外,用户还可以使用用户级安全性,Access 提供了最严格的访问限制,使用户能够最大限度地控制数据库及其中包含的对象。

用户级安全性(单独使用时)主要用于保护数据库的代码和对象,以免用户不小心进行了修改或更改。如果不希望用户非法访问窗体、报表或模块中的代码,则必须将.mdb 文件转换成 MDE 文件。如果要避免用户修改表中的数据,同时又禁止其修改表的设计或删除表,需要使用基于服务器的数据库产品,例如 Microsoft SQL Server。

6. 将数据库保存为 MDE 文件

这种方法既能保护 VBA 代码,又能保护窗体和报表。在生成 MDE 文件时,Access 在编译了所有模块后,随即删除了所有可编辑的源代码,然后压缩目标数据库。此时,原始的

.mdb文件不会受到影响,新数据库中的 VBA 可以正常运行,但不能查看或编辑。认证与鉴别(Identification & Authentication)是系统提供的最外层安全保护措施,其由系统提供一定的方式让用户标识自己的名字或身份。在每次用户要求进入系统时,由系统进行核对,通过鉴定后才提供系统使用权。

6.3 隐藏数据库对象

最简单的数据库保护方法就是将需要保护的数据库对象隐藏,这样可以避免其他用户对它的访问。Access 提供了隐藏数据库对象的功能,可以使被保护的数据库对象不显示在数据库窗口中。

隐藏数据库对象的具体操作步骤如下:

(1) 选择数据库窗口中需要保护的数据库对象,在"数据库工具"选项卡的"显示/隐藏"组中单击"属性表"按钮,此时会弹出如图 6.4 所示的对话框,选中"隐藏"复选框,单击"确定"按钮,则该数据库对象将被隐藏,不再显示在数据库窗口中。

(2) 如果用户想要恢复该隐藏对象,可以右击左侧的 Access 对象,在弹出的快捷菜单中选择"导航选项"命令,弹出如图 6.5 所示的"导航选项"对话框,选中"显示隐藏对象"复选框,然后单击"确定"按钮,此时,被隐藏的数据库对象暗淡地出现在数据库窗口中。

图 6.4 "属性"对话框

图 6.5 "导航选项"对话框

(3) 如果要取消隐藏属性,则需要和设置隐藏的步骤一样,在"属性"对话框中取消选中"隐藏"复选框。

6.4　设置和取消数据库密码

　　计算机安全系统是用来保护计算机以及其中所存放数据的重要手段。安全系统可以让合法用户很方便地访问到受保护的数据,同时也使那些未授权的用户无法侵入到系统中。本节将介绍如何保护 Access 数据库的安全。

　　保护数据库的最简单办法就是为打开的数据库设置密码。设置密码后,打开数据库时系统要求用户输入密码,只有输入正确密码的用户才可以打开数据库。但是由于密码只在打开数据库时起作用,在数据库打开之后,数据库中的所有对象用户都是可以用的。设置数据库密码的具体操作如下:

1. 设置用户密码

　　(1) 打开"教学管理系统"数据库,单击"数据库工具"选项卡中的"设置数据库密码"按钮,弹出 Access 的提示对话框,如图 6.6 所示。该对话框提示,如果为数据库设置密码,必须先关闭数据库,然后以独占的方式打开才能为数据库设置密码。

图 6.6　提示对话框

　　(2) 单击"确定"按钮,关闭当前的数据库,然后单击 Office 按钮,选择"打开"命令,弹出"打开"对话框,在该对话框中选择"教学管理系统"数据库,接着单击"打开"按钮右侧的下三角按钮,从快捷菜单中选择"以独占方式打开"命令,如图 6.7 所示。

　　(3) 单击"数据库工具"选项卡中的"设置数据库密码"按钮,弹出"设置数据库密码"对话框,在"密码"文本框中输入密码,在"验证"文本框中再次输入密码,如图 6.8 所示。

　　(4) 单击"确定"按钮,则数据库密码就设置成功了。当下次打开这个数据库的时候,用户就会发现在打开数据库之前会在屏幕上出现一个对话框,要求输入这个数据库的密码,如图 6.9 所示,这时只要输入正确的密码就能打开数据库。

图 6.7　以独占方式打开"教学　　　图 6.8　"设置数据库密码"对话框　　　图 6.9　"要求输入密码"
　　　　　管理系统"数据库　　　　　　　　　　　　　　　　　　　　　　　　　　　　对话框

2. 取消用户密码

　　如果要取消对"教学管理系统"数据库设置的密码,先用独占方式打开这个数据库,然后单击"数据库工具"选项卡中的"撤销数据库密码"按钮,在弹出的对话框中输入刚才设置的密码,单击"确定"按钮即可。

6.5 用户与组账户

设置数据库安全的最灵活、最广泛的方法是设置用户级安全,这种安全类似于很多网络中使用的方法,使用用户级安全的主要原因如下:

(1) 有效地保护数据库中的代码和各种数据库对象。

(2) 防止用户无意地更改应用程序所依赖的代码或对象而破坏应用程序。

(3) 保护数据库中的敏感数据。

使用用户级安全要求用户在启动 Access 时确认自己的身份并输入密码。在工作组信息文件中,用户标识为组的成员。Access 提供了两种默认的组,即管理员和用户,用户也可以定义其他的组。

在对数据库设置用户级安全机制时,需要使用一个工作组信息文件,该文件夹用于保存工作的唯一工作组标识(WID)、用户、组长和密码等信息。工作组信息文件作用于 Access 而不是某个数据库,使用 Access 打开的数据库使用的是同一个工作组信息文件。通常,运行 Access 使用的默认工作组信息文件为 Office 安装目录下的 Office 文件夹中的 system. mdw。用户可以为一个数据库创建多个工作组信息文件,然后在运行 Access 之前使用默认工作组信息文件。

单纯地设置数据库密码只能起到不让其他用户打开这个数据库的作用,在多数情况下,共享的数据库有两个组,分别是管理员组和用户组。管理员拥有对数据库较大范围的操作权限,如打开、修改和删除数据库对象等操作。用户组则具有较小的权限,一般情况下,用户组可以对表和查询执行"读取数据"和"更新数据"操作,而对窗体和报表只有"打开"和"运行"权限。如果需要设置更细的权限控制,可以添加更多的用户组,每个用户组拥有不同的权限。在 Access 2007 中虽然也可以对用户赋予某种权限,但为了简单起见,先对组设置权限,然后再将用户添加到相应的组中。

下面以"教学管理系统"数据库为例来介绍如何创建用户与组账户。

1. 创建组账户

(1) 打开"教学管理系统"数据库,在"数据库工具"选项卡的"管理"组中单击"用户和权限"按钮,选择"用户与组账户"命令,弹出"用户与组账户"对话框,选择"组"选项卡,如图 6.10 所示。

(2) 在"组"选项卡中可以进行添加新组、删除已有的组和更改组名等操作。单击"新建"按钮,弹出"新建用户/组"对话框,在"名称"文本框中输入新的组名,例如"一般用户组",在"个人 ID"文本框中输入"00001",如图 6.11 所示。

(3) 单击"确定"按钮,这样就建立好了一个"一般用户组"新组,用同样的方法建立其他的组。

2. 创建新用户

(1) 选择"用户与组账户"对话框的"用户"选项卡,如图 6.12 所示,单击"新建"按钮,弹出"新建用户/组"对话框。

图 6.10 "用户与组账户"对话框的"组"选项卡

图 6.11　"新建用户/组"对话框　　　　　图 6.12　"用户"选项卡

（2）在"名称"文本框中输入新用户名"chen"，在"个人 ID"文本框中输入"00001"，如图 6.13 所示，然后单击"确定"按钮，则这个用户就添加好了。

3. 更改登录密码

选择"用户与组账户"对话框的"更改登录密码"选项卡，在"旧密码"文本框中输入旧密码，然后在"新密码"文本框中输入新密码，并在"验证"文本框中再次输入新密码，最后单击"确定"按钮，如图 6.14 所示。

图 6.13　"新建用户/组"对话框　　　　　图 6.14　"更改登录密码"选项卡

4. 设置用户与组权限

设置数据库的密码只能起到不让其他用户打开这个数据库的作用，要使数据库的使用者拥有不同的权限，即有的人可以修改数据库的内容，有的人只能看看数据库的内容而不能修改，这就需要为不同的用户或用户组设置权限了。

下面以"教学管理系统"数据库为例来说明如何实现这项功能，具体步骤如下：

（1）设置用户权限。打开"教学管理系统"数据库，在"数据库工具"选项卡中单击"用户和权限"按钮，选择"用户与组权限"命令，弹出"用户与组权限"对话框，选择"权限"选项卡下的"权限"选项区中的选项，如图 6.15 所示。

（2）在"用户与组权限"对话框中有一些用户，在这里可以为他们设置权限，在此选择用户"chen"，在"对象名称"列表框中选择"学生"选项。

（3）在对话框中启用"读取设计"和"读取数据"复选框，单击"确定"按钮，这样就赋予了用户"chen"读取"学生"表结构和数据的权限。

（4）更改所有者。在"用户与组权限"对话框中打开"更改所有者"选项卡，如图6.16所示，选中"组"单选按钮，然后在"对象类型"下拉列表框中选择"表"选项，在"对象"列表框中选择"学生"选项，接着在"新所有者"下拉列表框中选中其他的组，例如"一般用户组"，再单击"更改所有者"按钮，即可更改数据库中对象的当前所有者。然后用同样的方法选中"用户"单选按钮，更改当前用户的所有者。

图6.15 "权限"选项卡

图6.16 "更改所有者"选项卡

6.6 使用安全机制向导

建立好数据库后，为了方便系统管理员和数据库的所有者正确地对数据库的安全进行设置，Access 2007提供了"设置安全机制向导"，利用该向导可以很方便地设置用户级安全，但是只运行该向导并没有完全保护数据库，用户应该在进行向导后进一步定义用户级安全。

6.6.1 设置安全机制

安全机制的设置针对当前数据库而言，安全机制包括为工作组添加/删除用户、为用户和组分配数据库对象访问权限等，设置的安全机制将保存在当前工作组信息文件中。"设置安全机制向导"会以相同的名称及.bak扩展名为当前的Access数据库创建一个备份，并保护当前数据库选中的对象。这样，如果向导在使用过程中发生了错误，还可以通过备份来还原数据库。

下面以"教学管理系统"数据库为例来介绍使用"设置安全机制向导"设置数据库安全的方法，具体步骤如下：

（1）以独占方式打开"教学管理系统"数据库（方法同6.4节），然后单击"数据库工具"选项卡中的"用户和权限"按钮，选择"用户级安全机制向导"命令，弹出"设置安全机制向导"对话框之一，如图6.17所示。

图 6.17 "设置安全机制向导"对话框之一

(2) 如果当前打开的数据库已经具有工作组信息，会有"新建工作组信息文件"和"修改当前工作组信息文件"两种选择，从图 6.17 中可以看出。在这里只能选中"新建工作组信息文件"单选按钮，单击"下一步"按钮，弹出"设置安全机制向导"对话框之二，在"姓名"文本框中输入"chen"，在"公司"文本框中输入"翔和科技"，其他设置默认，如图 6.18 所示。

图 6.18 "设置安全机制向导"对话框之二

(3) 单击"下一步"按钮，弹出"设置安全机制向导"对话框之三，如图 6.19 所示。如果要保护某一对象，可以启用该对象前面的复选框。利用每一个选项卡可以选择不同类型的数据库对象，也可以单击"全选"按钮选择所有对象。

(4) 单击"下一步"按钮，弹出"设置安全机制向导"对话框之四，如图 6.20 所示，在该对话框中显示了组名称、组 ID 以及组权限的简单描述。

(5) 单击"下一步"按钮，弹出"设置安全机制向导"对话框之五选中"是，是要授予用户

图 6.19 "设置安全机制向导"对话框之三

图 6.20 "设置安全机制向导"对话框之四

组一些权限"单选按钮,然后激活"数据库"选项卡,选中"管理员"、"打开/运行"和"以独占方式打开"复选框,如图 6.21 所示。在这个对话框中,向导默认设置中对用户组没有赋予任何权限,如果要对用户组设置权限,选中"是,是要授予用户组一些权限"单选按钮。对于一般的用户,只需要设置的权限适应于组内的每一个用户即可。

(6) 单击"下一步"按钮,弹出"设置安全机制向导"对话框之六,如图 6.22 所示。单击"添加新用户",可以添加一个新的用户,给新用户设置密码后,单击"将该用户添加到列表"按钮。

(7) 单击"下一步"按钮,弹出"设置安全机制向导"对话框之七,如图 6.23 所示,在"组或用户名称"下拉列表框中选择新用户,然后选中"管理员组"和"完全数据用户组"复选框,再选中"选择用户并将用户赋给组"单选按钮。对用户进行分组,一个用户可以同时隶属于多个组,一个组也可以同时有多个用户。

图 6.21 "设置安全机制向导"对话框之五

图 6.22 "设置安全机制向导"对话框之六

图 6.23 "设置安全机制向导"对话框之七

（8）单击"下一步"按钮，弹出"设置安全机制向导"对话框之八，如图 6.24 所示，用户可以单击"浏览"按钮，在弹出的对话框中更改数据库的备份位置。

图 6.24 "设置安全机制向导"对话框之八

（9）单击"完成"按钮，弹出报表文件，该报表显示了安全向导创建的用户安全机制的基本信息。

6.6.2 删除已建立的安全机制

删除已建立的安全机制是通过导入一个与已建立安全机制的数据库完全一样的数据库来实现的。

操作步骤如下：

（1）创建一个"备份"空数据库。

（2）单击"外部数据"选项卡中的 Access 按钮，弹出"导入"对话框，选择要导入的数据源"教学管理系统"。

（3）单击"导入"按钮，弹出"导入对象"对话框，依次切换到"表"、"查询"、"窗体"、"报表"、"页"、"宏"和"模块"选项卡，并在每个选项卡中单击"全选"按钮，如图 6.25 所示。

图 6.25 "导入对象"对话框

（4）单击"确定"按钮，系统则将"教学管理系统"数据库导入"备份"数据库。

（5）删除"教学管理系统"数据库，然后将"备份"数据库改名为"教学管理系统"数据库，完成安全机制的删除操作。

6.7 消除 Access 的安全漏洞

对于解决由"管理员"用户所引发的安全漏洞，基本思路是屏蔽"管理员"用户对数据库的所有权限。首先，在管理员用户组中增加一个新的与"管理员"用户等同的新用户，例如 mine，然后以这个新用户登录 Access，从管理员用户组将"管理员"用户撤出，并屏蔽掉"管理员"用户对数据库的所有权限，这样，"管理员"用户就成为了一个普通用户，实际的数据库系统管理员则变为新用户（mine），而数据库安全系统就对所有的用户起安全防护作用了。

为什么系统存在安全漏洞呢？这要从 Admin 用户来说。大家知道，Admin 用户是 Access 的默认用户，也就是说，除非 Access 系统在安装后重新链接到了某个新的工作组安全系统上，否则将以默认的 Admin 用户登录 Admin。而微软将用于标记该 Admin 账户的用户 ID 号设成一个固定值，这就意味着全世界的 Access 系统的 Admin 用户在 Access 中都是同一个用户。这样问题就出现了，如果一个没有工作组安全系统的用户在网络文件系统级别上刻意获得数据库系统文件的 Admin 权限，他将以 Admin 身份拥有对该数据库系统的所有权利。工作组用户只要在他的计算机上重新安装一次 Access 软件，就可以轻而易举地避开设置的安全系统的防护，作为默认的 Admin 用户登录并操作工作组中的任何数据库。

思考题

1. 简述管理数据库的几种方式。
2. 常用的安全措施有哪些？
3. 简述设置数据库密码的方法。
4. 如何创建用户与组账户？
5. 如何对数据库设置安全机制？

第 7 章 宏

7.1 宏的基本概念

7.1.1 宏与宏组

宏是 Access 2007 中提供的一种自动完成一系列操作的机制,用户可以通过单击鼠标的方式实现一系列操作的执行。通过使用宏,可以将不断重复、经常使用的操作变成自动化的操作,从而使 Access 数据库的管理变得更加简单。

Access 提供了大量丰富的宏操作,每个宏操作都可以完成一个特定的数据库操作。用户可以将多个相关的宏操作定义在一个宏中,以完成某个特定的任务。用户还可以将多个相关的宏组织在一起成为一个宏组,从而执行多个相关的任务。

使用宏可以完成的任务主要有显示和隐藏工具栏、打开和关闭数据库对象(表、查询、窗体或报表)、设置数据库、执行查询、窗口操作(设置大小、移动、放大/缩小、保存等)、预览和打印报表、传输数据、设置控件的属性值等。

7.1.2 宏设计窗口

宏以及宏组的创建与编辑是在宏设计窗口中进行的,选择数据库的"创建"选项卡,在"其他"组中单击"宏"按钮,即可进入宏设计窗口,如图 7.1 所示。

图 7.1 宏设计窗口

在宏设计窗口中,默认显示"操作"列、"参数"列和"注释"列。在"操作"列中,用户可以以通过单击右边的下拉箭头,选择宏所能执行的各种操作。"参数"列用于显示操作的参数设置情况。在"注释"列中,用户可以为所选的操作添加说明信息。宏设计窗口的左下方矩形区域是操作参数设置区,右下方矩形区域可显示宏操作或操作参数的简单描述信息。其中,"操作"列和"注释"列是默认出现的,而"参数"列可以通过"宏工具"的"设计"选项卡的"显示/隐藏"组中的"参数"按钮 设置其是否出现。

如图 7.2 所示,当在"操作"列中选择了 OpenForm 操作后,设计窗口的左下方会出现 OpenForm 操作的 6 个操作参数,用户可根据需要进行设置。与此同时,用户在窗口的右下方矩形区域中将看到 OpenForm 操作的简单说明。如图 7.3 所示,当用户将光标移动到操作参数"窗体名称"的设置区域时,在右下方矩形区域中会出现该操作参数的说明信息。

图 7.2 宏设计窗口中的设置

图 7.3 操作参数的说明

用户还可以使用 F1 键获取帮助信息。在此以图 7.3 所示的情况为例,不管光标是在"操作"列中还是在操作参数(此处为窗体名称)的设置区中,用户都可以按 F1 键获得宏操作及其操作参数的帮助信息,如图 7.4 所示。

在宏设计窗口中,还有两个列的内容是可选的,即"宏名"列和"条件"列。"宏名"列用来定义一个或一组宏操作的名称,"条件"列用于输入相应的条件表达式来对宏的执行条件进行设置。当需要创建宏组时,需要添加"宏名"列,当需要创建"条件宏"时,需要添加"条件"列。

通过选择"宏工具"的"设计"选项卡,然后单击"显示/隐藏"组中的"宏名"按钮 和"条件"按钮 ,将使"宏名"列和"条件"列出现在宏设计窗口中,如图 7.5 所示。

图 7.4　宏操作的帮助信息

图 7.5　添加"宏名"列和"条件"列的宏设计窗口

7.1.3　常用的宏操作

在 Access 2007 中提供了几十个可选的宏操作命令,用户可以利用这些命令来设计功能多样的应用程序。根据宏的用途,可以将宏操作分为以下几类:

1. 打开或关闭数据库对象(如表 7.1 所示)

表 7.1　打开或关闭数据库对象的宏操作

宏 操 作	作 用	宏 操 作	作 用
OpenForm	用于打开窗体	OpenTable	用于打开数据表
OpenQuery	用于打开查询	Close	用于关闭数据库对象
OpenReport	用于打开报表		

2. 运行和控制流程（如表 7.2 所示）

表 7.2 运行和控制流程的宏操作

宏 操 作	作 用
RunSQL	用于执行指定的 SQL 语句
RunMacro	运行宏或宏组
Quit	用于退出 Access

3. 设置值（如表 7.3 所示）

表 7.3 设置值的宏操作

宏 操 作	作 用
SetProperty	用于设置控件的属性值

4. 刷新、查找数据或定位记录（如表 7.4 所示）

表 7.4 刷新、查找数据或定位记录的宏操作

宏 操 作	作 用
Requery	用于指定控件重新查询，即刷新控件数据
FindRecord	用于查找满足指定条件的第一条记录
FindNext	用于查找满足指定条件的下一条记录
GoToRecord	用于指定当前记录

5. 控制显示（如表 7.5 所示）

表 7.5 控制显示的宏操作

宏 操 作	作 用
Maximize	用于最大化窗口
Minimize	用于最小化窗口
Restore	用于将最大化或最小化的窗口恢复至原始大小
Beep	用于使计算机发出"嘟嘟"声
MsgBox	用于显示消息框

7.2 宏的基本操作

7.2.1 创建宏

1. 创建单个宏

宏的创建工作是在宏设计窗口中进行的，创建一个宏通常需要完成宏名、操作、操作参数等相关内容的设置。

基本步骤如下：

（1）打开宏设计窗口。

（2）添加一个宏操作并设置相关参数。

在宏设计窗口中,单击"操作"列中的空白行,然后单击箭头 ▼ 以显示"操作"列表,从列表中选择需要的操作。在"注释"列中可以为操作输入相应的说明性文字,此列内容不是必需的。如果选择的操作是带参数的,则在窗口的下半部分进行操作参数的设置。

(3) 如果需要向宏中添加更多的操作,可以在另一个操作行继续步骤(2)中的操作。

(4) 输入完毕后,保存宏设计的结果。

说明:如果需要对已创建的宏进行修改,可在数据库的导航窗格中右击该宏,在弹出的快捷菜单中选择"设计视图"命令,在宏设计窗口中打开该宏。

在宏设计窗口中,可以在宏的设计区右击,在弹出的快捷菜单中选择相应命令对宏进行各种编辑修改(如插入行、删除行等)。用户也可以通过单击"宏工具"的"设计"选项卡(如图7.6所示)中的按钮完成相应的设置和操作。

图7.6 "宏工具"的"设计"选项卡

如果要在两个操作行中间插入新操作,则单击要在其上一行插入新操作的操作行,然后单击"设计"选项卡的"行"组中的"插入行"按钮,即可在当前行的前面插入新行。

另外,单击"行"组中的"删除行"按钮可以删除当前行;单击"操作"行前面的行选定器区域选定一个操作,在该行选定器区域按下鼠标左键并拖动,可将该行拖至新位置。

例7.1 创建单个宏示例。本示例将创建一个宏,其功能为打开例4.5创建的"学生基本信息"窗体,并将其最大化,设计结果如图7.7所示。

图7.7 单个宏设计结果

操作步骤如下:

(1) 打开"教学管理系统"数据库。

(2) 选择"创建"选项卡,单击"其他"组中的"宏"按钮,创建一个空白宏,并在宏设计窗口中打开。

(3) 在宏设计窗口的第一个空白行的"操作"列的下拉列表框中选择"OpenForm"操作,在"操作参数"的"窗体名称"下拉列表框中选择"学生基本信息",设置"数据模式"为"只读",并在"注释"列中输入"打开'学生基本信息'窗体"。

（4）在宏设计窗口的第二个空白行的"操作"列的下拉列表框中选择"Maximize"操作，并在"注释"列中输入"使'学生基本信息'窗体最大化"。

（5）保存宏的设计结果。单击"保存"按钮 ，在弹出的"另存为"对话框中输入宏名称为"单个宏示例"，然后单击"确定"按钮，用户即可在导航窗格中看到新添加的"单个宏示例"宏对象。

（6）选择宏"设计"选项卡，单击"工具"组中的"运行"按钮 ，可以查看该宏的运行结果。

（7）关闭宏设计窗口。

2. 创建宏组

宏组是宏的集合，将相关的宏组织在一起构成宏组，有助于用户更方便地实施对数据库的管理和维护。

宏组的创建方法与宏的创建方法类似，具体步骤如下：

（1）打开宏设计窗口。

（2）选择宏"设计"选项卡，单击"显示/隐藏"组中的"宏名"按钮 ，在宏设计窗口的"操作"列前增加"宏名"列。

（3）向宏组中添加一个宏。在"宏名"列中输入宏组中一个宏的名称，然后将该宏中需要执行的一系列操作添加到宏中（方法同"创建单个宏"的步骤）。

（4）重复步骤（3），向宏组中继续添加其他宏。

（5）输入完毕后，保存宏组设计的结果。

例 7.2 创建宏组示例。本示例将创建一个名为"宏组示例"的宏组，该宏组由两个宏构成，设计结果如图 7.8 所示。

图 7.8 宏组设计结果

操作步骤如下：

（1）打开"教学管理系统"数据库。

（2）选择"创建"选项卡，单击"其他"组中的"宏"按钮，创建一个空白宏，并在宏设计窗口中打开。

（3）选择宏"设计"选项卡，单击"显示/隐藏"组中的"宏名"按钮 ，在宏设计窗口中添加"宏名"列。

(4) 按表 7.6 输入宏组的设计信息。

表 7.6 "宏组示例"宏组的设置信息

宏 名	宏操作	注 释	操 作 参 数	参 数 值
打开学生表	OpenTable	打开学生表	表名称	学生
			数据模式	只读
	Minimize	最小化"学生表"窗口	—	—
关闭学生表	Close	关闭学生表	对象类型	表
			对象名称	学生
	Close	关闭当前窗口		

① 在宏设计窗口的第一个空白行的"宏名"列中输入"打开学生表",在"操作"列中选择操作"OpenTable",在"注释"列中输入"打开学生表",在"操作参数"区域中设置"表名称"为"学生"、"数据模式"为"只读"。

② 在宏设计窗口的第二个空白行的"操作"列中选择操作"Minimize",并在"注释"列中输入"最小化'学生表'窗口"。

③ 在宏设计窗口的第 3 个空白行的"宏名"列中输入"关闭学生表",在"操作"列中选择操作"Close",在"注释"列中输入"关闭学生表"。

④ 在宏设计窗口的第 4 个空白行的"操作"列中选择操作"Close",并在"注释"列中输入"关闭当前窗口"。

(5) 单击"保存"按钮 📖,在弹出的"另存为"对话框中输入宏组名称为"宏组示例",然后单击"确定"按钮,用户即可在导航窗格中看到新添加了一个"宏组示例"宏对象。

(6) 选择宏"设计"选项卡,单击"工具"组中的"运行"按钮 ❗,可以查看该宏的运行结果。此时用户可以看到,只有第一个宏中的操作被执行了。

说明:宏组运行时,会从第一个操作起执行每个操作,直至遇到 StopMacro 操作、其他宏名或已完成所有的操作。

(7) 关闭宏设计窗口。

3. 创建嵌入的宏

嵌入的宏在数据库的导航窗格是看不到的,它们存储在窗体、报表或控件的事件属性中。嵌入的宏可以使数据库更容易管理,因为不必跟踪包含窗体或报表的宏的单独的宏对象,而且,在每次复制、导入、导出窗体或报表时,嵌入的宏仍然附于窗体和报表。嵌入的宏将在事件每次触发时运行。

创建嵌入宏的具体步骤如下:

(1) 在窗体或报表的设计视图中选择需要添加宏的控件对象(例如命令按钮 SearchStu)。

(2) 按 F4 键,打开该控件对象的"属性表"对话框,在"属性表"对话框的"事件"选项卡中单击某个事件(例如"单击"事件)行中的"生成器"按钮 ⬚。

(3) 在弹出的"选择生成器"对话框中选择"宏生成器"选项,单击"确定"按钮,即可打开宏设计窗口。

(4) 在宏设计窗口中设置完毕后,关闭宏设计窗口,即可在该控件对象(SearchStu)的相应事件("单击"事件)行看到如图 7.9 所示的"[嵌入的宏]"信息显示。

在第 4 章的"组合框示例-2"(例 4.21)中,就为其中的命令按钮对象"SearchStu"的"单击"事件创建了嵌入宏。当"组合框示例-2"窗体运行时,单击 SearchStu 按钮,即可触发相应的嵌入宏的执行。

图 7.9　命令按钮的"属性表"
对话框

7.2.2　运行宏

1. 直接运行某个宏

用户通过以下方法均可实现宏的直接运行。

(1) 在数据库的导航窗格中,双击要运行的宏或宏组。

(2) 在数据库的导航窗格中,右击要运行的宏或宏组,然后在弹出的快捷菜单中选择"运行"命令。

(3) 在宏的设计窗口中选择"设计"选项卡,然后单击"工具"组中的"运行"按钮 。

(4) 选择"数据库工具"选项卡,单击"宏"组中的 运行宏 按钮,在弹出的"执行宏"对话框的下拉列表框中选择要运行的宏名称,然后单击"确定"按钮。

2. 通过对象事件调用宏

直接运行宏的方法通常用于宏的测试,更多的情况是为了响应窗体、报表及其控件上所发生的事件而运行宏。通过在窗体、报表及其控件的事件中设置对宏的调用,从而实现相应宏的运行。

操作步骤如下:

(1) 在设计视图中打开窗体或报表。

(2) 将窗体、报表或其控件的相应事件属性的值设置为宏的名称。

(3) 运行窗体或报表,触发窗体、报表或其上控件的事件,从而运行相关的宏操作。

例 7.3　事件调用宏示例。本示例将创建一个如图 7.10 所示的包含 3 个命令按钮的"宏调用示例"窗体,单击第一个按钮将打开"学生基本信息"窗体并最大化,单击第二个按钮将打开"学生"表,单击第三个按钮将关闭"学生"表并关闭"宏调用示例"窗体。

图 7.10　"宏调用示例"窗体的设计视图

操作步骤如下:

(1) 创建"宏调用示例"窗体,在窗体上添加 3 个命令按钮,设置命令按钮的名称依次为"cmdOpenForm"、"cmdOpenTable"、"cmdClose",设置命令按钮的标题依次为"学生基本信息"、"学生表"、"退出"。

（2）在窗体的设计视图中，双击标题为"学生基本信息"的命令按钮，打开"属性表"对话框，如图 7.11 所示。在"事件"选项卡中找到"单击"事件，在其对应的下拉列表框中选择"单个宏示例"。

图 7.11 命令按钮"单击"
事件的设置

（3）打开"学生表"按钮的"属性表"对话框，在"事件"选项卡中找到"单击"事件，在其对应的下拉列表框中选择"宏组示例.打开学生表"。

（4）打开"退出"按钮的"属性表"对话框，在"事件"选项卡中找到"单击"事件，在其对应的下拉列表框中选择"宏组示例.关闭学生表"。

（5）保存对"宏调用示例"窗体设计的更改。

（6）切换到窗体视图，查看运行结果。

此时，单击标题为"学生基本信息"的按钮，将执行"单个宏示例"中定义的操作——打开"学生基本信息"窗体并最大化。关闭"学生基本信息"窗体，然后单击标题为"学生表"的按钮，将执行"宏组示例"宏组中的"打开学生表"宏中定义的操作。单击标题为"关闭"的按钮，将执行"宏组示例"宏组中的"关闭学生表"宏，首先关闭"学生"表，然后关闭当前的"宏调用示例"窗口。

3. 从另一个宏中运行宏

用户可以在宏的设计窗口中选择操作"RunMacro"，并将该操作的"宏名"参数设置为要运行的宏的名称，则运行该宏时，将自动运行嵌入到其中的宏。

例 7.4 RunMacro 调用宏示例。本示例将使用 RunMacro 宏操作调用"单个宏示例"宏的执行。

操作步骤如下：

（1）新建一个宏，单击"保存"按钮 ，将该宏保存为"RunMacro 宏示例"。

（2）在宏设计窗口的"操作"列中选择 RunMacro 操作，并设置其"宏名"为"单个宏示例"，如图 7.12 所示。

图 7.12 设置宏

（3）单击"工具"组中的"运行"按钮 ，执行"RunMacro 宏示例"，将会打开"学生基本信息"窗体并最大化该窗体。

7.2.3 在宏中使用条件

1. 条件宏

在某些情况下,用户希望特定条件为真时才执行宏中的一个或多个操作,这时需要创建具有条件的宏。条件是一个逻辑表达式,其结果可以是 True 或 False。在运行条件宏时,Access 将根据宏的"条件"列中表达式的计算结果决定不同的执行路径。

(1) 如果条件表达式的计算结果为 True,Access 将执行此行中的操作,以及紧接其后且"条件"列内有省略号(…)的所有操作。然后,Access 将执行宏中所有其他"条件"列为空的操作,直到遇到另一个表达式、宏名或宏的结尾为止。

(2) 如果这个条件表达式的结果为假,Access 将忽略此行中的操作以及紧接其后且在"条件"列内有省略号(…)的操作,并且移到下一个包含其他条件或"条件"列为空的操作继续执行。

说明:条件列中的省略号(…)表示该行的宏操作的执行条件同上一行中的条件设置。

2. 设置条件宏

设置条件宏的具体步骤如下:

(1) 打开宏设计窗口。

(2) 选择"设计"选项卡,单击"显示/隐藏"组中的"条件"按钮　,在"操作"列前插入"条件"列。

(3) 在"条件"列中输入条件表达式(不能使用 SQL 表达式)。若该行的条件与上一行中的表达式相同,可直接输入省略号"…"。

(4) 在"操作"列中输入条件为真时要求 Access 执行的操作。

例 7.5 条件宏使用示例。设计条件宏用于对文本框中不同的输入值显示不同的消息。

操作步骤如下:

(1) 新建"数据输入"窗体对象。如图 7.13 所示,新建一个窗体,在其上添加一个文本框,名称为"Input",设置其附加标签的标题为"请输入一个正数:",设置窗体的"导航按钮"、"记录选择器"属性为"否",设置"滚动条"属性为"两者均无",然后保存窗体为"数据输入"。

图 7.13 "数据输入"窗体设计界面

(2) 新建"条件宏"宏对象。选择"创建"选项卡,单击"其他"组中的"宏"按钮,进入宏的设计窗口。然后选择"设计"选项卡,单击"工具"组中的"条件"按钮,添加条件列,并按表 7.7 在宏设计窗口中设置条件和相关操作。

表 7.7 "条件宏"宏的设置信息

条 件	宏 操 作	操 作 参 数	参 数 值
[Input]<=0	MsgBox	消息	你输入了一个无效数据,请重新输入
		类型	警告!
		标题	错误
[Input]>0 And [Input]<=60	MsgBox	消息	你输入了一个不大于 60 的正数
		类型	信息
		标题	提示
[Input]>60	MsgBox	消息	你输入了一个大于 60 的数
		类型	信息
		标题	提示

注意：条件列中的[Input]是对窗体中名为 Input 的文本框对象的引用。

设置完毕后,保存宏为"条件宏",设计结果如图 7.14 所示。

图 7.14 "条件宏"宏的设计界面

（3）在设计视图中打开"数据输入"窗体,如图 7.15 所示,在 Input 控件的属性窗口中设置"更新前"事件发生时执行"条件宏"宏。

图 7.15 设置文本框的事件属性

（4）保存"数据输入"窗体的设计结果，并运行窗体。

当在文本框中输入-12时，按 Enter 键，将弹出如图 7.16(a)所示的消息框；当在文本框中输入 59 时，按 Enter 键，将弹出如图 7.16(b)所示的消息框；当在文本框中输入 77 时，按 Enter 键，将弹出如图 7.16(c)所示的消息框。

(a) 提示输入数据无效　　　(b) 提示输入数据<=60　　　(c) 提示输入数据>60

图 7.16　消息对话框

思考题

1. 什么是宏？与 VBA 程序相比，使用宏有什么优点？
2. 什么是宏组？使用宏组有什么优点？
3. 使用哪些方法可以实现宏的运行？这些方法各有什么不同？
4. 如何创建与设计条件宏？举例说明之。
5. 对宏组中的宏进行调用的格式是什么？

第8章 模块和VBA编程

8.1 模块

8.1.1 模块简介

在 Access 2007 系统中，一般数据库应用可以借助各种向导来完成，特别是当正确使用了宏对象时，可以自动完成大量不同的数据处理，而不必编写程序代码。但是要对数据库进行更复杂、更灵活的控制，就需要通过编程来实现。在 Access 中，编程是通过模块实现的。利用模块可以将各种数据库对象连结起来，从而使其构成一个完整的系统。模块的功能比宏强大，设计也更加灵活。

Access 的模块对象是存储程序代码的容器，程序是用 VBA(Visual Basic for Application)语言编写的，VBA 是 Office 软件中的内置编程语言，它的语法与 Visual Basic 是兼容的。模块中的代码以过程的形式加以组织，每个过程都可以是一个 Sub 子过程或一个 Function 函数过程。

8.1.2 模块的分类

模块有两个基本类型：类模块和标准模块。

1. 类模块

类模块是可以定义新对象的模块。新建一个类模块，也就创建了一个新对象，模块中定义的过程将变成该对象的属性或方法。

窗体模块和报表模块都是类模块，它们分别与某一窗体或报表相联系。窗体模块和报表模块通常都含有事件过程，该过程用来控制窗体或报表的操作以及响应用户的操作。

在为窗体或报表创建第一个事件过程时，Access 将自动创建与之关联的窗体或报表模块。单击窗体或报表设计器视图中的工具栏上的"代码"按钮，可以查看模块。

窗体模块和报表模块的作用范围局限在其所属的窗体和报表内部，具有局部特性。

2. 标准模块

标准模块一般用来承载在程序的其他模块中要引用的代码。标准模块不与某个具体的对象相关联，它的作用是为其他模块提供可以共享的公共 Sub 过程或 Function 函数。这些模块可以被窗体或报表中的过程调用，其作用范围为整个应用系统。

8.1.3 将宏转换为模块

在 Access 中，多数对象的事件处理方法都是采用模块编程实现的。在数据库应用系统中,在什么样的情况下应该使用宏对象来提供处理事件的方法? 在什么样的情况下应该使用 VBA 编程来提供处理事件的方法? 这应该取决于需要完成的任务的复杂性。

一般而言,对于较简单的事件处理方法或重复性的操作,如打开或关闭数据库的对象、执行报表、使用工具栏执行任务等,可以设计相应的宏对象来处理。对于以下情况,应该使用模块操作:

(1) 复杂的数据库维护和操作。

(2) 自定义的过程和函数。

(3) 显示错误消息。

(4) 在程序代码中创建或操作数据库对象。

(5) 一次操作对多个记录。

(6) 将参数传递给过程。

虽然用户可以通过创建宏对象来自动执行一项重复或者较为繁杂的操作,保证工作的一致性,避免由于忘记某一操作步骤而引起的错误,但是宏对象的执行效率较低,因此可以将宏转换为模块,以提高代码的执行效率。

根据要转换宏的类型不同,转换操作有两种: 转换窗体或报表中的宏,转换不属于任何窗体或报表的全局宏。

1. 转换窗体或报表中的宏

转换窗体或报表中的宏指将窗体或报表中利用宏完成的操作转换为 VBA 程序代码,保存在模块的过程中。

例 8.1 将"宏调用示例"窗体中的宏转换为模块,如图 8.1 所示。

图 8.1 "宏调用示例"窗体

操作步骤如下:

(1) 在设计视图中打开该窗体。

(2) 在"数据库工具"选项卡中单击"将窗体的宏转换为 Visual Basic 代码"按钮,如图 8.2 所示。

(3) 在弹出的对话框中单击"转换"按钮,如图 8.3 所示,稍后屏幕上会显示"转换完毕"对话框,单击"确定"按钮即可。

图 8.2 "数据库工具"选项卡

图 8.3 "转换窗体宏"对话框

2. 转换全局宏

在数据库窗口中转换宏时,宏被保存为全部模块中的一个函数,使用这种方式转换的宏可以被整个数据库使用。

例8.2 将"单个宏示例"宏转换为模块,如图8.4所示。

图8.4 "单个宏示例"设计视图

操作步骤如下:

(1) 在数据库窗口中单击"宏"对象,选择要转换的"单个宏示例"。

(2) 单击Office按钮,选择"另存为"→"对象另存为"命令,弹出"另存为"对话框,如图8.5所示,将"单个示例宏"另存为"单个示例宏转换的模块",保存类型为"模块",然后单击"确定"按钮。

(3) 在"转换宏"对话框中单击"转换"按钮,待屏幕上显示"转换完毕"对话框时,单击"确定"按钮完成转换。

图8.5 "另存为"对话框

将"单个宏示例"转换为模块的过程代码如图8.6所示。

图8.6 将"单个宏示例"转换为模块的过程代码

8.1.4 模块的组成

模块以过程为单元组成。一个模块包含一个声明区域及一个或多个过程,在声明区域中对过程中使用到的变量进行声明,过程又分为子过程和函数过程两种。

1. 子过程

子过程又称 Sub 过程,它以关键字 Sub 开头,以 End Sub 结束,用来执行一系列操作,没有返回值,其语法格式如下:

```
[Public|Private|Static] Sub 过程名 ([<形参>])
执行语句
End Sub
```

说明:

(1) Private 表示本过程是模块级过程,只有其所在模块中的其他过程可以调用该过程。

(2) Public 表示本过程是全局过程,任何模块的过程都可以调用该过程。除事件过程外,所有过程都默认是公有的。若不想使 Sub 过程成为公有的,必须使用 Private 关键字显示声明。事件过程在创建时,Visual Basic 会在过程中自动加上 Private。

(3) Static 表示在该过程中所有声明的变量为静态变量,变量值始终保留,即使程序执行完毕也是如此。

(4) 如果在过程执行的过程中,有数据需要传递,需要在过程中指明参数,否则可以省略参数,成为无参过程。

2. 函数过程

函数过程又称 Function 过程,它以关键字 Function 开头,以 End Function 结束,通常具有返回值。Access 提供了许多内置的标准函数供程序直接调用,例如 Date( )函数返回系统的当前日期。除了系统提供的内置函数以外,用户还可以创建自定义函数,编辑一个 Function 过程就是用户自己定义一个函数的过程。

Function 过程的优点就是程序可以在表达式中利用函数的返回值,以便对语句或方法中的一些属性进行设置,或者在筛选、查询的准则表达式中使用。

Function 过程的语法格式如下:

```
[Public|Private|Static] Function 过程名 ([<形参>])
执行语句
End Function
```

8.2 创建模块

8.2.1 VBA 编程环境

VBA 是根据 Visual Basic 简化的语言,其基本语法与 Visual Basic 基本相同。不同的是,VBA 不是一个独立的开发工具,一般被嵌入到 Word、Excel、Access 等宿主软件中,与其配套使用,从而实现程序开发功能。

在 Office 中使用的 VBA 开发界面被称为 Visual Basic 编辑器(Visual Basic Editor,VBE)窗口,如图 8.7 所示,它具有编辑、调试和编译 Visual Basic 程序的功能。VBE 窗口主要由工具栏、工程窗口、属性窗口和代码窗口组成,此外,还有立即窗口、本地窗口和监视窗口。除了代码窗口外,其他窗口都可以通过"视图"菜单在显示和隐藏之间相互转换。

图 8.7 VBE 窗口

1. 工具栏

默认情况下,VBE 窗口中显示的是"标准"工具栏,用户可以通过"视图"→"工具栏"中的命令来显示"编辑"、"调试"和"用户窗体"工具栏。"标准"工具栏上的按钮及其功能介绍如表 8.1 所示。

表 8.1 "标准"工具栏中的常用按钮

按钮	按钮名称	功 能
	"视图"按钮	切换到 Access 数据库视图窗口
	"插入"按钮	单击按钮右侧的箭头,从"模块"、"类模块"和"过程"3 个选项中选择一项即可插入新模块
	"运行子过程/用户窗体"按钮	运行模块程序
	"中断"按钮	中断正在运行的程序
	"重新设置"按钮	结束正在运行的程序
	"设置模式"按钮	在设计模式和非设计模式之间进行切换
	"工程资源管理器"按钮	打开或关闭工程资源管理器
	"属性窗口"按钮	打开或关闭属性窗口
	"对象浏览器"按钮	打开对象浏览器

2. 工程窗口

工程窗口也称工程资源管理器,一个数据库应用系统就是一个工程,系统中的所有类对象及模块对象都在该窗口中显示出来。该窗口中有 3 个按钮,其中,"查看代码"按钮可以打开相应的代码窗口,"查看对象"按钮可以打开相应的对象窗口,"切换文件夹"按钮可以隐藏或显示对象的分类文件夹。

3. 属性窗口

属性窗口中列出了所选对象的各种属性,用户可按字母顺序和分类顺序查看属性。用户可以在属性窗口中编辑对象的属性,也可以在代码窗口中用 VBA 代码编辑对象的属性。

4. 代码窗口

在代码窗口中可以输入和编辑 VBA 代码,用户可以打开多个代码窗口来查看各个模块的代码,还可以方便地在代码窗口之间进行复制和粘贴。代码窗口对于代码中的关键字以及普通代码用不同的颜色加以区分,使用户一目了然。

VBE 的代码窗口包含了一个成熟的开发和调试系统。如图 8.8 所示,在代码窗口的顶部是两个组合框,左边是对象组合框,右边是过程组合框。对象组合框中列出了所有可用的对象名称,选择某一对象后,在过程组合框中将列出该对象所有的事件过程。在工程窗口中双击任何 Access 类或模块对象,都可以在代码窗口中打开相应的代码。

图 8.8　代码窗口

8.2.2　创建类模块

在 Access 中,类模块和标准模块的编辑和调试环境均为 VBE,但是启动 VBE 的方式不同。

类模块是包含在窗体、报表等数据库基本对象之中的事件处理过程,仅在所属对象处于活动状态时有效,进入 VBE 编辑类模块有两种方法。

方法一:打开窗体或报表对象的设计视图,单击"数据库工具"选项卡中的 Visual Basic 按钮,或按 Alt+F11 组合键,进入 VBE。

方法二:操作过程如下。

(1) 打开窗体或报表对象的设计视图,将鼠标定位到窗体、报表或控件上,右击选择"属性"命令,弹出"属性表"对话框。

(2) 在"事件"选项卡中选择某个事件,单击右侧的下拉箭头,在列表中选择"[事件过程]",如图 8.9 所示,然后单击"生成器"按钮,进入 VBE。

图 8.9　"属性表"对话框的
"事件"选项卡

8.2.3 创建标准模块

1. 在模块中加入过程

方法一：

（1）在数据库视图中选择"模块"对象，然后单击"创建"选项卡的"其他"组中的"模块"按钮，进入 VBE。

（2）选择"插入"→"过程"命令，在弹出的"添加过程"对话框中输入过程名，如图 8.10 所示。

（3）在代码窗口中定义过程，如图 8.11 所示。

方法二：

（1）在数据库视图中选择"模块"对象，然后单击"创建"选项卡中的"模块"按钮，进入 VBE。

（2）直接在代码窗口中定义过程。

方法三：

图 8.10 "添加过程"对话框

（1）对于已经存在的标准模块，在数据库视图中选择"模块"对象，然后在模块列表中双击选择的模块，或在快捷菜单中选择"设计视图"命令，进入 VBE。

（2）在代码窗口中定义过程。

图 8.11 添加过程的代码窗口

2. 保存模块

创建了新模块或修改了已经存在的模块后，当单击"标准"工具栏中的"保存"按钮，或关闭数据库视图窗口时，系统会提示是否保存该模块，如图 8.12 所示。在"保存"对话框中选择需要保存的模块，单击"是"按钮即可。

3. 执行模块中的过程

模块中添加了许多过程，当需要运行某个过程时，按 F5 键，或单击"标准"工具栏中的"运行子过程/用户窗体"按钮，或选择"运行"→"运行子过程/用户窗体"命令，弹出"宏"对话框，如图 8.13 所示。列表中列出了模块中包含的所有过程名，选择需要执行的过程，然后单击"运行"按钮。

图 8.12 "保存"对话框

图 8.13 "宏"对话框

8.3 面向对象的有关知识

VBA 是一种面向对象的程序设计语言,因此,用户进行 VBA 的开发,必须理解面向对象的有关知识。

8.3.1 基本概念

1. 对象

客观世界的任何实体都可以被看作是对象。在采用面向对象程序设计方法的程序中,程序处理的目标被抽象成了一个个对象。对象是面向对象程序设计的基本单元,是一种将数据和操作过程相结合的数据结果,每个对象具有各自的属性、方法和事件。

Access 数据库是由各种对象组成的,数据库是对象,表是对象,窗体及窗体上的控件也是对象。对象是为了管理数据和代码的方便而提出的,在 VBA 中,对象是封装数据和代码的客体。

2. 属性

属性是描述对象特征的参数,如大小、颜色或屏幕位置,或某一方面的行为。每个对象均有多个属性。在 Access 的窗体设计视图中,用户可以通过属性窗口查看和设置对象的各个属性。

3. 事件

(1) 事件和事件过程。Windows 程序是由事件驱动的,事件是对象可以识别的动作,通常由系统预先定义,如 Click(单击)事件,在程序运行时如果单击了某个按钮,则触发该按钮的 Click 事件。对象在识别了所发生的事件后执行的程序称为事件过程。用户需将响应事件所要执行的代码添加到相应的事件过程中。

在 Access 中,一般有两种方法来处理事件的响应:一是利用宏来设置事件的属性,二是使用 VBA 来编写事件过程代码。

(2) 对象的事件。对象能响应多种类型的事件,每种类型的事件又由若干种具体事件组成。

① 键盘事件。键盘事件是操作键盘引发的事件,如表 8.2 所示。

表 8.2 键盘事件

事　件	事件对象	动作说明
OnKeyDown	窗体和控件	在控件或窗体具有焦点时，键盘有键按下时发生
OnKeyUp	窗体和控件	在控件或窗体具有焦点时，释放一个按下的键时发生
OnKeyPress	窗体和控件	在控件或窗体具有焦点时，当按下并释放一个键或组合键时发生

② 鼠标事件。鼠标事件是用户操作鼠标引发的事件，如表 8.3 所示。

表 8.3 鼠标事件

事　件	事件对象	动作说明
OnClick	窗体和控件	鼠标单击时发生
OnDblClick	窗体和控件	鼠标双击时发生
OnMouseDown	窗体和控件	按下鼠标左键时发生
OnMouseMove	窗体和控件	鼠标移动时发生
OnMouseUp	窗体和控件	释放一个按下的鼠标键时发生

③ 窗口事件。窗口事件是指操作窗口时引发的事件，如表 8.4 所示。

表 8.4 窗口事件

事　件	事件对象	动作说明
OnOpen	窗体和报表	窗体被打开，但是第一条记录还未显示出来时发生，或报表被打开，但在报表打印之前发生
OnLoad	窗体	窗体被打开，且显示了第一条记录时发生，发生在 OnOpen 之后
OnResize	窗体	窗体的大小变化时发生，发生在窗体第一次显示时
OnUnload	窗体	窗体对象从内存撤销之前发生，发生在 OnClose 之前
OnClose	窗体	窗体对象被关闭但还未清屏时发生

④ 操作事件。操作事件与操作数据有关，当窗体或控件的数据被输入、修改或删除时发生操作事件，如表 8.5 所示。

表 8.5 操作事件

事　件	事件对象	动作说明
AfterDelConfirm	窗体	确认删除记录，且记录已被删除或取消删除之后发生
AfterInsert	窗体	在插入新记录保存到数据库时发生
AfterUpdate	窗体和控件	在更新控件或记录数据之后发生，此事件在控件或记录失去焦点时，或单击"保存"按钮时发生
BeforeDelConfirm	窗体	删除记录后，但在显示对话框提示确认或取消之前发生，在 Delete 事件之后发生
BeforeInsert	窗体	在新记录中输入第一个字符，但还未添加到数据库之前发生
BeforeUpdate	窗体和报表	在更新控件或记录数据之前发生，此事件在控件或记录失去焦点时，或单击"保存"按钮时发生
Change	控件	当文本框或组合框的部分内容更改时发生
Current	窗体	当焦点移动到一条记录使它成为当前记录，或重新查询窗体数据源时发生
Delete	窗体	删除记录，但在确认删除和实际执行之前发生
NoInList	控件	当输入一个不在组合框列表中的值时发生

⑤ 焦点事件。焦点即鼠标或键盘操作的当前状态。当窗体、控件失去或获得焦点时，或窗体、报表成为激活状态时，将发生焦点事件，如表8.6所示。

表8.6 焦点事件

事 件	事 件 对 象	动 作 说 明
OnActivate	窗体和报表	在窗体或报表成为激活状态时发生
OnDeactivate	窗体和报表	在窗体或报表由活动状态转为非活动状态之前发生
OnEnter	控件	在实际接受焦点之前发生，发生在 OnGotFocus 事件之前
OnExit	控件	当焦点从一个控件移动到同一窗体的另一个控件之前发生，发生在 OnLostFocus 事件之前
OnGotFocus	窗体和控件	当窗体或控件获得焦点时发生
OnLostFocus	窗体和控件	当窗体或控件失去焦点时发生

⑥ 打印事件。在打印报表或设置打印格式时会发生打印事件，如表8.7所示。

表8.7 打印事件

事 件	事 件 对 象	动 作 说 明
OnNoData	报表	设置没有数据的报表打印格式后，在打印报表之前发生，用该事件可以取消空白报表的打印
OnPage	报表	在设置页面的打印格式之后，在打印页面之前发生
OnPrint	报表	事件在打印或打印预览之前发生

（3）编写事件过程。如果用户要让系统响应某个事件，就要将响应事件所要执行的代码添入相应的事件过程。例如下面的事件过程描述了单击命令按钮之后发生的一系列动作。

```
Private Sub Command1_Click()
    Me!Label.Caption = "欢迎!"
    Me!Text1 = ""
End Sub
```

在 Access 中，有两种方法进入事件过程的设计。

方法一：在对象上右击，从快捷菜单中选择"事件生成器"命令，进入如图 8.14 所示的对话框，选择"代码生成器"，进入 VBE 的代码窗口，编写事件过程。代码设计详见 8.5 节的相关内容。

方法二：在对象上右击，从快捷菜单中选择"属性"命令，打开属性设置对话框，选择"事件"选项卡，所列项目即对象可以响应的事件。

图 8.14 "选择生成器"对话框

对于每个事件选择项可以使用下拉箭头"˙"选择"宏"或"事件过程"，也可单击表达式生成器按钮。若建有宏，可以选择"宏"，那么对象的该事件将执行宏的操作；若选择"事件过程"，单击表达式生成器按钮，可以直接进入 VBE 的代码窗口，编写事件过程。

4. 方法

对象的方法描述了对象的行为，即在特定的对象上执行一个过程。例如，窗体的打开和关闭都是窗体对象的方法。

8.3.2 面向对象的语法

1. 面向对象的语法概述

前面介绍了对象、属性、事件和方法等概念,在编程过程中引用对象的属性或方法时应该在属性名或方法名前面加上对象名,然后再加上点操作符"."分隔。例如:

```
Me.Label1.Caption = "欢迎"
MyForm.Refresh
```

一个对象需要通过多重对象来实现,需要使用加重运算符"!"来逐级确定对象。例如:

```
MyForm!Cmd_1.Caption = "确定"
```

2. 关键字 Me

Me 是 VBA 编程中使用频率较高的关键字,Me 是"包含这段代码的对象"的简称,可以代表当前对象。在类模块中,Me 代表当前窗体或当前报表。

例如:

(1) Me.Label1.Caption="欢迎!",定义窗体中标签 Label1 的 Caption 属性。

(2) Me. Caption="学生信息一览表",定义窗体本身的 Caption 属性。

8.3.3 DoCmd 对象

DoCmd 对象是 Access 提供的一个重要对象,它的主要功能是通过调用 Access 的内置方法,在 VBA 中实现某些特定的操作,如打开窗体、打开报表、显示记录等。在 VBA 中使用 DoCmd 对象时,只要输入"DoCmd."命令,即可显示可选用的方法。

使用 DoCmd 调用方法的格式如下:

```
DoCmd.方法名  参数表
```

DoCmd 对象的方法一般需要参数,主要由调用的方法来决定。例如,用 DoCmd 对象的 OpenForm 方法打开"学生基本信息录入"窗体,使用的语句为"DoCmd. OpenForm "学生基本信息录入""。DoCmd 对象的常用方法如表 8.8 所示。

表 8.8 DoCmd 对象的常用方法

方　法	功　能	示　例
OpenForm	打开窗体	DoCmd. OpenForm "学生基本信息录入"
OpenReport	打开报表	DoCmd. OpenReport "学生成绩报表"
OpenTable	打开表	DoCmd. OpenTable "学生"
Close	关闭对象	DoCmd. Close actable, "学生"
RunMacro	运行宏	DoCmd. RunMacro "Macro1"

8.4 VBA 编程基础

8.4.1 VBA 的基本数据类型

VBA 在数据类型和定义方式上均继承了 Basic 语言的特点。VBA 的数据类型如

表 8.9 所示。

表 8.9 VBA 的数据类型

数 据 类 型	存 储 字 节	范　围
Byte(字节型)	1	0~255
Boolean(布尔型)	2	True 或 False
Integer(整型)	2	-32 768~32 767
Long(长整型)	4	-2 147 483 648~2 147 483 647
Single(单精度型)	4	负值范围: -3.402 823E38~ -1.401 298E-45 正值范围: 1.401 298E-45~3.402 823E38
Double(双精度型)	8	负值范围: -1.797 693 134 862 32E308~ -4.940 656 458 41 247E-324 正值范围: 4.940 656 458 412 47E-324~ 1.797 693 134 8623 2E308
Currency(货币型)	8	-922 337 203 685 447.580 8~922 337 203 685 447.580 7
Date(日期型)	8	100 年 1 月 1 日~9999 年 12 月 31 日
String(字符型)	与字符串长度有关	0~65 535 个字符
Variant(变体型)	与数据有关	数字和双精度同;文本和字符串同
Object(对象型)	4	任何对象引用

8.4.2 常量

常量就是其值在程序运行期间不变的量。常量又分为直接常量、符号常量和固有常量。

1. 直接常量

直接常量即通常的数值、字符串、日期型和逻辑型常量,例如 123、"Access 2003"、♯2008-8-8♯、True、False。

2. 符号常量

符号常量指用符号代表常量,如果程序中多处用到某一个常量,可以将其定义成符号常量,提高代码的可读性,并便于维护。

通常用关键字 Const 定义符号常量。定义符号常量时需要给出常量值,在程序运行过程中对符号常量只能做读取操作,不允许修改或重新赋值,也不允许定义与固有常量同名的符号常量。例如:

```
Const PI = 3.1415926
```

在程序运行过程中凡是遇到符号 PI 时均用 3.141 592 6 替换。

说明:

(1) 定义在模块声明区的符号常量,可以在所有模块的过程中使用,通常在 Const 前面加上 Global 或 Public,如 Public Const PI= 3.141 592 6。

(2) 定义在事件过程中的符号常量,只在本过程中使用。

(3) 符号常量不指明数据类型,系统自动按存储效率高的方式确定数据类型。

(4) 为区别于变量名,符号常量通常用大写字母命名。

3. 固有常量

固有常量是一类特殊的符号常量,已经预先在 Access 类库中定义好。固有常量以两个前缀字母指明定义该常量的对象库:来自 Visual Basic 类库的常量以"vb"开头,如 vbRed;来自 Access 类库的常量以"ac"开头,如 acForm;来自 ADO 类库的常量以"ad"开头,如 adAddNew。

8.4.3　变量

变量是指在程序运行时其值会发生变化的数据。每个变量有一个名称和数据类型,通过变量名可以引用变量,而数据类型决定了该变量的存储方式。

在给变量命名时,用户应遵循以下原则:

(1) 变量名只能由字母、数字和下划线组成,且以字母开头。

(2) 变量名不能使用系统的保留字。

(3) 变量名不区分大小写,如 XY、Xy 或 xy 表示同一个变量。

1. 定义变量

根据对变量类型定义的不同,可以将变量分为两种形式。

(1) 隐含型变量。隐含型变量在使用变量之前并不先声明这个变量,而是通过将一个值赋给变量名的方式来建立隐含型变量。

例如:

```
NewVar = 100        '定义隐含型变量,名称为 NewVar,数据类型为 Variant
```

(2) 显式变量。显式变量在使用时要先定义,后使用,定义变量的格式如下:

```
Dim 变量名 As 类型
```

例如:

```
Dim X As String                    '定义 X 为字符串变量
Dim Y As Integer, Z As Double      '定义 Y 为整型变量,Z 为双精度型变量
```

在 VBA 编程中应尽量使用显式变量,从而提高程序的阅读性,且易于查找错误。

2. 变量的作用域

变量的位置不同,其作用范围也不同。根据变量的作用域,可以将变量分为过程内局部变量、模块级局部变量和全局变量 3 种类型。

(1) 过程内局部变量。过程内局部变量是在 Sub 过程或 Function 过程内用关键字 Dim 定义,或不定义直接使用的变量,其作用域为定义该变量的 Sub 过程或 Function 过程。另外,形参也属于过程内局部变量。

(2) 模块级局部变量。模块级局部变量是在模块的通用声明段中用关键字 Dim 或 Private 定义的变量,其作用域是定义该变量的模块,即在该模块的各个过程中都可以使用该变量。

(3) 全局变量。全局变量是在标准模块的通用声明段中用关键字 Public 定义的变量,其作用域是整个应用程序,即类模块和标准模块的所有过程都可以使用该变量。

3. 变量的生命周期

生命周期是变量的另一个特性,即变量的持续时间。按照变量的生命周期,可以将变量

分为动态变量和静态变量两种类型。

（1）动态变量。动态变量是使用 Dim 语句声明的变量，在过程结束之前一直保存着它的值，在每次调用过程时该变量会被设置为默认值。例如数值类型变量为 0，字符串变量为空字符串""。这种变量的生命周期与过程的持续时间一致。

（2）静态变量。静态变量在定义时用 Static 代替 Dim。使用 Static 声明的变量在模块内一直保留其值，直到模块重新启动，即持续时间是整个模块执行的时间。

用户可以用 Static 关键字来声明 Sub 过程或 Function 过程，以便在模块的生命周期内保留 Sub 过程或 Function 过程内的所有局部变量。

如果要清除过程中的静态变量，可以选择"运行"→"重新设置"命令。

8.4.4 数组

数组是由一组具有相同数据类型的变量构成的集合，用一个数组名来标识，数组中的每一个数据称为数组元素，也称为数组元素变量，数组元素在数组中的序号称为下标。

数组元素由数组名和下标构成，具有一个下标的数组称为一维数组，具有两个下标的数组称为二维数组。例如 a(1)、a(2) 表示一维数组 a 的两个数组元素，b(1,2) 表示二维数组的一个数组元素。

数组在使用之前要先定义，定义格式如下。

一维数组：Dim 数组名([下标下界 to] 下标上界)As 数据类型
二维数组：Dim 数组名(第 1 维下标上界,第 2 维下标上界)As 数据类型

默认情况下，下标下界为 0，数组元素从"数组名(0)"至"数组名(下标上界)"；如果使用 to 选项，则可以安排非 0 下界。

VBA 也支持多维数组，用户可以在数组下标中加入多个数值，并以逗号分隔。注意，最多可以定义 60 维。

例如：

```
Dim a( - 2 to 2) As String      '定义了一个有 5 个字符型数组元素的一维数组 a,数组元素下标从
                                  - 2 到 2
Dim ArrayInt(10) As Integer      '定义了一个有 11 个整型数组元素的一维数组 ArrayInt,数组元素
                                 下标从 0 到 10
Dim b(2,3) As Integer            '定义了一个有 3 * 4 = 12 个整型数组元素的二维数组 b
```

8.4.5 运算符与表达式

表达式是将常量、变量、字段名、控件属性值和函数用运算符组合而成的式子，用于完成各种形式的运算和处理。在 VBA 中有 5 类运算符，使用这些运算符可以分别构成算术表达式、字符表达式、关系表达式、逻辑表达式和对象引用表达式。

1. 算术表达式
算术运算符与操作数组合的式子称为算术表达式。算术运算符如表 8.10 所示。

2. 字符表达式
字符串连接运算符有"&"和"＋"两个，如表 8.11 所示。

表 8.10　算术运算符

运　算　符	意　　义	示　　例	结　果	优　先　级
（　）	改变原有的运算顺序			8
∧	乘方	7∧2	49	7
*	乘	7 * 2	14	6
/	除	7/2	3.5	6
\	整除	7\2	3	6
MOD	取模(两数相除的余数)	7 MOD 2	1	6
＋	加	7＋2	9	5
－	减	7－2	5	5

表 8.11　字符运算符

运　算　符	意　　义	示　　例	结　　果
＋	连接两个字符串	"Access"＋"2003"	"Access2003"
&	强制连接两个表达式	"Access" &2003	"Access2003"

在使用"&"作为字符串运算时必须在"&"前加一个空格,否则,如果变量与字符 & 紧接在一起,将作为类型定义符处理。"&"运算符可以将非字符串类型的数据转换为字符串后进行连接。

使用"＋"进行运算时,当两边操作数都为字符串时,进行字符串的组合;当两边操作数为数值时,进行算术运算;当其一为数字字符串,另一个为数值型时,先将数字字符串转换为数值,然后进行算术加法运算;当一个操作数为数值型,另一个操作数为非数值字符串时,出错。

字符表达式的运算结果为字符串。

3. 关系表达式

关系运算符用来对两个表达式的值进行比较,关系运算符共有 7 个,如表 8.12 所示。它们享有同样的优先级,比较的结果为逻辑值,若关系成立则返回 True,否则返回 False。用关系运算符连接两个表达式所组成的式子称为关系表达式。

表 8.12　关系运算符

运算符	意　义	示　　例	结　　果	优先级
<	小于	7<2	False	4
<=	小于等于	7<=2	False	4
>	大于	7>2	True	4
>=	大于等于	7>=2	True	4
=	等于	7=2	False	4
<>	不等于	7<>2	True	4
LIKE	字符串匹配	"Microsoft Access" LIKE " * Access"	True	4

4. 逻辑表达式

逻辑运算符也称布尔运算符。逻辑表达式由逻辑运算符连接两个或多个关系表达式，其结果为逻辑值 True 或 False。逻辑运算符如表 8.13 所示。

表 8.13　逻辑运算符

运算符	意　义	示　例	结　果	优先级
NOT	非，将 True 变为 False，将 False 变为 True	NOT 7>2	False	3
AND	与，两边都为 True 结果才为 True	7>2 AND 2>7	False	2
OR	或，两边有一个为 True 结果就为 True	7>2 OR 2>7	True	1

5. 对象引用表达式

如果在表达式中引用对象，则要构造对象引用表达式，其结果为被引用的对象或被引用对象的属性或方法。引用对象运算符如表 8.14 所示。

表 8.14　引用对象运算符

运算符	意　义	示　例	说　明
!	引用某个对象	Me!Text1	引用 Me 窗体中的文本框 Text1
.	引用对象的属性或方法	Me!Text1.Value	引用 Me 窗体中的文本框 Text1 的 Value 属性

8.5　VBA 程序的流程控制结构

8.5.1　VBA 程序的语法

1. 语句

一个程序由若干语句组成，一条语句完成一个操作。按功能可以将语句划分为两类：一类是声明语句，用于定义常量、变量和过程；另一类是执行语句，用于执行赋值操作、调用过程、实现各种流程控制。

根据流程控制的不同，执行语句可以构成顺序结构、分支结构和循环结构 3 种。

2. 程序的书写规则

在编写程序时，如果用户不遵循语法规则、书写规则，系统将无法识别语句，从而会产生错误。在编写程序时，用户要遵循以下规则：

(1) 通常一行书写一条语句，如果语句太长写不下，在行末使用续行符"_"，另起一行书写。

(2) 当将几条语句写在一行时，使用冒号":"分隔各语句。

(3) 一行命令以 Enter 键作为结束标志。

(4) 语句中的英文字母不区分大小写。

(5) 程序书写提倡使用缩进格式，让程序中同级别的语句在同一列对齐。使用缩进格式书写的程序能清楚地显示程序的结构，不仅帮助用户阅读程序，而且有利于程序的维护。

3. 程序中的常用语句

(1) 注释语句。对程序添加适当的注释可以提高程序的可读性，对程序的维护带来很大的方便。在 VBA 程序中有两种方法添加注释：

方法一：

Rem 注释内容

方法二：

'注释内容

例如：

```
Rem 定义两个变量
Dim X ,Y                    '定义 X、Y 为变体变量
```

（2）赋值语句。赋值语句用来为变量指定一个值。格式如下：

[LET] 变量名 = 值或表达式

例如：

```
Let X = 100
Y = 200
Dim Z As String
Z = "Access 2003"
```

（3）输入/输出语句。在程序中有很多情况需要接受用户输入的数据来进行计算，计算完后又需要将结果输出。在 VBA 中利用系统函数 InputBox()处理数据的输入，结果的输出利用系统函数 MsgBox( )和立即窗口。

① InputBox 函数。利用该函数处理数据的输入时，使用输入对话框来输入数据。输入对话框中包含文本框、提示信息和命令按钮，当用户输入数据并单击按钮时，系统会将文本框中的内容作为输入的数据。InputBox 函数的格式如下：

```
InputBox (Prompt [,Title] [,Default] [,Xpos] [,Ypos])
```

说明：

- Prompt 参数不可省，用于在对话框上显示一个输入的提示项。
- Title 参数用于指定该对话框的标题，若省略则用"Microsoft Office Access"作为标题。
- Default 用于提供一个默认值，在用户不输入数据时，用该值作为输入的数据。
- Xpos、Ypos 用于指定对话框在屏幕中出现的位置，若省略则出现在屏幕的中央。

② MsgBox 函数。利用该函数处理结果的输出时，使用消息框输出信息。消息框由 4个部分组成，即标题栏信息、提示信息、一个图标和一个或多个命令按钮，图标的形式及命令按钮的个数可以由用户设置。MsgBox 函数的格式如下：

```
MsgBox(Prompt [,Buttons] [,Title])
```

说明：

- Prompt 参数不可省，用于在对话框上输出结果或提示性文本。
- Buttons 用来指定对话框中按钮的个数及形式，默认值为 0，其值与按钮数目和图标样式的对应关系见表 8.15。

- Title 参数用于指定该对话框的标题,若省略则用"Microsoft Office Access"作为标题。

表 8.15 MsgBox 函数中按钮与图标的参数值

符号常量	值	按钮或图标样式
vbOkOnly	0	"确定"按钮
vbOkCancel	1	"确定"和"取消"按钮
vbAbortRetryIgllore	2	"终止"、"重试"和"取消"按钮
.vbYesNoCancel	3	"是"、"否"和"取消"按钮
vbYesNo	4	"是"、"否"按钮
vbRetryCancel	5	"重试"和"取消"按钮
vbCritical	16	"停止"图标
vbQuestion	32	"询问"图标
vbExclamation	48	"感叹"图标
vbInformation	64	"信息"图标

例 8.3 输入自己的名字,用 MsgBox 函数输出欢迎信息。

操作步骤如下:

(1) 打开数据库窗口,选择"模块"对象,然后单击"创建"选项卡中的"模块"按钮,进入 VBE。

(2) 在代码窗口中输入以下过程代码:

```
Sub hello( )
    Dim strinput As String
    strinput = InputBox("请输入你的名字: ")
    MsgBox( "欢迎你"&strinput)
End Sub
```

(3) 选择"运行"→"运行子过程/用户窗体"命令,或单击"标准"工具栏上的"运行子过程/用户窗体"按钮。

(4) 弹出输入名字的对话框,输入名字,如图 8.15 所示,然后单击"确定"按钮。

(5) 弹出欢迎信息框,如图 8.16 所示。

(6) 单击"标准"工具栏上的"保存"按钮,保存该模块,名为"输入输出"。

图 8.15 调用 InputBox 函数输入姓名　　　图 8.16 调用 MsgBox 函数输出结果

4. Debug 窗口

Debug 窗口在 VBA 代码窗口的"视图"菜单中称为"立即窗口"。对于数据量较大的运行结果,可以用 Debug 的 Print 方法输出。Print 方法使用";"或"&"连接若干个输出项,用户也可以使用","使各个输出项之间空开一定的距离。

例 8.4 改写例 8.3,在立即窗口中显示欢迎信息,执行结果如图 8.17 所示。

操作步骤如下:

(1) 打开数据库窗口,选择"模块"对象,右击"输入输出"模块,在弹出的快捷菜单中选择"设计视图"命令,打开代码窗口。

(2) 修改 hello 过程,代码如下:

```
Sub hello()
    Dim strinput As String
    strinput = InputBox("请输入你的名字: ")
    Debug.Print "欢迎你"; strinput"
End Sub
```

(3) 选择"运行"→"运行子过程/用户窗体"命令,或单击"标准"工具栏上的"运行子过程/用户窗体"按钮。

(4) 弹出输入名字的对话框,输入名字,然后单击"确定"按钮。

(5) 选择"视图"→"立即窗口"命令,打开立即窗口,观察结果,如图 8.17 所示。

(6) 单击"标准"工具栏上的"保存"按钮,保存该模块。

图 8.17　立即窗口的输出结果

8.5.2　顺序结构

计算机程序的执行控制流程有 3 种基本结构,即顺序结构、分支结构、循环结构。在面向过程的程序设计中,程序不论从宏观到微观,都是由这 3 种结构组成的。面向对象程序设计增加了事件驱动机制,由用户触发某事件去执行相应的事件过程。这些事件处理过程之间并不形成特定的执行次序,但对每一个事件过程内部而言,又包含这 3 种基本结构。

顺序结构是最简单的一种结构,计算机按照语句的排列顺序依次执行每一条语句。顺序结构的语句主要是赋值语句和输入/输出语句。

例 8.5　输入圆的半径,计算圆的面积。

操作步骤如下:

(1) 打开数据库窗口,单击"创建"选项卡中的"模块"按钮,进入 VBE。

(2) 在代码窗口中输入以下过程代码:

```
Sub mj( )
    Dim r As Single        'r 为圆的半径
    Dim s As Single        's 为圆的面积
    Const PI As Single = 3.1415926
    r = InputBox("请输入圆的半径: ", "输入半径")
    s = PI * r^2           '计算圆的面积
    Debug.Print "半径为"; r; "的圆的面积为"; s
End Sub
```

(3) 选择"运行"→"运行子过程/用户窗体"命令,或单击"标准"工具栏上的"运行子过程/用户窗体"按钮。

(4) 弹出输入圆半径的对话框,输入半径,然后单击"确定"按钮。

(5) 选择"视图"→"立即窗口"命令,打开立即窗口,观察结果,如图 8.18 所示。

图 8.18　立即窗口的输出结果

（6）单击"标准"工具栏上的"保存"按钮，保存该模块，名为"求圆面积"。

8.5.3 分支结构

分支结构按照给定的选择条件成立与否来确定程序的走向。

1. 单分支

（1）格式：

```
If 条件 Then
    语句序列
End If
```

（2）执行过程：判断条件，如果为真，执行语句序列；如果为假，则不执行语句序列，而是直接执行 End If 后面的语句。

例如：

```
If x > 0 Then
    Text1.Text = "你好!"
End If
```

2. 双分支

（1）格式：

```
If 条件 Then
    语句序列 1
Else
    语句序列 2
End If
```

（2）执行过程：判断条件，如果为真，执行语句序列 1；如果为假，执行语句序列 2。

例 8.6 输入一个成绩，给出"及格"或"不及格"的提示。

操作步骤如下：

（1）打开数据库窗口，选择"模块"对象，然后单击"创建"选项卡中的"模块"按钮，进入 VBE。

（2）在代码窗口输入以下过程代码：

```
Sub cjmark()
    Dim cj As Integer
    cj = InputBox("请输入成绩: ")
        If cj > = 60 Then
            MsgBox("及格")
        Else
            MsgBox("不及格")
        End If
End Sub
```

（3）选择"运行"→"运行子过程/用户窗体"命令，或单击"标准"工具栏上的"运行子过程/用户窗体"按钮。

（4）弹出输入成绩的对话框，输入一个成绩，例如"55"，如图 8.19 所示，然后单击"确定"按钮。

(5) 弹出消息框,显示"不及格"提示,如图 8.20 所示。

(6) 单击"标准"工具栏上的"保存"按钮,保存该模块,名为"双分支结构"。

图 8.19　输入成绩

图 8.20　MsgBox 函数的输出结果

例 8.7　创建"系统登录"窗体,如图 8.21 所示,实现当用户名和密码输入 3 次都不正确时,关闭该登录窗体。

操作步骤如下:

(1) 创建一个"系统登录"窗体,添加两个文本框控件 Text1 和 Text2,分别输入用户名和密码,文本框 Text2 的"输入掩码"属性设置为"密码"。添加一个命令按钮控件,设置"标题"属性为"确定",设置名称属性为"cmd 确定"。

(2) 在窗体设计视图中,选择"确定"命令按钮右击,从快捷菜单中选择"事件生成器"命令,然后在"选择生成器"对话框中选择"代码生成器",单击"确定"按钮,进入代码编辑窗口,编写事件过程代码如下:

图 8.21　"系统登录"窗体

```
Option Compare Database
Public i As Integer
Private Sub cmd 确定_Click()
    i = i + 1
    Dim name As String, pass As String
    name = Me! Text1
    pass = Me! Text2
    If name = "admin" And pass = "888888" Then    '假设用户名为 admin,密码为 888888
        MsgBox "欢迎使用学生信息管理系统!", vbOKOnly + vbInformation, "欢迎"
        DoCmd. Close                               '关闭"身份验证"窗体
        DoCmd. OpenForm "学生基本信息"              '打开"学生基本信息"窗体
        Exit Sub
    Else
        If i < 3 Then
            MsgBox "密码错误!", vbOKOnly
            Me! Text1 = ""                         '清空文本框的内容
            Me! Text2 = ""
            Me! Text1. SetFocus                    '使文本框获得焦点,准备重新输入
        Else
            MsgBox "3 次输入错误,退出系统!", vbOKOnly
         DoCmd. Close
        End If
    End If
End Sub
```

(3) 保存窗体,名为"系统登录"。

(4) 运行窗体。输入用户名和密码,如果用户名和密码输入正确,则弹出欢迎信息框,如图 8.22 所示,并打开"学生基本信息"窗体;如果用户名和密码不正确,则弹出密码错误信息框,如图 8.23 所示,重新输入;如果 3 次都不正确,则弹出如图 8.24 所示的信息框,并关闭该窗体。

图 8.22 欢迎信息框   图 8.23 密码错误信息框·   图 8.24 3 次输入错误信息框

3. If…Else 多分支(If…Else 嵌套)

(1) 格式:

```
If 条件 1 Then
    语句序列 1
Else
    If 条件 2 Then
        语句序列 2
    Else
        语句序列 3
    End If
End If
```

(2) 执行过程:判断条件 1,如果为真,执行语句序列 1,如果为假,继续判断条件 2,如果条件 2 为真,执行语句序列 2,如果为假,执行语句序列 3。

显然,嵌套结构可以构成多分支的情况,上面的格式中采用两层嵌套构成了 3 个分支。类似地,嵌套结构还可以再嵌套更多层。但是,当嵌套的层次较多时,使用 If 语句的格式会使程序变得很复杂,难以阅读。这时,更好的方法是使用 Select Case 语句。

例 8.8 输入一个成绩,显示该成绩对应的五级制总评结果。其中,90~100 为"优秀",80~89 为"良好",70~79 为"中等",60~69 为"及格",0~59 为"不及格"。

操作步骤如下:

(1) 打开数据库窗口,选择"模块"对象,然后单击"创建"选项卡中的"模块"按钮,进入 VBE。

(2) 在代码窗口中输入以下过程代码:

```
Sub grade()
    Dim cj As Integer
    cj = InputBox("请输入成绩: ")
    If cj >= 90 Then
        MsgBox("优秀")
    Else
        If cj >= 80 Then
            MsgBox("良好")
        Else
```

```
            If cj > = 70 Then
                MsgBox("中等")
            Else
                If cj > = 60 Then
                    MsgBox("及格")
                Else
                    MsgBox("不及格")
                End If
            End If
        End If
    End If
End Sub
```

（3）选择"运行"→"运行子过程/用户窗体"命令，或单击"标准"工具栏上的"运行子过程/用户窗体"按钮。

（4）弹出输入成绩的对话框，输入一个成绩，例如"75"，如图 8.25 所示，然后单击"确定"按钮。

（5）弹出消息框，显示该成绩的等级，如图 8.26 所示。

（6）单击"标准"工具栏上的"保存"按钮，保存该模块，名为"多分支结构"。

图 8.25　输入成绩

图 8.26　显示成绩等级

4. Select Case 多分支

（1）格式：

```
Select Case 变量或表达式
    Case 表达式 1
        语句序列 1
    Case 表达式 2
        语句序列 2
        …
    [Case Else
        语句序列 n + 1]
End Select
```

（2）执行过程：首先计算变量或表达式的值，然后依次计算 Case 子句中表达式的值，如果变量或表达式的值和某个 Case 表达式的值吻合，则执行相应的语句序列。若当前 Case 表达式的值不满足，则进行下一个 Case 语句的判断。如果都不满足，若有 Case Else 部分则执行语句序列 $n+1$，否则执行 End Select 后面的语句。

例 8.9　改写例 8.8，用 Select Case 多分支结构实现。

操作步骤如下：

（1）打开数据库窗口，选择"模块"对象，然后右击"多分支结构"模块，在弹出的快捷菜单中选择"设计视图"命令,打开 VBE。

(2) 在代码窗口中修改过程代码,并保存。

```
Sub grade()
    Dim cj As Integer
    cj = InputBox("请输入成绩: ")
    Select Case cj
        Case 90 to 100
            MsgBox("优秀")
        Case 80 to 89
            MsgBox("良好")
        Case 70 to 79
            MsgBox("中等")
        Case 60 to 69
            MsgBox("及格")
        Case Else
            MsgBox("不及格")
    End Select
End Sub
```

(3) 运行程序。

8.5.4 循环结构

顺序结构和分支结构中的每一条语句,一般只执行一次,但在实际应用中,有时需要重复执行某些语句,使用循环控制结构可以实现此功能。

1. For 循环

(1) 格式:

```
For 循环变量 = 初值 to 终值 [Step 步长]
    循环体语句序列
    [Exit For]
Next 循环变量
```

(2) 执行过程:

① 循环变量赋初值。

② 循环变量与终值比较,根据比较结果确定循环是否执行。若步长>0,循环变量的值<=终值,执行循环体语句,否则退出循环;若步长<0,循环变量的值>=终值,执行循环体语句,否则退出循环;若步长=0,循环变量的值<=终值,进入死循环,否则循环体语句序列一次也不执行。

③ 循环变量=循环变量+步长,程序进入上一步的比较。

(3) 说明:

① 如果步长为1,则 Step 1 短语可省略。

② 如果终值小于初值,步长应该为负值,否则循环一次也不执行。

③ 在循环体中可以有条件地使用 Exit For 语句,其作用是满足某个条件时提前退出循环体部分。

例 8.10 求 $1+2+3+\cdots+100$ 的和。

操作步骤如下：

（1）打开数据库窗口，选择"模块"对象，然后单击"创建"选项卡中的"模块"按钮，进入 VBE。

（2）在代码窗口中输入以下过程代码：

```
Sub sum()
    Dim i As Integer, s As Integer
    s = 0
    For i = 1 to 100 Step 1
        s = s + i
    Next i
    Debug.Print s
End Sub
```

（3）选择"运行"→"运行子过程/用户窗体"命令，或单击"标准"工具栏上的"运行子过程/用户窗体"按钮。

（4）选择"视图"→"立即窗口"命令，打开立即窗口，观察结果。

（5）单击"标准"工具栏上的"保存"按钮，保存该模块，名为"循环结构1"。

例 8.11 编写一程序，输入 30 名同学的成绩，求最高分、最低分和平均分。

分析：30 名同学的成绩可以设置一个一维数组 Score 来存储，求最高分、最低分实际上是求这个一维数组的最大值、最小值问题。

求最大值的方法：设变量 Max 存放最大值，其初值为数组的第一个元素。若数组中的某个元素 Score(i) 大于 Max，则 Max 替换为该数组元素的值。在数组中的所有元素比较完后，Max 中存放的数便是最大数。求最小值的方法与此类似，在此不再重复。

图 8.27　"求最高最低及平均成绩"窗体

操作步骤如下：

（1）创建一个"求最高最低及平均成绩"窗体，如图 8.27 所示，添加 3 个文本框控件，即 Text1、Text2、Text3，分别输出最高分、最低分及平均分。

（2）在窗体设计视图中右击，选择快捷菜单中的"事件生成器"命令，进入代码窗口，编写程序代码如下：

```
Dim Score(30) As Integer
Dim Max As Integer, Min As Integer, Average As Integer, Total As Integer, i As Integer
Private Sub Form_Load()
    For i = 1 To 30
        Score(i) = Val(InputBox("请输入学生成绩"))
    Next i
    Total = 0
    Max = Score(1)                          '设置 Max 的初值为数组中的第一个元素
```

```
    Min = Score(1)                    '设置 Min 的初值为数组中的第一个元素
    For i = 1 To 30
        If Score(i) > Max Then Max = Score(i)
        If Score(i)< Min Then Min = Score(i)
        Total = Total + Score(i)      '求成绩总和
    Next i
    Average = Total / 30              '求平均成绩
    Me.Text1 = Str(Max)
    Me.Text2 = Str(Min)
    Me.Text3 = Str(Average)
End Sub
```

例 8.12 二维数组的应用。

操作步骤如下：

（1）打开数据库窗口，选择“模块”对象，然后单击“创建”选项卡中的“模块”按钮，进入 VBE。

（2）在代码窗口中输入以下过程代码：

```
Sub Arrays()
    Dim array1(1 To 3, 1 To 4) As Integer
    For i = 1 To 3
        For j = 2 To 4
            array1(i, j) = i + j
        Next j
    Next i
    s = array1(2, 3) + array1(3, 4)
    MsgBox ("结果为" & Str(s))
End Sub
```

（3）选择“运行”→“运行子过程/用户窗体”命令，或单击“标准”工具栏上的“运行子过程/用户窗体”按钮，弹出消息框，观察结果，如图 8.28 所示。

（4）单击“标准”工具栏上的“保存”按钮，保存该模块，名为“二维数组 Arrays 应用”。

2. Do…Loop 循环

（1）格式：

```
Do {While|Until} 条件
    循环体语句序列
    [Exit Do]
Loop
```

图 8.28　二维数组 Arrays 应用

（2）执行过程：在每次循环开始时测试条件，对于 Do While 语句，如果条件成立，则执行循环体语句，然后回到 Do While 处准备下一次循环；如果条件不成立，则退出循环。对于 Do Until 语句，正好相反，当条件满足时退出循环。

（3）说明：

① Exit Do 语句的作用是提前终止循环。

② 与 For 循环相比，Do…Loop 循环不仅可以用于循环次数已知的情况，而且可以用于

循环次数未知的情况,适用的范围更广。

③ Do…Loop 循环没有专门的循环控制变量,但一般有一个专门用来控制条件表达式中变量的语句,使得随着循环的执行,条件趋于不成立(或成立),最后达到退出循环。

例 8.13 改写例 8.10,用 Do…Loop 循环语句求 $1+2+3+…+100$ 的和。

操作步骤如下:

(1) 打开数据库窗口,选择"模块"对象,然后右击"循环结构 1"模块,在弹出的快捷菜单中选择"设计视图"命令,打开代码窗口。

(2) 在代码窗口中修改程序代码:

```
Sub sum()
    Dim i As Integer, s As Integer
    i = 1
    s = 0
    do While i < = 100
        s = s + i
        i = i + 1
    Loop
    Debug. Print s
End Sub
```

(3) 选择"运行"→"运行子过程/用户窗体"命令,或单击"标准"工具栏上的"运行子过程/用户窗体"按钮。

(4) 选择"视图"→"立即窗口"命令,打开立即窗口,观察结果。

(5) 保存模块。

例 8.14 输入若干个学生成绩,以 -1 为结束标志,求这些成绩的平均值。

操作步骤如下:

(1) 打开数据库窗口,选择"模块"对象,单击"创建"选项卡中的"模块"按钮,进入 VBE。

(2) 在代码窗口中输入以下过程代码:

```
Sub average()
    Dim cj As Integer, I As Integer, avg As Single
    cj = InputBox("请输入第" & i + 1 & "位学生的成绩: ")
    Do Until cj = -1
        avg = avg + cj
        i = i + 1
        cj = InputBox("请输入第" & i + 1 & "位学生的成绩: ")
    Loop
    MsgBox ("平均成绩 = " & Round(avg / I, 1))
End Sub
```

(3) 选择"运行"→"运行子过程/用户窗体"命令,或单击"标准"工具栏上的"运行子过程/用户窗体"按钮。然后在弹出的对话框中输入若干成绩,最后以 -1 结束输入,观察结果。

(4) 单击"标准"工具栏上的"保存"按钮,保存该模块,名为"循环结构 2"。

例 8.15 编写一程序,输入 10 个整数,然后逆序输出。

操作步骤如下:

(1) 创建一个"逆序输出 10 个整数"窗体,如图 8.29 所示,添加一个命令按钮 Command1,标题属性为"逆序输出 10 个整数"。

(2) 在窗体设计视图中右击命令按钮,从快捷菜单中选择"事件生成器"命令,在弹出的"选择生成器"对话框中选择"代码生成器",然后单击"确定"按钮,进入代码窗口,编写事件过程代码如下:

图 8.29 "逆序输出 10 个整数"窗体

```
Private Sub Command1_Click()
    Dim i, j, k, temp, arr(10) As Integer
    Dim result As String
    For k = 1 To 10
        arr(k) = Val(InputBox("请输入第" + Str(k) + "个数", "数据输入"))
    Next k
    i = 1
    j = 10
    Do
        temp = arr(i)
        arr(i) = arr(j)
        arr(j) = temp
        i = i + 1
        j = j - 1
    Loop While i < j
    result = ""
    For k = 1 To 10
        result = result + Str(arr(k)) + Chr(13)
    Next k
    MsgBox result
End Sub
```

8.6 过程调用和参数传递

一个过程在执行中可以调用另外一个过程,同时将参数传递过去,调用完毕后,再回到本过程继续执行。

8.6.1 Sub 过程的调用

1. Sub 过程的定义

Sub 过程的定义格式如下:

```
[Public|Private][Static] Sub 过程名(变量名 1 As 类型,变量名 2 As 类型,…)
    语句序列
    [Exit Sub]
End Sub
```

说明:

(1) Public 表示该过程是全局过程,可以被应用程序的任何模块中的任何过程调用。系统默认值为 Public。

(2) Private 表示该过程只能被定义它的模块中的过程调用。

（3）Static 表示该过程中定义的局部变量均为静态变量,变量的值在整个程序运行期间予以保留。

（4）过程名后括号内的变量称为形式参数(简称形参)。如果过程有形参,则用户要在定义过程时指明形参的名称和类型,如果类型省略,默认为 Varient 型。

（5）Exit Sub 语句可以提前退出过程。

2. Sub 过程的调用

Sub 过程的调用格式如下:

格式 1: Call 子过程名 ([实参])
格式 2: 子过程名 实参

说明:

（1）调用过程时实参与形参的顺序、类型和个数应保持一致。

（2）如果过程在调用时不发生参数传递,被调用过程只能完成一些固定操作。

例 8.16 创建"模块 1",在其中创建两个子过程 add 和 substract,add 过程实现将两个参数 x 和 y 相加,substract 实现将 x 和 y 相减。然后用 InputBox 函数输入两个整数,调用这两个子过程,计算其相加和相减的结果。

操作步骤如下:

（1）打开数据库窗口,选择"模块"对象,然后单击"创建"选项卡中的"模块"按钮,进入 VBE。

（2）在代码窗口中输入以下过程代码,如图 8.30 所示。

```
Sub add(a As Integer, b As Integer)          '创建 add 子过程
    Dim sum As Integer
    sum = a + b
    MsgBox a & " + " & b & " = " & sum
End Sub
Sub substract(a As Integer, b As Integer)    '创建 substract 子过程
    Dim subst As Integer
    subst = a - b
    MsgBox a & " - " & b & " = " & subst
End Sub
Sub addsubst()
    Dim x As Integer, y As Integer
    X = InputBox("x = ")
    Y = InputBox("y = ")
    Call add(x, y)                           '调用 add 子过程
    substract x, y                           '调用 substract 子过程
End Sub
```

（3）选择"运行"→"运行子过程/用户窗体"命令,或单击"标准"工具栏上的"运行子过程/用户窗体"按钮。然后在弹出的对话框中依次输入 x 和 y 的值,如图 8.31 和图 8.32 所示,之后会弹出结果信息框,如图 8.33 和图 8.34 所示

（4）单击"标准"工具栏上的"保存"按钮,保存该模块,名为"模块 1"。

图 8.30　子过程的创建和调用

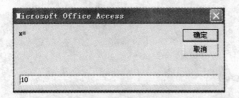

图 8.31　利用 InputBox 函数输入 *x*

图 8.32　利用 InputBox 函数输入 *y*

图 8.33　*x* + *y* 的结果

图 8.34　*x* - *y* 的结果

8.6.2　Function 过程的调用

1. Function 过程的定义

```
[Public|Private][Static] Function 过程名(变量名 1 As 类型,变量名 2 As 类型,…) As 类型
    语句序列
    函数名 = 表达式
    [Exit Function]
End Function
```

说明：

（1）关键字 Public、Private、Static 以及形参的定义与 Sub 过程相同。

（2）Exit Function 语句可以提前退出函数过程。

（3）与子过程不同的是，函数过程有返回值，因此在定义函数时要指明函数返回值的类型，并且在函数体内给函数赋值。

（4）Function 过程的返回值既能像系统函数的返回值一样赋给相同类型的变量，也可以输出到立即窗口或消息框。

2. Function 过程的调用

Function 过程的调用格式如下：

函数过程名（[实参]）

由于函数过程有返回值，在实际调用时，也可以使用下面的格式：

变量名=函数过程名（[实参]）

例 8.17 创建函数过程 jc，该函数过程的功能是计算某数的阶乘，另外再创建一个子过程来调用函数过程 jc。

操作步骤如下：

（1）打开数据库窗口，选择"模块"对象，然后右击"模块 1"，在弹出的快捷菜单中选择"设计视图"命令，进入 VBE。

（2）在代码段后面接着输入以下过程代码：

```
Public Function jc(n As Integer ) As Long
    Dim i As Integer, s As Long
    s = 1
    For i = 1 to n
        s = s * i
    Next i
    jc = s
End Function
Public Sub main_test()
    Dim n As Integer
    n = InputBox("n = ")
    Debug. Print "n = "; n
    Debug. Print "jc(n) = " & jc(n)
    Debug. Print "10! = " & jc(10)
End Sub
```

（3）在代码窗口的过程名列表框中选择"main_test"过程。

（4）选择"运行"→"运行子过程/用户窗体"命令，或单击"标准"工具栏上的"运行子过程/用户窗体"按钮。然后在弹出的对话框中输入 n 的值，打开立即窗口，观察结果，如图 8.35 所示。

（5）保存该模块。

图 8.35 立即窗口中的结果

8.6.3 参数传递

在调用子过程和函数过程的过程中，一般会发生数据的传递，即将主调过程中的实参传给被调过程的形参。实参向形参的数据传递有传址和传值两种方式。

1. 传址

如果在定义子过程或函数过程时，形参的变量名前不加前缀或加前缀 ByRef，即为传址方式。

在调用过程时,将实参的地址传给形参。无论形参与实参名字是否相同,在内存中占用相同的存储单元,实质上是同一个变量在两个过程中使用不同的标识符。如果在被调用过程中改变了形参的值,则主调过程中实参的值也会随之改变。

默认的参数传递方式是按地址传递,上述各例中过程的调用均为传址方式。

2. 传值

如果在定义子过程或函数过程时,在形参的变量名前加前缀 ByVal,即为传值方式。

按值传递实参和形参是两个不同的变量,占用不同的内存单元,主调过程将实参的值复制给形参,如果在被调过程中修改了形参的值,主调过程中实参的值不会随之变化。

例 8.18 创建一个子过程 change,交换两个数。再创建一个过程 first,输入两个整数,用传值的方式调用过程 change。

操作步骤如下:

(1) 打开数据库窗口,选择"模块"对象,然后右击"模块 1",在弹出的快捷菜单中选择"设计视图"命令,进入 VBE。

(2) 在代码段后面接着输入以下过程代码:

```
Public Sub change(ByVal a As Integer, ByVal b As Integer )
    Dim t As Integer
    t = a:a = b:b = t
End Sub
Public Sub first()
    Dim x As Integer, y As Integer
    x = 5:y = 8
    MsgBox "x = " & x &" y = " & y
    Call change(x,y)
    MsgBox "x = " & x &" y = " & y
End Sub
```

(3) 在代码窗口的过程名列表框中选择"first"过程。

(4) 选择"运行"→"运行子过程/用户窗体"命令,或单击"标准"工具栏上的"运行子过程/用户窗体"按钮,观察结果,如图 8.36 所示。

(5) 保存该模块。

图 8.36　*x*、*y* 结果信息框

8.7　VBA 程序的调试

编写程序并上机执行往往很难做到一次成功,所以用户在编程过程中需要不断地检查和纠正错误,并上机调试,这个过程就是程序的调试。

8.7.1　常见错误类型

编写程序不可避免地会发生错误,常见的错误有语法错误、运行错误和逻辑错误 3 种。

1. 语法错误

语法错误是指输入了不符合程序设计语言语法要求的代码,该错误是初学者经常犯的错误。例如,If 语句的条件后面忘记写 Then、Dim 写成了 Din 等。

由于 Access 2007 的代码编辑窗口是逐行检查的,如果在输入时发生了此类错误,编辑器会随时指出,并将出现错误的语句用红色显示。用户根据出错提示,及时改正错误就可以了。

2. 运行错误

运行错误是指在程序运行中发现的错误。例如数据传递时类型不匹配,试图打开一个不存在的文件等,这时系统会在出现错误的地方停下来,并打开代码窗口,给出运行时错误的提示信息并告知错误类型。在修改了错误以后,可以选择"运行"→"继续"命令,继续运行程序,也可以选择"运行"→"重新设置"命令退出中断状态。

3. 逻辑错误

程序运行时没有发生错误,但程序没有按照所期望的结果执行,运算结果不符合逻辑,则说明程序中存在逻辑错误。产生逻辑错误的原因有很多,一般难以查找和排除,有时需要通过修改程序的算法来排除错误。

8.7.2 "调试"工具栏和调试窗口

在前面所述的常见错误类型中,逻辑错误不能由计算机自动识别,需要编程人员认真阅读、分析程序,找出错误。为了更有效地查找和修改程序中的逻辑错误,VBE 提供了"调试"工具栏和调试窗口。

1. "调试"工具栏

选择"视图"→"工具栏"→"调试"命令可以打开"调试"工具栏,如图 8.37 所示。

图 8.37 "调试"工具栏

"调试"工具栏中自左向右各按钮的主要功能如下。

(1) 设计模式:打开或关闭设计模式。

(2) 运行:如果光标在过程中,则运行当前过程。如果窗体处于被激活状态,则运行窗体,否则运行宏。

(3) 中断:中断程序执行,并切换到中断模式,在程序的中断位置会使用黄色亮条显示代码行。

(4) 重新设置:终止程序调试,返回代码编辑状态。

(5) 切换断点:在当前行设置或清除断点。

(6) 逐语句:使程序进入单步跟踪状态。每单击一次,程序执行一步,在遇到调用过程语句时,会跟踪到被调用过程的内部去执行。

(7) 逐过程:与逐语句相似,只是在遇到调用过程语句时,不会跟踪到被调用过程的内部去执行,而是在本过程中继续单步执行。

(8) 跳出:当程序在被调用过程的内部调试运行时,单击"跳出"按钮可以提前结束在被调用过程中的调试,返回主调过程,转到调用语句的下一行。

(9) 本地窗口:用于打开本地窗口。

(10) 立即窗口:用于打开立即窗口。

(11) 监视窗口:用于打开监视窗口。

(12) 快速监视:在中断状态下,用户可以先在程序代码中选定某个变量或表达式,然后单击"快速监视"按钮,弹出"快速监视"对话框,该对话框中显示了所选变量或表达式的当前值。

(13) 调用堆栈：显示"调用堆栈"对话框,列出当前活动的过程调用。

2. 调试窗口

选择"视图"菜单中的相应命令可以显示立即窗口、本地窗口和监视窗口,如图8.38所示。

图8.38 不同的调试窗口

(1) 立即窗口。使用立即窗口可以给变量临时赋值或输出结果。在中断状态下,用户可以输入或粘贴一行代码,然后按 Enter 键执行该代码。使用立即窗口可以检查控件、字段或属性的值,显示表达式的值,为变量、字段或属性赋予一个新值。立即窗口是一种中间结果暂存器窗口,在这里可以立即求出语句、方法或过程的结果。

(2) 本地窗口。本地窗口在中断状态下可显示当前过程中所有变量的类型和值。本地窗口中有3个列表,分别显示表达式、表达式的值和表达式的类型。有些变量,如用户自定义类型、数组和对象等,可包含级别信息。这些变量的名称左边有一个加号按钮,用来控制级别信息。

(3) 监视窗口。监视窗口在中断状态下可以用来监视表达式,了解变量或表达式值的变化情况。例如,用户可将循环的条件表达式设置为监视表达式,这样就可以观察进入和退出循环的情况。监视窗口有4个列表,"表达式"中列出了监视表达式,"值"中列出了在切换成中断状态时表达式的值,"类型"中列出了监视表达式的类型,"上下文"中则列出了监视表达式的作用域。

8.7.3 调试方法

1. Debug. print 语句

在 VBA 中,添加 Debug. print 语句可以对程序的运行实行跟踪。

例如,程序中有变量 x,如果在程序调试过程中要对变量 x 进行监视,则可以在程序的适当位置加上以下语句:

```
Debug.print x
```

这样在程序调试过程中,在立即窗口中就会显示 x 的当前值。在一个程序代码中可以使用多个 Debug. print 语句,也可以对同一个变量使用多个 Debug. print 语句,因为 Debug. print 语句对程序没有影响,不会改变任何对象或者变量的值。

2. 设置断点和取消断点

在程序中人为设置断点,当程序运行到设置了断点的语句时,会自动暂停运行,将程序挂起,进入中断状态。用户可以在任何执行语句和赋值语句处设置断点,但不能在声明语句和注释行处设置断点,也不能在程序运行时设置断点,只有在程序编辑状态或程序处于挂起状态时才可以设置断点。

（1）设置断点。在代码编辑窗口中将光标移到要设置断点的行，按 F9 键或单击"调试"工具栏上的"切换断点"按钮设置断点，用户也可以在代码编辑窗口中单击要设置断点的那一行语句左侧的灰色边界标识条来设置断点，如图 8.39 所示。

图 8.39　设置断点

（2）取消断点。将插入点移到设置了断点的行，然后单击"调试"工具栏上的"切换断点"按钮，也可以再次单击代码编辑窗口左侧的灰色边界标识条取消断点。

3．单步跟踪

单步跟踪即每执行一条语句后都进入中断状态。通过单步执行每一条语句，可以及时、准确地跟踪变量的值，从而发现错误。

单步跟踪的方法是将光标置于要执行的过程中，单击"调试"工具栏上的"逐语句"按钮，执行当前语句（用黄色亮条显示），同时将程序挂起。

对于在同一行中有多条语句用冒号"："隔开的情况，使用"逐语句"命令时，将逐个执行该行中的每条语句。

4．设置监视点

如果设置了监视表达式，一旦监视表达式的值为真或改变，程序会自动进入中断状态。设置监视表达式的方法如下：

（1）选择"调试"→"添加监视"命令，弹出"添加监视"对话框。

（2）在"模块"下拉列表框中选择被监视过程所在的模块，在"过程"下拉列表框中选择要监视的过程，在"表达式"文本框中输入要监视的表达式，如图 8.40 所示。

（3）在"监视类型"栏中选择监视类型。

（4）设置监视表达式后屏幕上会出现监视窗口，如图 8.41 所示。

图 8.40　设置监视表达式

图 8.41　监视窗口

思考题

1. Access 模块有几个基本类型？模块是如何组成的？
2. 什么是 VBA？

3. VBA 中的过程分为哪几类？各有何特点？

4. 如何定义常量和变量？

5. 在 VBA 程序中，程序的流程控制结构有哪几种？

6. 过程调用的方法有哪些？

7. 在调用过程时，按值传递或按地址传递会对形参、实参产生什么影响？

8. 输入 10 个数，统计其中正数的个数、负数的个数及 0 的个数。

第9章 图书管理系统开发实例

在信息时代,图书馆已成为全社会的一个重要的公共信息资源,面对成千上万的图书和众多的借阅者,图书管理员要妥善地管理图书和借阅者的信息是极其重要的。如果能开发一个图书管理系统,利用计算机来管理图书和借阅者的信息,可以大大减轻管理图书、期刊、借阅者等信息的工作强度,提高工作效率。本章将介绍如何使用 Access 2007 开发一个小型的图书管理系统,使用该系统可以对图书、借阅者、管理员等基本信息进行管理,还可以实现图书借阅、图书归还等基本流程的管理。

9.1 系统分析与设计

9.1.1 系统功能分析

根据图书管理员在图书借阅管理过程中遇到的实际情况,图书管理系统应具有以下功能:

(1) 系统应允许管理员对管理员信息、图书信息、借阅者信息及其类型信息进行添加、修改或删除操作。

(2) 图书借出或归还时,系统自动进行记录,同时修改相应图书的库存数值。

(3) 图书归还时出现过期、损坏或遗失情况时,系统能自动计算出罚款金额,并对罚款信息进行记录。

(4) 系统能为管理员提供图书或借阅者的借阅情况和罚款情况报表。

9.1.2 系统模块设计

根据系统功能分析,图书管理系统主要由系统设置、信息管理、运行管理和报表显示4个模块组成,每个模块又由几个子模块来完成其相应的功能,系统所有的功能模块如图 9.1 所示。

(1) 图书类型设置模块。图书类型设置模块可以实现对图书类型的管理,可进行图书类型信息的添加、修改和删除操作。

(2) 借阅者类型设置模块。借阅者类型设置模块可以实现对借阅者类型的管理,可进行借阅者类型信息的添加、修改和删除操作。

(3) 罚款类型设置模块。罚款类型设置模块可以实现对罚款类型的管理,可进行罚款类型信息的添加、修改和删除操作。

图 9.1 图书管理系统的功能模块图

（4）管理员信息管理模块。管理员信息管理模块可以实现对管理员的管理，可进行管理员信息的添加、修改和删除操作。

（5）图书信息管理模块。图书信息管理模块可以实现对图书的管理，可进行图书信息的添加、修改和删除操作。

（6）借阅者信息管理模块。借阅者信息管理模块可以实现对借阅者的管理，可进行借阅者信息的添加、修改和删除操作。

（7）图书借阅管理模块。图书借阅管理模块可进行借阅者信息及其借书情况的查询、图书查询、图书借阅和图书续借操作。

（8）图书归还管理模块。图书归还管理模块可进行图书借阅信息查询、图书归还、图书损坏罚款和图书遗失罚款操作。

（9）图书报表显示模块。图书报表显示模块可以对指定图书的借阅信息和罚款信息进行查询，最后生成相应的报表。

（10）借阅者报表显示模块。借阅者报表显示模块可以对指定借阅者的借书信息和罚款信息进行查询，最后生成相应的报表。

9.2 数据库设计

9.2.1 数据库需求分析

创建的数据库必须能够管理、生成用户需要的所有信息，且数据库中不保存不必要的信息。因此，在开始设计数据库之前，用户需要确定数据库的目的以及如何使用，应尽量多了解一些有关数据库的设计要求，弄清数据库应该为用户所做的操作和应解决的问题，明确用户通过什么样的界面来操作数据库中的数据和输出。

根据系统设计可知,在数据库中需要存放以下信息:

(1) 管理员信息。管理员编号、姓名、性别、出生日期、联系电话、管理员密码等。

(2) 图书信息。图书编号、图书名称、类型编号、作者、出版社、单册价格、现存数量、入库管理员编号等。

(3) 借阅者信息。借阅者编号、姓名、性别、类型编号、出生日期、联系电话、登记人编号等。

(4) 罚款信息。罚款编号、图书编号、借阅者编号、罚款日期、罚款原因、应罚金额、是否交款等。

(5) 图书类型信息。类型编号、类型名称、可借天数、备注等。

(6) 借阅者类型信息。类型编号、类型名称、可借天数、可借数量、续借次数、备注等。

(7) 罚款类型信息。罚款类型编号、图书类型编号、借阅者类型编号、图书过期罚款、图书遗失罚款、图书损坏罚款等。

(8) 图书借阅信息。借书编号、借阅者编号、图书编号、借出日期、应还日期、续借次数、是否已还、操作员编号等。

9.2.2 数据库逻辑结构设计

在"图书管理系统"数据库中应包含 8 个数据表,各表的表名及结构如表 9.1～表 9.8 所示。

表 9.1　"管理员"表

字 段 名 称	数 据 类 型	字 段 大 小	主　　键
管理员编号	文本	10	是
姓名	文本	20	否
性别	文本	1	否
出生日期	日期/时间		否
联系电话	文本	15	否
管理员密码	文本	10	否
备注	备注		否

表 9.2　"图书"表

字 段 名 称	数 据 类 型	字 段 大 小	主　　键
图书编号	文本	10	是
图书名称	文本	30	否
类型编号	文本	10	否
作者	文本	20	否
出版社	文本	20	否
单册价格	数字	单精度型	否
现存数量	数字	长整型	否
入库管理员编号	文本	10	否

表 9.3 "借阅者"表

字 段 名 称	数 据 类 型	字 段 大 小	主 键
借阅者编号	文本	10	是
姓名	文本	20	否
性别	文本	1	否
类型编号	文本	10	否
出生日期	日期/时间		否
联系电话	文本	15	否
登记人编号	文本	10	否
备注	备注		否

表 9.4 "罚款"表

字 段 名 称	数 据 类 型	字 段 大 小	主 键
罚款编号	自动编号	长整型	是
图书编号	文本	10	否
借阅者编号	文本	10	否
罚款日期	日期/时间		否
罚款原因	文本	30	否
应罚金额	数字	单精度型	否
是否交款	是/否		否

表 9.5 "图书类型"表

字 段 名 称	数 据 类 型	字 段 大 小	主 键
类型编号	文本	10	是
类型名称	文本	20	否
可借天数	数字	长整型	否
备注	备注		否

表 9.6 "借阅者类型"表

字 段 名 称	数 据 类 型	字 段 大 小	主 键
类型编号	文本	10	是
类型名称	文本	20	否
可借天数	数字	长整型	否
可借数量	数字	长整型	否
续借次数	数字	长整型	否
备注	备注		否

表 9.7 "罚款类型"表

字 段 名 称	数 据 类 型	字 段 大 小	主 键
罚款类型编号	自动编号	长整型	是
图书类型编号	文本	10	否
借阅者类型编号	文本	10	否
图书过期罚款	数字	单精度型	否
图书遗失罚款	数字	单精度型	否
图书损坏罚款	数字	单精度型	否
备注	备注		否

表 9.8 "图书借阅"表

字 段 名 称	数 据 类 型	字 段 大 小	主 键
借书编号	自动编号	长整型	是
借阅者编号	文本	10	否
图书编号	文本	10	否
借出日期	日期/时间		否
应还日期	日期/时间		否
续借次数	数字	长整型	否
是否已还	是/否		否
操作员编号	文本	10	否

根据各表的结构,在 Access 2007 中可以完成"图书管理系统"数据库及其表的创建工作,这里不再赘述。

9.2.3 创建各表之间的关系

创建表间关系的操作步骤如下:

(1) 在 Access 2007 窗口中,单击"数据库工具"选项卡的"显示/隐藏"组中的"关系"按钮,显示"关系"窗口和"显示表"对话框,如图 9.2 所示。

图 9.2 "图书管理系统"数据库的"关系"窗口和"显示表"对话框

(2) 将"显示表"对话框中列出的所有表名依次添加到"关系"窗口中,如图 9.3 所示。

(3) 在"关系"窗口中,将"管理员"表的"管理员编号"字段拖动到"图书"表的"入库管理员编号"字段上,屏幕弹出"编辑关系"对话框,如图 9.4 所示。选中其中的"实施参照完整性"复选框和"级联更新相关字段"复选框,然后单击"创建"按钮,则为"管理员"表和"图书"表建立了关系。

(4) 按照步骤(3)的方法继续为各表之间建立关系,得到的关系图如图 9.5 所示。

(5) 保存关系。

图9.3 添加表后的"关系"窗口

图9.4 "编辑关系"对话框

图9.5 建立表间关系后的"关系"窗口

9.3 各功能模块的窗体设计

在设计各功能模块之前,用户可以单击 Access 2007 窗口中的 Office 按钮,然后单击"Access 选项"按钮,在弹出的"Access 选项"对话框中设置"当前数据库"的"文档窗口选项"为"重叠窗口"。

9.3.1 管理员信息管理模块的窗体设计

利用"管理员信息管理"窗体可以对管理员信息进行查看、修改和删除,还可以添加新的管理员信息,其窗体视图如图 9.6 所示。

图 9.6 "管理员信息管理"窗体

创建"管理员信息管理"窗体的操作步骤如下:

(1) 在 Access 2007 窗口中,单击"创建"选项卡的"窗体"组中的"窗体设计"按钮,显示窗体的"设计视图"窗口,如图 9.7 所示。

图 9.7 窗体的"设计视图"窗口

（2）单击"设计"选项卡的"工具"组中的"添加现有字段"按钮，弹出"字段列表"对话框，如图9.8所示。

（3）在窗体的"设计视图"窗口中右击，在弹出的快捷菜单中选择"窗体页眉/页脚"命令，显示窗体页眉和窗体页脚部分。

（4）单击"控件"组中的"标签"按钮，在窗体页眉区中创建一个标签，并在属性窗口中按照表9.9对其属性进行设置。

（5）将"字段列表"对话框的"管理员"表中的所有字段拖动到窗体设计视图的主体功能区，然后对控件的布局进行调整，如图9.9所示。

（6）单击"控件"组中的"按钮"控件，然后在设计视图的主体区中要放置命令按钮的位置单击，屏幕上会弹出"命令按钮向导"对话框之一，在"类别"列表框中选择"记录操作"，在"操作"列表框中选择"添加新记录"，如图9.10所示。

图9.8　窗体的"字段列表"对话框

表9.9　标签控件属性值

属 性 名 称	属 性 值	属 性 名 称	属 性 值
标题	管理员信息	字体粗细	加粗
字体名称	隶书	文本对齐	居中
字号	24		

图9.9　调整控件的布局

（7）单击"下一步"按钮，弹出"命令按钮向导"对话框之二，选中"文本"单选按钮，并在其后的文本框中输入"添加记录"，如图9.11所示。

（8）单击"完成"按钮，"添加记录"按钮就会显示在窗体的设计视图中。然后按照相同的方法在窗体的主体区中添加"保存记录"按钮、"删除记录"按钮、"前一项记录"按钮、"下一

图 9.10 "命令按钮向导"对话框之一

图 9.11 "命令按钮向导"对话框之二

项记录"按钮和"退出"按钮。其中,在添加"前一项记录"按钮和"下一项记录"按钮时,在"命令按钮向导"对话框之一的"类别"列表框中应选择"记录导航",在"操作"列表框中分别选择"转至前一项记录"和"转至下一项记录"。在添加"退出"按钮时,在"命令按钮向导"对话框之一的"类别"列表框中选择"窗体操作",在"操作"列表框中选择"关闭窗体";在"命令按钮向导"对话框之二中选中"文本"单选按钮,并在其后的文本框中输入"退出"。

(9) 适当调整 6 个命令按钮的大小和位置,得到如图 9.12 所示的设计视图。

(10) 单击"控件"组中的"矩形"按钮,在窗体设计视图的主体区中绘制一个矩形,把主体区的所有控件都包含在内,并设置其"特殊效果"属性为"凸起"。

(11) 按照表 9.10 对窗体的属性进行设置。

表 9.10　窗体属性值

属 性 名 称	属 性 值	属 性 名 称	属 性 值
标题	管理员信息管理	导航按钮	否
默认视图	单个窗体	分隔线	否
滚动条	两者均无	最大最小化按钮	最小化按钮
记录选择器	否		

图 9.12 调整命令按钮的大小和位置

（12）单击"保存"按钮，在弹出的"另存为"对话框中设置"窗体名称"为"管理员信息管理"，然后单击"确定"按钮。

9.3.2 图书信息管理模块的窗体设计

利用"图书信息管理"窗体可以对图书信息进行查看、修改和删除，还可以添加新的图书信息，如图 9.13 所示。由于其创建过程与"管理员信息管理"窗体的创建过程类似，此处不再赘述。

图 9.13 "图书信息管理"窗体

9.3.3 借阅者信息管理模块的窗体设计

利用"借阅者信息管理"窗体可以对借阅者信息进行查看、修改和删除，还可以添加新的借阅者信息，如图 9.14 所示。由于其创建过程与"管理员信息管理"窗体的创建过程类似，此处不再赘述。

9.3.4 图书类型设置模块的窗体设计

利用"图书类型设置"窗体可以对图书类型进行查看、修改和删除，还可以添加新的图书

图 9.14 "借阅者信息管理"窗体

类型,如图 9.15 所示。由于其创建过程与"管理员信息管理"窗体的创建过程类似,此处不再赘述。

图 9.15 "图书类型设置"窗体

9.3.5 借阅者类型设置模块的窗体设计

利用"借阅者类型设置"窗体可以对借阅者的类型进行查看、修改和删除,还可以添加新的类型,如图 9.16 所示。由于其创建过程与"管理员信息管理"窗体的创建过程类似,此处不再赘述。

图 9.16 "借阅者类型设置"窗体

9.3.6　罚款类型设置模块的窗体设计

利用"罚款类型设置"窗体可以对罚款的类型进行查看、修改和删除，还可以添加新的类型，如图 9.17 所示。由于其创建过程与"管理员信息管理"窗体的创建过程类似，此处不再赘述。

图 9.17　"罚款类型设置"窗体

9.3.7　图书借阅管理模块的窗体设计

利用"图书借阅管理"窗体可以完成借阅者信息及其借书情况的查询、图书查询、图书借阅操作和图书续借操作，其窗体视图如图 9.18 所示。

图 9.18　"图书借阅管理"窗体

创建"图书借阅管理"窗体的操作步骤如下：

（1）在 Access 2007 窗口中，单击"创建"选项卡的"窗体"组中的"窗体设计"按钮，显示窗体的"设计视图"窗口。

（2）在窗体的"设计视图"窗口中右击，在弹出的快捷菜单中选择"窗体页眉/页脚"命令，显示窗体页眉和窗体页脚部分。然后单击"控件"组中的"标签"按钮，在窗体页眉区中创建一个标签，并在属性窗口中按照表 9.11 对其属性进行设置。

表 9.11 标签控件属性值

属 性 名 称	属 性 值	属 性 名 称	属 性 值
标题	图书借阅管理	字体粗细	加粗
字体名称	隶书	文本对齐	居中
字号	24		

（3）利用"控件"组中的控件按钮，在窗体设计视图的主体区中创建如图 9.18 所示的组合框、标签、文本框、矩形和命令按钮控件，然后调整其大小和布局，并按照表 9.12 对窗体和各控件的属性进行设置。

表 9.12 "图书借阅管理"窗体及各控件属性值

对象名称	属性名称	属 性 值
窗体	标题	图书借阅管理
	默认视图	单个窗体
	滚动条	两者均无
	记录选择器	否
	导航按钮	否
	分隔线	否
	最大最小化按钮	最小化按钮
标签	标题	分别为借阅者信息、借阅者编号、姓名、类型名称、可借天数、可借数量、可续借次数、图书查询、图书编号、图书名称、出版社、操作员编号
组合框	名称	分别为借阅者编号、操作员编号
	行来源	分别为 SELECT 借阅者编号 FROM 借阅者；SELECT 管理员编号 FROM 管理员；
文本框	名称	分别为姓名、类型名称、可借天数、可借数量、可续借次数、图书编号、图书名称、出版社
	可用	"姓名"、"类型名称"、"可借天数"、"可借数量"、"可续借次数"5 个文本框的"可用"属性值为"否"
矩形	特殊效果	凸起
命令按钮	名称	分别为图书查询、借阅选中图书、续借选中图书、退出
	标题	分别为图书查询、借阅选中图书、续借选中图书、退出

（4）以"图书借阅管理"为名保存窗体。

（5）创建"图书借阅情况"查询对象。在 Access 2007 窗口中，单击"创建"选项卡的"其他"组中的"查询设计"按钮，在弹出的"显示表"对话框中选择"图书借阅"表，然后单击"添加"按钮，在查询的"设计视图"窗口中按照图 9.19 进行设置，最后以"图书借阅情况"为名保存该查询。

（6）创建"图书信息"查询。在 Access 2007 窗口中，单击"创建"选项卡的"其他"组中的

图9.19 "图书借阅情况"查询的"设计视图"窗口

"查询设计"按钮,在弹出的"显示表"对话框中选择"图书"表,然后单击"添加"按钮,在屏幕上显示查询的"设计视图"窗口。选择"结果"组中的"视图"下拉列表中的"SQL 视图"命令,切换到查询的"SQL 视图"窗口,然后输入以下 SQL 命令(该 SQL 命令可实现基于"图书编号"、"图书名称"和"出版社"3 个条件进行的交叉模糊查询):

```
SELECT * FROM 图书
WHERE (图书编号 = forms!图书借阅管理!图书编号 and Instr(图书名称,forms!图书借阅管理!图书
名称)>0 and 出版社 = forms!图书借阅管理!出版社) or (forms!图书借阅管理!图书编号 is null and
forms!图书借阅管理!图书名称 is null and forms!图书借阅管理!出版社 is null) or (图书编号 =
forms!图书借阅管理!图书编号 and forms!图书借阅管理!图书名称 is null and forms!图书借阅管
理!出版社 is null) or (图书编号 = forms!图书借阅管理!图书编号 and Instr(图书名称,forms!图书
借阅管理!图书名称)>0 and forms!图书借阅管理!出版社 is null) or (forms!图书借阅管理!图书编
号 is null and Instr(图书名称,forms!图书借阅管理!图书名称)>0 and forms!图书借阅管理!出版
社 is null) or (forms!图书借阅管理!图书编号 is null and Instr(图书名称,forms!图书借阅管理!
图书名称)>0 and 出版社 = forms!图书借阅管理!出版社) or (forms!图书借阅管理!图书编号 is
null and forms!图书借阅管理!图书名称 is null and 出版社 = forms!图书借阅管理!出版社)
```

在 SQL 命令输入完毕后以"图书信息"为名保存该查询。

(7) 在"图书借阅管理"窗体中创建"图书信息子窗体"。

操作步骤如下:

① 打开"图书借阅管理"窗体的"设计视图"窗口,使"设计"选项卡的"控件"组中的"使用控件向导"按钮处于选中状态,然后单击"子窗体"按钮,在窗体主体区中要创建子窗体的位置拖动,屏幕上会弹出"子窗体向导"对话框之一,如图 9.20 所示,选中"使用现有的表和查询"单选按钮后,单击"下一步"按钮。

② 在显示的"子窗体向导"对话框之二中的"表/查询"下拉列表框中选择"查询:图书信息",并将"可用字段"列表框中的所有字段添加到"选定字段"列表框中,如图 9.21 所示,然后单击"下一步"按钮。

③ 在显示的"子窗体向导"对话框之三中输入子窗体的名称"图书信息子窗体",如图 9.22 所示,然后单击"完成"按钮。

图 9.20 "子窗体向导"对话框之一

图 9.21 "子窗体向导"对话框之二

图 9.22 "子窗体向导"对话框之三

（8）以"图书借阅情况"查询为数据源，利用"子窗体向导"在"图书借阅管理"窗体中创建"图书借阅情况子窗体"，该子窗体包含"图书借阅情况"查询中除"借阅编号"以外的其他所有字段，其创建方法与"图书信息子窗体"的创建方法相似，创建子窗体后的"图书借阅管理"窗体的"设计视图"窗口如图9.23所示。

图9.23 "图书借阅管理"窗体的"设计视图"窗口

（9）在Access 2007窗口中，单击"数据库工具"选项卡的"宏"组中的Visual Basic按钮，打开"Microsoft Visual Basic—图书管理系统"窗口，选择"工具"→"引用"命令，弹出"引用"对话框，按照图9.24进行设置。

图9.24 "引用"对话框

(10) 在"图书管理系统—Form_图书借阅管理"代码编辑窗口中为"借阅者编号"组合框的"AfterUpdate"事件(即"更新后"事件)编写程序代码。该程序代码的功能为：当操作员输入"借阅者编号"后，系统自动在"姓名"、"类型名称"、"可借天数"、"可借数量"和"可续借次数"文本框中输入相应信息。

"借阅者编号"组合框的"AfterUpdate"事件代码如下：

```
Private Sub 借阅者编号_AfterUpdate()
Dim str As String
'查询出"借阅者编号"对应的"姓名"、"类型名称"、"可借天数"、"可借数量"和"可续借次数"信息
Me![姓名] = DLookup("姓名", "借阅者", "借阅者编号 = '" & Me![借阅者编号] & "'")
str = DLookup("类型编号", "借阅者", "借阅者编号 = '" & Me![借阅者编号] & "'")
Me![类型名称] = DLookup("类型名称", "借阅者类型", "类型编号 = '" & str & "'")
Me![可借天数] = DLookup("可借天数", "借阅者类型", "类型编号 = '" & str & "'")
Me![可借数量] = DLookup("可借数量", "借阅者类型", "类型编号 = '" & str & "'")
Me![可续借次数] = DLookup("续借次数", "借阅者类型", "类型编号 = '" & str & "'")
'刷新"图书借阅情况子窗体"
Me![图书借阅情况子窗体].Requery
End Sub
```

(11) 在"图书管理系统—Form_图书借阅管理"代码编辑窗口中为"图书查询"命令按钮的"Click"事件(即"单击"事件)编写程序代码。该命令按钮的功能为：当操作员输入"图书编号"、"图书名称"或"出版社"后(可以输入其中一个，或任意两个，或者 3 个都输入)，更新"图书信息子窗体"以显示相应的图书信息。

程序代码如下：

```
Private Sub 图书查询_Click()
'刷新"图书信息子窗体"
Me![图书信息子窗体].Requery
End Sub
```

(12) 在"图书管理系统—Form_图书借阅管理"代码编辑窗口中为"借阅选中图书"命令按钮的"Click"事件编写程序代码。该命令按钮的功能为：当操作员输入"借阅者编号"和"操作员编号"后，系统首先判断当前选择图书的现存数量是否足够，如果足够则判断读者所借图书的数量是否达到规定的可借数量，如果未达到则系统再次判断所选图书读者是否已经借阅了，最后进行图书借阅信息的保存，并更新"图书"表中的"现存数量"、"图书信息子窗体"和"图书借阅情况子窗体"。

程序代码如下：

```
Private Sub 借阅选中图书_Click()
Dim jieyuefou As Boolean '定义一个保存选中图书是否已经借阅的变量
Dim i As Integer, j As Integer
Dim sql As String
Dim rst1 As ADODB.Recordset, rst2 As ADODB.Recordset
Set rst1 = New ADODB.Recordset
sql = "select * from 图书借阅"
rst1.Open sql, CurrentProject.Connection, adOpenKeyset, adLockOptimistic
jieyuefou = False
'判断"图书借阅管理"窗体中的"借阅者编号"和"操作员编号"文本框是否为空
```

```
    If IsNull(Me![借阅者编号]) Then
        MsgBox "请输入借阅者编号"
        DoCmd.GoToControl "借阅者编号"
        Exit Sub
    ElseIf IsNull(Me![操作员编号]) Then
        MsgBox "请输入操作员编号"
        DoCmd.GoToControl "操作员编号"
        Exit Sub
    End If
    '判断当前所选图书的"现存数量"是否足够
    If Me![图书信息子窗体]![现存数量] < 1 Then
        MsgBox "所选图书的现存数量不足!"
        Exit Sub
    End If
    If rst1.RecordCount < 1 Then
        jieyuefou = False
    Else
        '判断当前借阅者所借图书数量是否达到允许借阅的图书数量
        rst1 MoveFirst
        j = 0
        For i = 1 To rst1.RecordCount
            If rst1!借阅者编号 = Me![借阅者编号] And rst1!是否已还 = False Then
                j = j + 1
            End If
            rst1.MoveNext
        Next i
        If j >= Me![可借数量] Then
            MsgBox "该读者所借图书数量已经达到规定的可借数量,因此不能再借书!"
            Exit Sub
        Else
        '根据"借阅者编号"和"图书编号"信息判断选中图书是否已经借阅
        rst1.MoveFirst
        For i = 1 To rst1.RecordCount
            If Me![借阅者编号] = rst1!借阅者编号 And _
            Me![图书信息子窗体]![图书编号] = rst1!图书编号 and _
            rst1!是否已还 = False Then
                jieyuefou = True
                Exit For
            Else
                rst1.MoveNext
            End If
        Next i
        End If
    End If
    '根据 jieyuefou 的值判断该读者是否已经借阅所选图书
    If jieyuefou = False Then
        rst1.AddNew
        rst1!图书编号 = Me![图书信息子窗体]![图书编号]
        rst1!借阅者编号 = Me![借阅者编号]
        rst1!借出日期 = Date
        rst1!应还日期 = Date + Me![可借天数]
```

```
        rst1!操作员编号 = Me![操作员编号]
        rst1.Update
        '更新"图书"表中的"现存数量"
        sql = "select * from 图书"
        Set rst2 = New ADODB.Recordset
        rst2.Open sql, CurrentProject.Connection, adOpenKeyset, adLockOptimistic
        rst2.MoveFirst
        For i = 1 To rst2.RecordCount
            If rst2!图书编号 = Me![图书信息子窗体]![图书编号] Then
                rst2!现存数量 = rst2!现存数量 - 1
                rst2.Update
                Exit For
            Else
                rst2.MoveNext
            End If
        Next i
    Else
        MsgBox "该读者已经借出了一本,每人只能借一本!"
        Exit Sub
    End If
    '刷新"图书借阅情况子窗体"和"图书信息子窗体"
    Me![图书借阅情况子窗体].Requery
    Me![图书信息子窗体].Requery
    Set rst1 = Nothing
    Set rst2 = Nothing
End Sub
```

(13) 在"图书管理系统—Form_图书借阅管理"代码编辑窗口中为"续借选中图书"命令按钮的"Click"事件编写程序代码。该命令按钮的功能为：当操作员输入"借阅者编号"和"操作员编号"后,系统首先判断当前图书的续借次数是否已经达到规定的可续借次数,如果未达到则更新"图书借阅"表中的"续借次数"、"应还日期"、"操作员编号"信息和"图书借阅情况子窗体"。

程序代码如下：

```
Private Sub 续借选中图书_Click()
Dim i As Integer
Dim sql As String
Dim rst As ADODB.Recordset
Set rst = New ADODB.Recordset
sql = "select * from 图书借阅"
rst.Open sql, CurrentProject.Connection, adOpenKeyset, adLockOptimistic
If IsNull(Me![借阅者编号]) Then
    MsgBox "请输入借阅者编号"
    DoCmd.GoToControl "借阅者编号"
    Exit Sub
ElseIf IsNull(Me![操作员编号]) Then
    MsgBox "请输入操作员编号"
    DoCmd.GoToControl "操作员编号"
    Exit Sub
End If
```

```
If Me![图书借阅情况子窗体]![续借次数] >= Me![可续借次数] Then
    MsgBox "该读者此书的续借次数已经达到规定的可续借次数,因此不能续借!"
    Exit Sub
Else
    '更新"图书借阅"表中的"续借次数"、"应还日期"和"操作员编号"信息
    rst.MoveFirst
    For i = 1 To rst.RecordCount
        If rst!图书编号 = Me![图书借阅情况子窗体]![图书编号] And _
        rst!借阅者编号 = Me![借阅者编号] Then
            rst!续借次数 = rst!续借次数 + 1
            rst!应还日期 = rst!应还日期 + Me![可借天数]
            rst!操作员编号 = Me![操作员编号]
            rst.Update
            Exit For
        Else
            rst.MoveNext
        End If
    Next i
End If
'刷新"图书借阅情况子窗体"
Me![图书借阅情况子窗体].Requery
Set rst = Nothing
End Sub
```

(14) 保存"图书借阅管理"窗体。

9.3.8 图书归还管理模块的窗体设计

利用"图书归还管理"窗体可以完成图书借阅信息查询、图书归还、图书损坏罚款和图书遗失罚款操作,其窗体视图如图 9.25 所示。

图 9.25 "图书归还管理"窗体

创建"图书归还管理"窗体的操作步骤如下：

（1）在 Access 2007 窗口中，单击"创建"选项卡的"窗体"组中的"窗体设计"按钮，显示窗体的"设计视图"窗口。

（2）在窗体的"设计视图"窗口中右击，在弹出的快捷菜单中选择"窗体页眉/页脚"命令，显示窗体页眉和窗体页脚部分。然后单击"控件"组中的"标签"按钮，在窗体页眉区中创建一个标签，并在属性窗口中按照表 9.13 对其属性进行设置。

表 9.13　标签控件属性值

属 性 名 称	属 性 值	属 性 名 称	属 性 值
标题	图书归还管理	字体粗细	加粗
字体名称	隶书	文本对齐	居中
字号	24		

（3）利用"控件"组中的控件按钮，在窗体设计视图的主体区中创建如图 9.25 所示的组合框、标签、文本框、矩形和命令按钮控件，并调整其大小和布局，然后按照表 9.14 对窗体和各控件的属性进行设置。

表 9.14　"图书归还管理"窗体及各控件属性值

对象名称	属 性 名 称	属 性 值
窗体	标题	图书归还管理
	默认视图	单个窗体
	滚动条	两者均无
	记录选择器	否
	导航按钮	否
	分隔线	否
	最大最小化按钮	最小化按钮
标签	标题	分别为图书编号、归还否、图书类型、借阅者编号、姓名、借阅者类型
组合框	名称	借阅者编号
	行来源	SELECT 借阅者编号 FROM 借阅者；
选项按钮	名称	归还否
	默认值	0
文本框	名称	分别为图书编号、图书类型、姓名、借阅者类型
	可用	"图书类型"、"姓名"、"借阅者类型"3 个文本框的"可用"属性值为"否"
矩形	特殊效果	凸起
命令按钮	名称	分别为借阅查询、归还选中图书、图书损坏罚款、图书遗失罚款、退出
	标题	分别为借阅查询、归还选中图书、图书损坏罚款、图书遗失罚款、退出

（4）以"图书归还管理"为名保存窗体。

（5）创建"图书借阅信息"查询。在 Access 2007 窗口中，单击"创建"选项卡的"其他"组中的"查询设计"按钮，在弹出的"显示表"对话框中选择"图书借阅"表，然后单击"添加"按钮，在屏幕上显示查询的"设计视图"窗口。选择"结果"组的"视图"下拉列表中的"SQL 视图"命令，切换到查询的"SQL 视图"窗口，然后输入以下 SQL 命令（该 SQL 命令可实现基于"图书编号"、"借阅者编号"和"归还否"3 个条件进行的交叉模糊查询）：

```
SELECT * FROM 图书借阅
```

WHERE (图书编号 = forms!图书归还管理!图书编号 and 是否已还 = forms!图书归还管理!归还否 and 借阅者编号 = forms!图书归还管理!借阅者编号) or (forms!图书归还管理!图书编号 is null and 是否已还 = forms!图书归还管理!归还否 and forms!图书归还管理!借阅者编号 is null) or (图书编号 = forms!图书归还管理!图书编号 and 是否已还 = forms!图书归还管理!归还否 and forms!图书归还管理!借阅者编号 is null) or (forms!图书归还管理!图书编号 is null and 是否已还 = forms!图书归还管理!归还否 and 借阅者编号 = forms!图书归还管理!借阅者编号)

在 SQL 命令输入完毕后以"图书借阅信息"为名保存该查询。

(6) 以"图书借阅信息"查询为数据源，利用"子窗体向导"在"图书归还管理"窗体中创建"图书借阅信息子窗体"，该子窗体包含"图书借阅信息"查询中除"借阅编号"以外的其他所有字段，其创建方法与"图书信息子窗体"的创建方法相似。

(7) 在 Access 2007 窗口中，单击"数据库工具"选项卡的"宏"组中的 Visual Basic 按钮，在"图书管理系统—Form_图书归还管理"代码编辑窗口中为"借阅者编号"组合框的"AfterUpdate"事件编写程序代码。该程序代码的功能为：当操作员输入"图书编号"、"是否已还"或"借阅者编号"后(可以输入其中一个，或任意两个，或者 3 个都输入)，系统自动在"姓名"、"图书类型"和"借阅者类型"文本框中输入相应信息，并更新"图书借阅信息子窗体"。

"借阅者编号"组合框的"AfterUpdate"事件代码如下：

```
Private Sub 借阅者编号_AfterUpdate()
Dim str As String
'查询出"图书编号"对应的"图书类型"和"借阅者编号"对应的"姓名"、"借阅者类型"信息
If IsNull (Me![图书编号]) Then
    Me![图书类型] = ""
Else
    str = DLookup("类型编号", "图书", "图书编号 = '" & Me![图书编号] & "'")
    Me![图书类型] = DLookup("类型名称", "图书类型", "类型编号 = '" & str & "'")
End If
If IsNull (Me![借阅者编号]) Then
    Me![姓名] = ""
    Me![借阅者类型] = ""
Else
    Me![姓名] = DLookup("姓名", "借阅者", "借阅者编号 = '" & Me![借阅者编号] & "'")
    str = DLookup("类型编号", "借阅者", "借阅者编号 = '" & Me![借阅者编号] & "'")
    Me![借阅者类型] = DLookup("类型名称", "借阅者类型", "类型编号 = '" & str & "'")
End If
'刷新"图书借阅信息子窗体"
Me![图书借阅信息子窗体].Requery
End Sub
```

(8) 在"图书管理系统—Form_图书归还管理"代码编辑窗口中为"归还选中图书"命令按钮的"Click"事件编写程序代码。该命令按钮的功能为：当操作员在"图书借阅信息子窗体"中选中要归还的图书后，系统首先从"罚款类型"表中查出"图书过期罚款"的值，然后在"图书借阅"表中根据"借阅者编号"和"图书编号"查出"应还日期"，并根据"应还日期"来判断图书是否过期，如果已经过期，系统将自动计算罚款金额，并提示用户支付罚款，同时保存罚款信息到"罚款"表，接着更新"图书借阅"表中的"是否已还"值和"图书"表中的"现存数

量"值,最后更新"图书借阅信息子窗体"。

"归还选中图书"命令按钮的"Click"事件代码如下:

```
Private Sub 归还选中图书_Click()
Dim fakuan As Single, fkze As Single, jkze As Single
Dim i As Integer, j As Integer
Dim sql As String, str1 As String, str2 As String
Dim rst1 As ADODB.Recordset, rst2 As ADODB.Recordset
Dim rst3 As ADODB.Recordset
Set rst1 = New ADODB.Recordset
Set rst2 = New ADODB.Recordset
Set rst3 = New ADODB.Recordset
sql = "select * from 图书借阅"
rst1.Open sql, CurrentProject.Connection, adOpenKeyset, adLockOptimistic
sql = "select * from 罚款"
rst2.Open sql, CurrentProject.Connection, adOpenKeyset, adLockOptimistic
sql = "select * from 图书"
rst3.Open sql, CurrentProject.Connection, adOpenKeyset, adLockOptimistic
str1 = DLookup("类型编号", "图书", "图书编号 = '" & _
Me![图书借阅信息子窗体]![图书编号] & "'")
str2 = DLookup("类型编号", "借阅者", "借阅者编号 = '" & _
Me![图书借阅信息子窗体]![借阅者编号] & "'")
'从"罚款类型"表中查出"图书过期罚款"的值
fakuan = DLookup("图书过期罚款", "罚款类型", "图书类型编号 = '" _
& str1 & "'and 借阅者类型编号 = '" & str2 & "'")
rst1.MoveFirst
For i = 1 To rst1.RecordCount
   If Me![图书借阅信息子窗体]![借阅者编号] = rst1!借阅者编号 And _
   Me![图书借阅信息子窗体]![图书编号] = rst1!图书编号 Then
       '判断该书是否过期归还
       If rst1!应还日期 < Date Then
          '计算罚款金额
          fkze = fakuan * (Date - rst1!应还日期)
          jkze = InputBox("该图书已经超期,需支付的罚款金额为: " _
& fkze & "元,请在下面输入罚款金额!")
          If jkze < fkze Then
             MsgBox "该读者支付的罚款金额不足!"
             Exit Sub
          Else
             MsgBox "罚款金额支付完成!"
          End If
          '将罚款信息保存到"罚款"表中
          rst2.AddNew
          rst2!图书编号 = Me![图书借阅信息子窗体]![图书编号]
          rst2!借阅者编号 = Me![图书借阅信息子窗体]![借阅者编号]
          rst2!罚款日期 = Date
          rst2!罚款原因 = "过期"
          rst2!应罚金额 = fkze
          rst2!是否交款 = True
          rst2.Update
```

```
        End If
        '更新"图书借阅"表中的"是否已还"值
        rst1!是否已还 = True
        rst1.Update
        '更新"图书"表中的"现存数量"值
        rst3.MoveFirst
        For j = 1 To rst3.RecordCount
            If rst3!图书编号 = Me![图书借阅信息子窗体]![图书编号] Then
                rst3!现存数量 = rst3!现存数量 + 1
                rst3.Update
                Exit For
            Else
                rst3.MoveNext
            End If
            Next j
        Exit For
    Else
        rst1.MoveNext
    End If
Next i
'刷新"图书借阅信息子窗体"
Me![图书借阅信息子窗体].Requery
Set rst1 = Nothing
Set rst2 = Nothing
Set rst3 = Nothing
End Sub
```

（9）在"图书管理系统—Form_图书归还管理"代码编辑窗口中为"图书损坏罚款"命令按钮的"Click"事件编写程序代码,该命令按钮的功能与"归还选中图书"命令按钮的功能相似,程序代码如下：

```
Private Sub 图书损坏罚款_Click()
Dim jg As Single, fakuan As Single, fkze As Single, jkze As Single
Dim i As Integer, j As Integer
Dim sql As String, str1 As String, str2 As String
Dim rst1 As ADODB.Recordset, rst2 As ADODB.Recordset
Dim rst3 As ADODB.Recordset
Set rst1 = New ADODB.Recordset
Set rst2 = New ADODB.Recordset
Set rst3 = New ADODB.Recordset
sql = "select * from 图书借阅"
rst1.Open sql, CurrentProject.Connection, adOpenKeyset, adLockOptimistic
sql = "select * from 罚款"
rst2.Open sql, CurrentProject.Connection, adOpenKeyset, adLockOptimistic
sql = "select * from 图书"
rst3.Open sql, CurrentProject.Connection, adOpenKeyset, adLockOptimistic
str1 = DLookup("类型编号", "图书", "图书编号 = '" & _
Me![图书借阅信息子窗体]![图书编号] & "'")
str2 = DLookup("类型编号", "借阅者", "借阅者编号 = '" & _
Me![图书借阅信息子窗体]![借阅者编号] & "'")
'从"罚款类型"表中查出"图书损坏罚款"的值
```

```
fakuan = DLookup("图书损坏罚款","罚款类型","图书类型编号 = '" _
& str1 & "'and 借阅者类型编号 = '" & str2 & "'")
'从"图书"表中查出"单册价格"的值
jg = DLookup("单册价格","图书","图书编号 = '" & _
Me![图书借阅信息子窗体]![图书编号] & "'")
rst1.MoveFirst
For i = 1 To rst1.RecordCount
    If Me![图书借阅信息子窗体]![借阅者编号] = rst1!借阅者编号 And _
    Me![图书借阅信息子窗体]![图书编号] = rst1!图书编号 Then
        '计算罚款金额
        fkze = fakuan * jg
        jkze = InputBox("该图书已经损坏,需支付的罚款金额为: " & _
fkze & "元,请在下面输入罚款金额!")
        If jkze < fkze Then
            MsgBox "该读者支付的罚款金额不足!"
            Exit Sub
        Else
            MsgBox "罚款金额支付完成!"
        End If
        '将罚款信息保存到"罚款"表中
        rst2.AddNew
        rst2!图书编号 = Me![图书借阅信息子窗体]![图书编号]
        rst2!借阅者编号 = Me![图书借阅信息子窗体]![借阅者编号]
        rst2!罚款日期 = Date
        rst2!罚款原因 = "损坏"
        rst2!应罚金额 = fkze
        rst2!是否交款 = True
        rst2.Update
        '更新"图书借阅"表中的"是否已还"值
        rst1!是否已还 = True
        rst1.Update
        '更新"图书"表中的"现存数量"值
        rst3.MoveFirst
        For j = 1 To rst3.RecordCount
            If rst3!图书编号 = Me![图书借阅信息子窗体]![图书编号] Then
                rst3!现存数量 = rst3!现存数量 + 1
                rst3.Update
                Exit For
            Else
                rst3.MoveNext
            End If
            Next j
        Exit For
    Else
        rst1.MoveNext
    End If
Next i
'刷新"图书借阅信息子窗体"
Me![图书借阅信息子窗体].Requery
Set rst1 = Nothing
Set rst2 = Nothing
```

```
Set rst3 = Nothing
End Sub
```

(10) 在"图书管理系统—Form_图书归还管理"代码编辑窗口中为"图书遗失罚款"命令按钮的"Click"事件编写程序代码，该命令按钮的功能与"归还选中图书"命令按钮的功能相似，程序代码如下：

```
Private Sub 图书遗失罚款_Click()
Dim jg As Single, fakuan As Single, fkze As Single, jkze As Single
Dim i As Integer, j As Integer
Dim sql As String, str1 As String, str2 As String
Dim rst1 As ADODB.Recordset, rst2 As ADODB.Recordset
Set rst1 = New ADODB.Recordset
Set rst2 = New ADODB.Recordset
sql = "select * from 图书借阅"
rst1.Open sql, CurrentProject.Connection, adOpenKeyset, adLockOptimistic
sql = "select * from 罚款"
rst2.Open sql, CurrentProject.Connection, adOpenKeyset, adLockOptimistic
str1 = DLookup("类型编号", "图书", "图书编号 = '" & Me![图书借阅信息子窗体]![图书编号] & "'")
str2 = DLookup("类型编号", "借阅者", "借阅者编号 = '" & Me![图书借阅信息子窗体]![借阅者编
       号] & "'")
'从"罚款类型"表中查出"图书遗失罚款"的值
fakuan = DLookup("图书遗失罚款", "罚款类型", "图书类型编号 = '" _
& str1 & "'and 借阅者类型编号 = '" & str2 & "'")
'从"图书"表中查出"单册价格"的值
jg = DLookup("单册价格", "图书", "图书编号 = '" & Me![图书借阅信息子窗体]![图书编号] & "'")
rst1.MoveFirst
For i = 1 To rst1.RecordCount
    If Me![图书借阅信息子窗体]![借阅者编号] = rst1!借阅者编号 And _
   Me![图书借阅信息子窗体]![图书编号] = rst1!图书编号 Then
        '计算罚款金额
        fkze = fakuan * jg
        jkze = InputBox("该图书已经遗失,需支付的罚款金额为: " & fkze & "元,请在下面输入罚款
金额!")
        If jkze < fkze Then
            MsgBox "该读者支付的罚款金额不足!"
            Exit Sub
        Else
            MsgBox "罚款金额支付完成!"
        End If
        '将罚款信息保存到"罚款"表中
        rst2.AddNew
        rst2!图书编号 = Me![图书借阅信息子窗体]![图书编号]
        rst2!借阅者编号 = Me![图书借阅信息子窗体]![借阅者编号]
        rst2!罚款日期 = Date
        rst2!罚款原因 = "遗失"
        rst2!应罚金额 = fkze
        rst2!是否交款 = True
        rst2.Update
        '更新"图书借阅"表中的"是否已还"值
        rst1!是否已还 = True
```

```
        rst1.Update
        Exit For
    Else
        rst1.MoveNext
    End If
Next i
'刷新"图书借阅信息子窗体"
Me![图书借阅信息子窗体].Requery
Set rst1 = Nothing
Set rst2 = Nothing
End Sub
```

(11) 保存窗体。

9.3.9 图书报表显示模块的窗体设计

利用"图书报表显示"窗体可以根据管理员输入的图书编号对该图书的借阅信息和罚款信息进行查询,最后生成相应的报表。窗体视图如图 9.26 所示。

在创建"图书报表显示"窗体之前,需要先创建两个查询(即"借阅信息"查询和"罚款信息"查询)和两个报表(即"图书借阅信息报表"和"图书罚款信息报表")。

图 9.26 "图书报表显示"窗体

1. 创建查询

"借阅信息"查询用于查询指定图书的借阅情况,该查询以"图书"表、"借阅者"表和"图书借阅"表为数据源,查询字段为图书编号、图书名称、借阅者编号、姓名、借出日期和续借次数,对"图书编号"字段设置查询条件为"[Forms]![图书报表显示]![图书编号]"。"借阅信息"查询的创建方法与"图书借阅情况"查询的创建方法相似,创建后的查询"设计视图"窗口如图 9.27 所示。

图 9.27 "借阅信息"查询的"设计视图"窗口

"罚款信息"查询用于查询指定图书的罚款情况,该查询以"图书"表、"借阅者"表和"罚款"表为数据源,查询字段为图书编号、图书名称、借阅者编号、姓名、罚款日期、罚款原因和应罚金额,对"图书编号"字段设置查询条件为"[Forms]![图书报表显示]![图书编号]"。"罚款信息"查询的创建方法与"图书借阅情况"查询的创建方法相似,创建后的查询"设计视图"窗口如图9.28所示。

图9.28 "罚款信息"查询的"设计视图"窗口

2. 创建报表

利用"图书借阅信息报表"可以对"借阅信息"查询中的图书借出次数进行汇总,创建步骤如下:

(1) 在 Access 2007 窗口中,单击"创建"选项卡的"报表"组中的"报表向导"按钮,弹出"报表向导"之字段选取对话框,在其"表/查询"下拉列表框中选择"查询:借阅信息",然后单击"＞＞"按钮选择该查询中的所有字段,如图9.29所示。

图9.29 "报表向导"之字段选取对话框

(2) 单击"下一步"按钮,在弹出的"报表向导"之设置查看数据方式对话框中选择"通过图书"查看数据,如图9.30所示,然后单击"下一步"按钮。

(3) 在弹出的"报表向导"之添加分组级别对话框中设置按"借阅者编号"分组,如图9.31所示,然后单击"下一步"按钮。

图 9.30 "报表向导"之设置查看数据方式对话框

图 9.31 "报表向导"之添加分组级别对话框

（4）在弹出的"报表向导"之设置排序对话框中设置按"借出日期"升序排序，如图 9.32 所示，然后单击"汇总选项"按钮。

图 9.32 "报表向导"之设置排序对话框

（5）在弹出的"汇总选项"对话框中选中"续借次数"字段后面的"汇总"复选框，如图 9.33 所示，然后单击"确定"按钮，返回到"报表向导"对话框中。

图 9.33　"汇总选项"对话框

（6）单击"下一步"按钮，在弹出的"报表向导"之设置布局方式对话框中选中"递阶"单选按钮和"纵向"单选按钮，并选中"调整字段宽度使所有字段都能显示在一页中"复选框，如图 9.34 所示，然后单击"下一步"按钮。

图 9.34　"报表向导"之设置布局方式对话框

（7）在弹出的"报表向导"之选择样式对话框中选择"广场"样式，如图 9.35 所示，然后单击"下一步"按钮。

（8）在弹出的"报表向导"之指定标题对话框中为报表指定标题"图书借阅信息报表"，并选中"修改报表设计"单选按钮，如图 9.36 所示。

（9）单击"完成"按钮，在弹出的报表设计视图窗口中对各个显示框的大小和位置进行调整，如图 9.37 所示。

利用"图书罚款信息报表"可以对"罚款信息"查询中的图书的罚款金额进行汇总，其创建方法与"图书借阅信息报表"的创建方法相似，创建后的报表设计视图窗口如图 9.38 所示。

图 9.35 "报表向导"之选择样式对话框

图 9.36 "报表向导"之指定标题对话框

图 9.37 调整后的"图书借阅信息报表"设计视图窗口

图 9.38 "图书罚款信息报表"设计视图窗口

3. 创建"图书报表显示"窗体

操作步骤如下：

（1）在 Access 2007 窗口中，单击"创建"选项卡的"窗体"组中的"窗体设计"按钮，显示窗体的"设计视图"窗口。

（2）在窗体"设计视图"窗口中，利用"控件"组中的"组合框"按钮在窗体中添加一个组合框，并对其属性进行设置，表 9.15 列出了该窗体及控件的属性设置。

表 9.15 "图书报表显示"窗体及控件属性值

对 象 名 称	属 性 名 称	属 性 值
窗体	标题	图书报表显示
	滚动条	两者均无
	记录选择器	否
	导航按钮	否
	分隔线	否
	最大最小化按钮	最小化按钮
标签	标题	图书编号：
组合框	名称	图书编号
	行来源	SELECT 图书编号 FROM 图书；

（3）在"控件"组的"使用控件向导"按钮被选中的状态下，利用"选项组"按钮在窗体上添加一个选项组，此时会弹出"选项组向导"对话框之一，在该对话框中设置两个选项的标签名称分别为"借阅信息报表"和"罚款信息报表"，如图 9.39 所示，然后单击"下一步"按钮。

图9.39 "选项组向导"对话框之一

（4）在弹出的"选项组向导"对话框之二中，设置"借阅信息报表"为默认选项，如图9.40所示，然后单击"下一步"按钮。

图9.40 "选项组向导"对话框之二

（5）在弹出的"选项组向导"对话框之三中，设置两个选项的值分别为1和2，如图9.41所示，然后单击"下一步"按钮。

图9.41 "选项组向导"对话框之三

（6）在弹出的"选项组向导"对话框之四中，选择"选项按钮"类型和"蚀刻"样式，如图9.42所示，然后单击"下一步"按钮。

（7）在弹出的"选项组向导"对话框之五中，设置选项组标题为"请选择其中一种报表："，如图9.43所示，然后单击"完成"按钮。

（8）单击"工具"组中的"属性表"按钮，在弹出的"属性表"对话框中设置选项组的"名

图 9.42 "选项组向导"对话框之四

图 9.43 "选项组向导"对话框之五

称"属性值为"选择报表"、"边框样式"属性值为"透明",并调整两个单选按钮的布局。

(9) 利用"控件"组中的"按钮"控件在窗体上添加一个命令按钮,并设置其"名称"属性值为"显示"、"标题"属性值为"显示"、"单击"属性值为"[事件过程]"。

(10) 在 Access 2007 窗口中,单击"数据库工具"选项卡的"宏"组中的 Visual Basic 按钮,在"图书管理系统—Form_图书报表显示"代码编辑窗口中为"显示"命令按钮的"Click"事件编写程序代码,具体代码如下:

```
Private Sub 显示_Click()
   If IsNull(Me![图书编号]) Then
      MsgBox "请输入图书编号!"
      DoCmd.GoToControl "图书编号"
   ElseIf Me![选择报表] = 1 Then
      DoCmd.OpenReport "图书借阅信息报表", acViewPreview
   ElseIf Me![选择报表] = 2 Then
      DoCmd.OpenReport "图书罚款信息报表", acViewPreview
   End If
End Sub
```

(11) 以"图书报表显示"为名保存窗体。

9.3.10 借阅者报表显示模块的窗体设计

利用"借阅者报表显示"窗体可以根据管理员输入的借阅者编号对其借书信息和罚款信

息进行查询,最后生成相应的报表,窗体视图如图 9.44 所示。

在创建"借阅者报表显示"窗体之前,需要先创建两个查询(即"借阅者借书信息"查询和"借阅者罚款信息"查询)和两个报表(即"借阅者借书信息报表"和"借阅者罚款信息报表")。

1. 创建查询

"借阅者借书信息"查询用于查询指定读者的借书情况,该查询以"图书"表、"借阅者"表和"图书借阅"表为数据源,查询字段为借阅者编号、姓名、图书编号、图书名称、借出日期和是否已还,对"借阅者编号"字段设置查询条件为"[Forms]![借阅者报表显示]![借阅者编号]"。"借阅者借

图 9.44 "借阅者报表显示"窗体

书信息"查询的创建方法与"图书借阅情况"查询的创建方法相似,创建后的查询"设计视图"窗口如图 9.45 所示。

图 9.45 "借阅者借书信息"查询的"设计视图"窗口

"借阅者罚款信息"查询用于查询指定读者的罚款情况,该查询以"图书"表、"借阅者"表和"罚款"表为数据源,查询字段为借阅者编号、姓名、图书编号、图书名称、罚款日期、罚款原因和应罚金额,对"借阅者编号"字段设置查询条件为"[Forms]![借阅者报表显示]![借阅者编号]"。"借阅者罚款信息"查询的创建方法与"图书借阅情况"查询的创建方法相似,创建后的查询"设计视图"窗口如图 9.46 所示。

2. 创建报表

利用"借阅者借书信息报表"可以对"借阅者借书信息"查询中的借书总数进行汇总(汇总方法为:在报表设计视图的报表页脚区添加一个文本框,并在其中输入表达式"=Count(∗)");利用"借阅者罚款信息报表"可以对"借阅者罚款信息"查询中的罚款金额进行汇总,其创建方法与"图书借阅信息报表"的创建方法相似,创建后的报表设计视图窗口如图 9.47 和图 9.48 所示。

图 9.46　"借阅者罚款信息"查询的"设计视图"窗口

图 9.47　"借阅者借书信息报表"设计视图窗口

图 9.48　"借阅者罚款信息报表"设计视图窗口

3. 创建"借阅者报表显示"窗体

"借阅者报表显示"窗体的创建方法与"图书报表显示"窗体的创建方法相似,其中窗体及其控件的属性设置如表 9.16 所示。

表 9.16 "借阅者报表显示"窗体及控件属性值

对象名称	属性名称	属性值
窗体	标题	借阅者报表显示
	滚动条	两者均无
	记录选择器	否
	导航按钮	否
	分隔线	否
	最大最小化按钮	最小化按钮
标签	标题	分别为"借阅者编号:"、"请选择其中一种报表:"、"借阅信息报表"、"罚款信息报表"
组合框	名称	借阅者编号
	行来源	SELECT 借阅者编号 FROM 借阅者;
选项组	名称	选择报表
	边框样式	透明
选项按钮	选项值	"借阅信息报表"标签对应的选项按钮的选项值为 1;"罚款信息报表"标签对应的选项按钮的选项值为 2
命令按钮	名称	显示
	标题	显示

"显示"命令按钮的"Click"事件的程序代码如下:

```
Private Sub 显示_Click()
    If IsNull(Me![借阅者编号]) Then
        MsgBox "请输入借阅者编号!"
        DoCmd.GoToControl "借阅者编号"
    ElseIf Me![选择报表] = 1 Then
        DoCmd.OpenReport "借阅者借书信息报表", acViewPreview
    ElseIf Me![选择报表] = 2 Then
        DoCmd.OpenReport "借阅者罚款信息报表", acViewPreview
    End If
End Sub
```

9.4　集成数据库系统

在"图书管理系统"中所用到的各模块窗体创建完成后,用"窗体集成"和"菜单集成"相结合的方法将已经建立的各个窗体对象集成在一起,形成一个完整的系统。

9.4.1　主界面窗体设计

在"主界面"窗体中有 4 个标签和 11 个命令按钮,其窗体视图如图 9.49 所示。

图 9.49 "主界面"窗体

窗体中的 11 个命令按钮都是通过"命令按钮向导"创建的。其中,"图书类型设置"命令按钮、"借阅者类型设置"命令按钮、"罚款类型设置"命令按钮、"管理员信息管理"命令按钮、"图书信息管理"命令按钮、"借阅者信息管理"命令按钮、"图书借阅管理"命令按钮、"图书归还管理"命令按钮、"图书报表显示"命令按钮和"借阅者报表显示"命令按钮执行的都是"打开窗体"操作,单击时系统能自动打开名称与命令按钮标题文本对应的窗体;"退出系统"命令按钮执行的是"退出应用程序"操作。

"主界面"窗体及其控件的属性设置如表 9.17 所示。

表 9.17 "主界面"窗体及控件属性值

对象名称	属性名称	属 性 值
窗体	标题	主界面
	滚动条	两者均无
	记录选择器	否
	导航按钮	否
	分隔线	否
	最大最小化按钮	最小化按钮
标签	标题	分别为图书管理系统、系统设置、信息管理、运行管理、报表显示
	特殊效果	"图书管理系统"标签的"特殊效果"属性值为"阴影"
矩形	边框样式	虚线
命令按钮	标题	分别为图书类型设置、借阅者类型设置、罚款类型设置、管理员信息管理、图书信息管理、借阅者信息管理、图书借阅管理、图书归还管理、图书报表显示、借阅者报表显示、退出系统

9.4.2 登录窗体设计

在"登录"窗体中有两个标签、两个文本框和两个命令按钮,其窗体视图如图 9.50 所示。

图 9.50　主界面窗体

"登录"窗体及其控件的属性设置如表 9.18 所示。

表 9.18　"登录"窗体及控件属性值

对象名称	属 性 名 称	属 性 值
窗体	标题	登录
	滚动条	两者均无
	记录选择器	否
	导航按钮	否
	分隔线	否
	最大最小化按钮	最小化按钮
标签	标题	分别为管理员编号、密码
文本框	名称	分别为管理员编号、密码
	输入掩码	"密码"文本框的"输入掩码"属性值为"PASSWORD"
命令按钮	名称	分别为确定、退出
	标题	分别为确定、退出

窗体中的"退出"命令按钮是通过"命令按钮向导"创建的,执行的是"退出应用程序"操作;"确定"命令按钮的功能是通过编写程序代码实现的,其"Click"事件的代码如下:

```
Private Sub 确定_Click()
Dim i As Integer
Dim sql As String
Dim rst As ADODB.Recordset
Set rst = New ADODB.Recordset
If IsNull(Me![管理员编号]) Then
    MsgBox "请输入管理员编号!"
    DoCmd.GoToControl "管理员编号"
    Exit Sub
ElseIf IsNull(Me![密码]) Then
    MsgBox "请输入密码!"
    DoCmd.GoToControl "密码"
    Exit Sub
End If
sql = "select * from 管理员 where 管理员编号 = '" & Me![管理员编号] _
& "' and 管理员密码 = '" & Me![密码] & "'"
```

```
rst.Open sql, CurrentProject.Connection, adOpenKeyset, adLockOptimistic
If rst.RecordCount > 0 Then
    DoCmd.Close
    DoCmd.OpenForm "主界面"
Else
    MsgBox "您输入的管理员编号和密码有误,请重新输入!"
    Me![管理员编号] = ""
    Me![密码] = ""
    DoCmd.GoToControl "管理员编号"
End If
Set rst = Nothing
End Sub
```

9.4.3　系统菜单设计

操作步骤如下：

（1）创建“系统设置”宏，其设计窗口如图 9.51 所示。

图 9.51　“系统设置”宏的设计窗口

“系统设置”宏操作的参数按照表 9.19 进行设置。

表 9.19　“系统设置”宏操作参数的设置

宏　　名	操　　作	操作参数	参　数　值
图书类型设置	OpenForm	窗体名称	图书类型设置
		视图	窗体
借阅者类型设置	OpenForm	窗体名称	借阅者类型设置
		视图	窗体
罚款类型设置	OpenForm	窗体名称	罚款类型设置
		视图	窗体
退出系统	Quit	选项	全部保存

（2）创建"信息管理"宏，其设计窗口如图9.52所示。

图9.52 "信息管理"宏的设计窗口

"信息管理"宏操作的参数按照表9.20进行设置。

表9.20 "信息管理"宏操作参数的设置

宏 名	操 作	操作参数	参 数 值
管理员信息管理	OpenForm	窗体名称	管理员信息管理
		视图	窗体
图书信息管理	OpenForm	窗体名称	图书信息管理
		视图	窗体
借阅者信息管理	OpenForm	窗体名称	借阅者信息管理
		视图	窗体

（3）创建"运行管理"宏，其设计窗口如图9.53所示。

图9.53 "运行管理"宏的设计窗口

"运行管理"宏操作的参数按照表 9.21 进行设置。

表 9.21 "运行管理"宏操作参数的设置

宏 名	操 作	操 作 参 数	参 数 值
图书借阅管理	OpenForm	窗体名称	图书借阅管理
		视图	窗体
图书归还管理	OpenForm	窗体名称	图书归还管理
		视图	窗体

（4）创建"报表显示"宏，其设计窗口如图 9.54 所示。

图 9.54 "报表显示"宏的设计窗口

"报表显示"宏操作的参数按照表 9.22 进行设置。

表 9.22 "报表显示"宏操作参数的设置

宏 名	操 作	操 作 参 数	参 数 值
图书报表	OpenForm	窗体名称	图书报表显示
		视图	窗体
借阅者报表	OpenForm	窗体名称	借阅者报表显示
		视图	窗体

（5）创建"系统菜单"宏，其设计窗口如图 9.55 所示。

"系统菜单"宏操作的参数按照表 9.23 进行设置。

（6）将"管理员信息管理"窗体、"图书信息管理"窗体、"借阅者信息管理"窗体、"图书类型设置"窗体、"借阅者类型设置"窗体、"罚款类型设置"窗体、"图书借阅管理"窗体、"图书归还管理"窗体、"图书报表显示"窗体、"借阅者报表显示"窗体的"菜单栏"属性值设置为"系统菜单"。

图9.55 "系统菜单"宏的设计窗口

表9.23 "系统菜单"宏操作参数的设置

操 作	操 作 参 数	参 数 值
AddMenu	菜单名称	系统设置
	菜单宏名称	系统设置
AddMenu	菜单名称	信息管理
	菜单宏名称	信息管理
AddMenu	菜单名称	运行管理
	菜单宏名称	运行管理
AddMenu	菜单名称	报表显示
	菜单宏名称	报表显示

9.5 系统的启动

对系统的启动进行设置,可以使用户在打开"图书管理系统"数据库时自动运行该系统。设置系统启动的操作步骤如下:

(1) 单击 Access 2007 窗口中的 Office 按钮,然后单击"Access 选项"按钮。

(2) 在弹出的"Access 选项"对话框中设置"当前数据库"的"应用程序标题"为"图书管理系统"、"显示窗体"为"登录",取消选中"显示导航窗格"复选框和"允许全部菜单"复选框,然后单击"确定"按钮。

设置了系统的启动后,在 Access 2007 中打开"图书管理系统"数据库时,Access 会自动打开"登录"窗体,而不会打开数据库窗口,如图 9.56 所示(其中,功能区被设置为最小化)。如果在打开数据库时需要打开数据库窗口而不是自动运行启动窗体,则只需在打开数据库的同时按住 Shift 键即可。

图 9.56 "图书管理系统"窗口及"登录"窗口

附录 A 全国计算机二级考试 Access 考试大纲

公共基础知识考试大纲

基本要求

1. 掌握算法的基本概念。
2. 掌握基本数据结构及其操作。
3. 掌握基本排序和查找算法。
4. 掌握逐步求精的结构化程序设计方法。
5. 掌握软件工程的基本方法,具有初步应用相关技术进行软件开发的能力。
6. 掌握数据库的基本知识,了解关系数据库的设计。

考试内容

一、基本数据结构与算法

1. 算法的基本概念;算法复杂度的概念和意义(时间复杂度与空间复杂度)。
2. 数据结构的定义;数据的逻辑结构与存储结构;数据结构的图形表示;线性结构与非线性结构的概念。
3. 线性表的定义;线性表的顺序存储结构及其插入与删除运算。
4. 栈和队列的定义;栈和队列的顺序存储结构及其基本运算。
5. 线性单链表、双向链表与循环链表的结构及其基本运算。
6. 树的基本概念;二叉树的定义及其存储结构;二叉树的前序、中序和后序遍历。
7. 顺序查找与二分法查找算法;基本排序算法(交换类排序、选择类排序、插入类排序)。

二、程序设计基础

1. 程序设计方法与风格。
2. 结构化程序设计。
3. 面向对象的程序设计方法、对象、方法、属性,以及继承与多态性。

三、软件工程基础

1. 软件工程基本概念,软件生命周期概念,软件工具与软件开发环境。
2. 结构化分析方法,数据流图,数据字典,软件需求规格说明书。
3. 结构化设计方法,总体设计与详细设计。

4. 软件测试的方法,白盒测试与黑盒测试,测试用例设计,软件测试的实施,单元测试、集成测试和系统测试。

5. 程序的调试,静态调试与动态调试。

四、数据库设计基础

1. 数据库的基本概念:数据库,数据库管理系统,数据库系统。

2. 数据模型,实体联系模型及 E-R 图,从 E-R 图导出关系数据模型。

3. 关系代数运算,包括集合运算及选择、投影、连接运算,数据库规范化理论。

4. 数据库设计方法和步骤:需求分析、概念设计、逻辑设计和物理设计的相关策略。

考试方式

1. 公共基础知识的考试方式为笔试,与 Access 数据库程序设计的笔试部分合为一张试卷,公共基础知识部分占全卷的 30 分。

2. 公共基础知识有 10 道选择题和 5 道填空题。

Access 数据库部分考试大纲

基本要求

1. 具有数据库系统的基础知识。

2. 基本了解面向对象的概念。

3. 掌握关系数据库的基本原理。

4. 掌握数据库程序设计方法。

5. 能使用 Access 建立一个小型数据库应用系统。

考试内容

一、数据库基础知识

1. 基本概念:数据库、数据模型、数据库管理系统、类和对象、事件。

2. 关系数据库基本概念:关系模型(实体的完整性、参照的完整性、用户定义的完整性),关系模式,关系,元组,属性,字段,域,值,主关键字等。

3. 关系运算基本概念:选择运算、投影运算、连接运算。

4. SQL 基本命令:查询命令、操作命令。

5. Access 系统简介:

(1) Access 系统的基本特点。

(2) 基本对象:表、查询、窗体、报表、页、宏、模块。

二、数据库和表的基本操作

1. 创建数据库:

(1) 创建空数据库。

(2) 使用向导创建数据库。

2. 表的建立:

(1) 建立表结构:使用向导,使用表设计器,使用数据表。

（2）设置字段属性。

（3）输入数据：直接输入数据、获取外部数据。

3. 表间关系的建立与修改：

（1）表间关系的概念：一对一、一对多。

（2）建立表间关系。

（3）设置参照完整性。

4. 表的维护：

（1）修改表结构：添加字段、修改字段、删除字段、重新设置主关键字。

（2）编辑表内容：添加记录、修改记录、删除记录、复制记录。

（3）调整表外观。

5. 表的其他操作：

（1）查找数据。

（2）替换数据。

（3）排序记录。

（4）筛选记录。

三、查询的基本操作

1. 查询分类：

（1）选择查询。

（2）参数查询。

（3）交叉表查询。

（4）操作查询。

（5）SQL 查询。

2. 查询准则：

（1）运算符。

（2）函数。

（3）表达式。

3. 创建查询：

（1）使用向导创建查询。

（2）使用设计器创建查询。

（3）在查询中计算。

4. 操作已创建的查询：

（1）运行已创建的查询。

（2）编辑查询中的字段。

（3）编辑查询中的数据源。

（4）排序查询的结果。

四、窗体的基本操作

1. 窗体分类：

（1）纵栏式窗体。

（2）表格式窗体。

（3）主/子窗体。

（4）数据表窗体。

（5）图表窗体。

（6）数据透视表窗体。

2．创建窗体：

（1）使用向导创建窗体。

（2）使用设计器创建窗体：控件的含义及种类，在窗体中添加和修改控件，设置控件的常见属性。

五、报表的基本操作

1．报表分类：

（1）纵栏式报表；

（2）表格式报表。

（3）图表报表。

（4）标签报表。

2．使用向导创建报表。

3．使用设计器编辑报表。

4．在报表中计算和汇总。

六、页的基本操作

1．数据访问页的概念。

2．创建数据访问页：

（1）自动创建数据访问页。

（2）使用向导数据访问页。

七、宏

1．宏的基本概念。

2．宏的基本操作：

（1）创建宏：创建一个宏，创建宏组。

（2）运行宏。

（3）在宏中使用条件。

（4）设置宏操作参数。

（5）常用的宏操作。

八、模块

1．模块的基本概念：

（1）类模块。

（2）标准模块。

（3）将宏转换为模块。

2．创建模块：

（1）创建 VBA 模块：在模块中加入过程，在模块中执行宏。

（2）编写事件过程：键盘事件、鼠标事件、窗口事件、操作事件和其他事件。

3．调用和参数传递。

4. VBA 程序设计基础：

(1) 面向对象程序设计的基本概念。

(2) VBA 编程环境：进入 VBE，VBE 界面。

(3) VBA 编程基础：常量、变量、表达式。

(4) VBA 程序流程控制：顺序控制、选择控制、循环控制。

(5) VBA 程序的调试：设置断点、单步跟踪、设置监视点。

考试方式

1. 笔试：90 分钟，满分 100 分，其中含公共基础知识部分的 30 分。

2. 上机操作：90 分钟，满分 100 分。

上机操作包括以下内容：

(1) 基本操作。

(2) 简单应用。

(3) 综合应用。

参 考 文 献

[1]　封操. 中文版 Access 2007 宝典. 北京：电子工业出版社,2008.

[2]　教育部考试中心. 全国计算机等级考试二级教程——Access 程序设计. 北京：高等教育出版社,2009.

[3]　李湛. Access 2007 数据库应用教程. 北京：清华大学出版社,2010.

[4]　孙宝林. Access 数据库应用技术. 北京：清华大学出版社,2010.

[5]　祁大鹏. Access 2007 实用教程. 北京：电子工业出版社,2010.